3판

NUTRITION THROUGH THE LIFE CYCLE

생애주기
영양학

3판

NUTRITION THROUGH THE LIFE CYCLE

생애주기 영양학

이현옥·오세인·최미경·김미현·연지영·배윤정 지음

교문사

머리말

생애주기영양학은 인간의 성장·발달과 건강증진을 위해 생애주기 단계별, 즉 임신기, 수유기, 영아기, 유아기, 학동기, 청소년기, 성인기와 노인기의 생리적 특성을 이해하고 올바른 영양관리를 적용하기 위한 학문이다.

급변하는 식생활 환경 속에서 미래의 영양관리 업무를 수행할 식품영양학을 전공하는 학생 및 현직 영양업무 종사자의 생애주기별 영양관리능력 함양을 위한 교재 및 지침서로 2020년 개정된 한국인 영양소 섭취기준을 반영하기 위해 3차 개정 작업을 진행하였다.

임신기 영양은 태아의 자궁 속 환경이 출생 후 평생의 건강과 질병발생과 밀접한 관계가 있기에 그 어느 시기보다 중요하며, 어릴 때부터 균형 잡힌 식생활 형성으로 좋은 영양이 밑바탕이 되어야 학동기, 청소년기의 성장과 성적 성숙이 잘 이루어진다. 또한 성인기는 가정과 사회에서 중추적인 역할을 담당하게 됨에 따라 스트레스가 많아지고, 바쁜 생활로 인해 식생활 관리에 소홀해져 생활습관 질환이 발생할 수 있으며 서서히 노화가 진행되므로, 신체활동을 활발히 하고 골고루 먹는 균형 잡힌 식사와 규칙적인 운동을 통해 다가올 노인기를 건강하게 준비해야 한다.

저출산, 고령화 인구 구성의 변화와 새로운 시대 환경으로 국민 모두에게 충분하고 안전한 영양공급으로 건강증진을 도모하고, 식이관련 만성질환의 위험 감소를 위한 생애주기에 따른 건강 및 영양 관리는 국민건강과 의료비 부담 등 국민 복지 정책에 있어 중요한 과제이다. 따라서 전 생애에 거쳐 올바른 영양관리로 질병을 예방하고, 삶의 질을 높이면서 건강을 유지시키는 것이 100세 시대를 살아가는 가장 현명한 방법일 것이다.

본 교재가 생애주기영양학을 강의하면서 생애주기별 특징적인 삶의 흥미로움과 실제로 경험했던 저자들의 현실감을 전할 수 있는 좀 더 충실한 교재로써 식품영양학을 전공하는 학생들, 생애주기에 따른 문제를 다루는 다양한 전공의 후학들에게 좋은 지침서가 되기를 바라며 이 책이 나오기까지 애써주신 (주)교문사 류원식 사장님과 임직원 여러분께 감사의 마음을 전한다.

2023년 7월
저자 일동

차례

CHAPTER 9 노인기 영양

CHAPTER 10 스포츠 영양

1

성장과
영양

인간은 정자와 난자가 만나서 수정란이 형성된 후 영아기, 유아기, 학동기, 청소년기, 성인기, 노인기를 거치는 동안 성장과 발달 및 노화가 일어난다. 전 생애를 통해 건강한 삶을 누리려면 성장과 발달이 적절히 이루어져야 하고 성장기 이후에는 최적의 상태를 유지해야 한다. 이를 위해서는 성장과 발달 및 노화가 다르게 일어나고 그에 따라 신체의 크기나 구성이 다른 생애주기별로 올바른 영양관리가 이루어져야 한다.

1
성장과
영양

생애주기영양학의 정의

　인간은 임신을 시작으로 다양한 생애주기를 거치면서 성장과 발달
그리고 노화가 일어난다. 이와 같이 인체 내에서 일생 동안 일어나는
생물학적 변화는 매우 역동적이며, 생애주기마다 특성이 뚜렷하다.
즉, 생애주기마다 성장속도에 차이가 있음은 물론 성장하는 조직과 기
관이 다르다. 이와 같이 생애주기별로 성장의 속도와 양상이 다르며
신체를 구성하고 있는 성분이 다르므로 각 생애주기에 따라 체내 대사
에 차이가 있고, 따라서 영양필요량과 영양소별 중요성 또한 다르다.
　생애주기영양학이란 인간이 건강을 유지하고 증진시키기 위해 수태
에서 사망에 이르기까지의 단계별, 즉 임신기, 수유기, 영아기, 유아
기, 학동기, 청소년기, 성인기와 노인기의 생리학, 생화학, 영양학적인
이론과 영양관리를 다루는 학문이다. 그러므로 생애주기영양학의 의
의는 생애주기별로 적절한 영양소를 균형있게 섭취하여 태아기부터

청소년기까지는 최적의 성장·발달을 유도하고, 성인기와 노인기는 질병이 없는 건강한 삶을 지낼 수 있도록 영양의 역할을 이해하고 적용하는 데 있다.

성장과 발달

성장growth은 태어나서 성인이 될 때까지의 특정적인 현상으로, 신체의 전부 혹은 일부가 커지는 것을 의미한다. 발달development은 기능의 복합성이 증가하는 분화와 성숙과정을 말하며, 인간은 일생을 통하여 성장과 발달 과정을 겪게 된다. 성숙maturation은 완전한 성장에 이르는 것을 의미한다. 노화aging는 가령과 더불어 신체의 기능이 쇠퇴해 가는 과정으로서 출생, 성장, 성숙이 모두 노화과정의 일부분이라고 할 수 있다.

1. 세포분열과 성장

정자와 난자가 만나서 형성된 수정란 세포는 분화를 통해 신체의 각 조직과 기관으로 발육한다. 이와 같은 세포의 성장은 그림 1-1에서 보는 바와 같이 세 단계를 거쳐 이루어진다. 제1단계는 증식성 성장hyperplasia으로 세포의 수가 증가하는 단계이다. 이 단계에서는 세포분열만 증가하기 때문에 DNA양이 증가한다. 제2단계는 증식성 및 비대성 성장hyperplasia & hypertrophy으로 세포의 수와 크기가 증가하는 단계이다. 제3단계는 비대성 성장hypertrophy으로 세포의 크기가 증가하는 단계이다. 이 단계는 세포분열이 끝나고 세포의 크기만 커지므로 DNA양은 비교적 일정하나 조직의 무게가 늘어난다. 특히 세포의 수가 증가하는 증식성 성장기에서의 영양불량은 그 어느 시기보다 영구적인 성장장애를 가져올 수 있는 가능성이 크다.

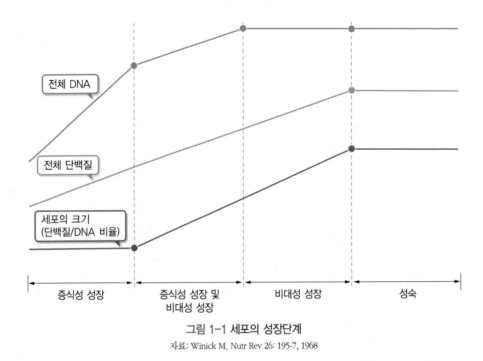

전체 DNA

전체 단백질

세포의 크기
(단백질/DNA 비율)

| 증식성 성장 | 증식성 성장 및 비대성 성장 | 비대성 성장 | 성숙 |

그림 1-1 세포의 성장단계

자료: Winick M. Nutr Rev 26: 195-7, 1968

2. 신체 성장곡선

스캐몬Scammon은 출생 후 신체 각 기관의 발육상 특징에 따라 림프형, 신경계형, 일반형, 생식기형 등의 네 가지로 분류하여 연령에 따른 성장곡선을 제시하였다(그림 1-2). 흉선과 같은 림프형은 10~12세 때에 성장 완료기인 20세의 2배가 되는 비율로 성장하고, 그 후 다시 감소한다. 생식기 계통은 12세를 기점으로 하여 청소년기 이후에 급성장을 한다. 두뇌를 포함한 신경계는 생후 4세에 최대의 세포 수에 달하고 그 후 일정한 수를 유지하므로 생후 4세에 해당하는 영아기 및 유아기의 영양관리가 두뇌 발달에 있어 매우 중요하다고 할 수 있다. 신체의 일반적인 성장 패턴은 출생에서부터 성숙할 때까지를 S형 곡선으로 나타나며, 이를 4단계로 나누어 성장률을 파악할 수 있다. 즉, 제1단계는 출생에서 생후 1년 동안의 급성장기이고, 제2단계는 유아에서 만 12세까지의 완만한 성장기이며, 제3단계는 남자 15세, 여자 13세 때에 성장이 정점에 이르는 청소년기에 해당되는 빠른 성장기이다. 제4단계는 성장률이 감소하는 성인기이다.

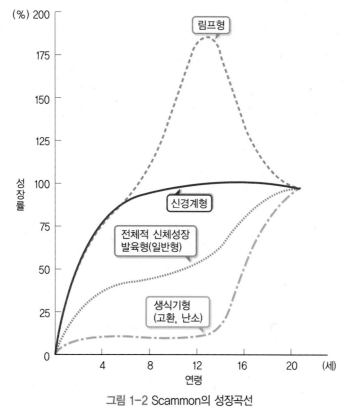

그림 1-2 Scammon의 성장곡선

자료: Harris et al. The measurement of man. University of Minnesota Press, 1930

3. 발달 특정시기

인간의 성장·발달은 유전적 요인과 후천적 요인인 환경과 영양, 성, 질병, 사회
경제적 인자 등의 영향을 받는다. 특히 생애 초기에는 유전적 요인이 성장·발달에
크게 영향을 미치지만 영양부족 혹은 질병과 같은 환경적인 저해요인이 성장과정을
저해시킬 수 있다. 저해된 성장의 회복 정도는 저해의 정도와 기간에 따라 다른데,
저해 시기도 매우 중요하다.

그림 1-3에서 보는 바와 같이, 발달과정에서 특별한 작용이나 저해에 가장 약한
시기를 발달 특정시기critical period라 한다(A). 특정시기는 세포분열이 빠르게 일어
나는 때이며, 이 시기에 저해요인에 의해 세포분열이 제한되면 기관의 최종 세포 수
는 비가역적인 감소현상을 보이며 영구적인 손상을 입는다. 일반적으로 저해 발생

시기가 빠를수록 잠재적 위험성이 크다.

인간 발달에 있어 발달 초기에 해당하는 배아기는 충분한 영양을 확보해야 하는 중요한 시기이다. 자궁으로의 영양공급이 불충분하면 성장에 심각하고 돌이킬 수 없는 손상이 초래된다(B). 그러나 영양결핍이 발달 특정시기 이후에 일어나면 비교적 회복이 용이하다. 즉, 아동기 동안의 일시적인 영양부족은 성장속도를 현저하게 늦추지만, 영양을 충분히 보충하면 키가 먼저 회복되고 이후 몸무게도 증가한다 (C). 이와 같이 성장이 손상된 후에 일어나는 급속한 성장 단계를 만회성 성장catch-up growth이라고 한다.

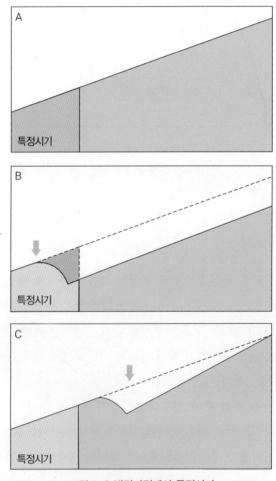

그림 1-3 발달과정에서 특정시기

자료: 노만 크레츠머 · 마이클 짐머만. 발달의 관점에서 본 생애주기영양학. 교문사, 2000

생애주기의 구분

인간은 출생 후 1년의 급성장 단계에서 사춘기 전까지 완만한 성장을 보이다가 다시 사춘기에는 빠른 성장을 보여 이 시기를 제2의 성장기라고 한다. 그 후 성인기까지 점차 성장률이 감소하는 S자형의 성장곡선을 보인다. 나라와 학자에 따라 다소 차이가 있지만, 이와 같은 성장 차이에 근거하여 전 생애주기를 그림 1-4와 같이 구분하고 있으며 생애주기별 특징은 표 1-1과 같다.

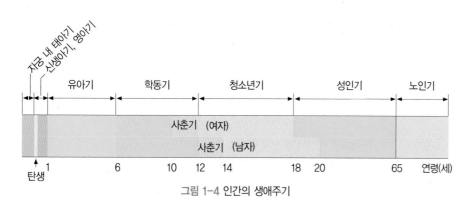

그림 1-4 인간의 생애주기

1. 태아기

수태에서부터 출생까지의 기간을 의미하며, 다른 유기체와 마찬가지로 인간도 단세포로부터 성장·발달하기 시작한다. 수정란은 난할기의 처음 며칠 동안은 난황낭에 저장된 영양분을 이용해 분열하지만 착상 이후에는 태반을 통해 모체로부터 영양분을 공급받아 성장·발달한다. 수정 후 60일까지의 배아기는 세포의 급격한 분열로 주요 조직과 기관이 형성되므로 영양소의 양적 필요량은 매우 적지만 과잉이나 결핍에 매우 민감한 시기이다. 이후 태아기는 양적인 성장속도가 빨라져서 영양필요량이 크게 증가한다.

태아가 성장하는 동안 모체는 임신기에 해당한다. 모체는 임신 기간 동안 식사를 통해 섭취한 영양소와 모체의 체내 저장분으로부터 동원한 영양소를 끊임없이 태아로 공급한다. 이와 같이 태아의 생화학적 환경은 전적으로 모체의 영양에 의존하므로 임신기 동안 적절한 영양관리를 통해 모체 혈액에 여러 영양소의 항상성을 유지

❧ 난할기
수정에서 착상이 완료되는 2주까지의 기간

❧ 배아기
수정 후 2주가 경과한 시점에서 8주까지의 기간

❧ 태아기
배아기 이후부터 출산까지의 기간

표 1-1 인간의 생애주기별 특징

생애주기	연 령	특 징
배아기	임신 초기	세포의 급속한 분열, 신체 기관과 구조 형성
태아 전기	임신 중기	성장의 가속화, 신체 구조의 정교화, 초기 단계의 기능적 활동
태아 후기	임신 말기	신체질량의 급격한 증가, 출생 후 변화에 대한 준비기, 지방세포의 증가
	분만	개구, 만출, 후산기, 경련과 산소결핍의 위험, 태반기능의 종료
신생아기	출생~4주	환경에 대한 적응, 호흡 기능의 시작
영아기	출생~1세	급속한 성장과 발달, 신체 기능과 뇌 기능의 성숙
유아기	만 1~5세	성장속도 완만, 신체활동의 증가, 신체 기능의 숙련, 학습능력의 발달
학동기	만 6~11세	지속적인 성장, 지적 발달
청소년기	남자 만 12~20세 여자 만 10~18세	성장의 가속화, 급격한 체중 증가, 성기관과 내분비 기관의 변화, 2차 성징 발현, 최대 성장속도를 보이다가 감퇴함, 급격한 근육 성장, 성기관의 성장과 기능의 성숙, 자아 신뢰와 독립성 요구
성인기	만 19~64세	형성된 신체 형태의 유지
노인기	만 65세 이상	신체적 능력과 건강의 쇠약, 노쇠 현상

하는 것이 중요하다.

2. 영아기

출생 이후부터 만 1세까지의 기간을 의미하며, 이 기간은 일생 중 성장이 가장 왕성하게 일어나며, 특히 뇌의 성장·발달이 현저히 이루어진다. 출생 후 수개월은 다른 어느 시기보다도 성장속도가 빨라 생후 3개월이 되면 출생 시 체중의 약 2배가 되며, 그 이후는 체중의 증가속도가 느려져서 생후 1년경에는 출생 시 체중의 약 3배에 불과하다. 출생 시에는 머리 부분이 몸 전체에 비해 크다. 이 시기에는 두뇌와 신경조직이 급격히 발달하므로 정상적인 두뇌 발달을 유지하기 위해서는 필요한 영양소를 충분히 섭취해야 한다.

3. 유아기

유아기는 만 1세 이후부터 학동기 전까지의 기간을 의미한다. 이 시기의 성장은 영아기에 비해 느리지만 두뇌 완성, 신체의 제반 조절기능 및 사회 인지능력이 발달하므로 영양관리가 매우 중요하다. 체성분의 경우 근육량이 증가하고 신체 각 부위의 경우 다리 부분이 급속히 성장하는 반면, 머리 부분은 성장속도가 느려 성인의 형태와 비슷해진다. 또한 운동기능이 자유롭고 강해지며 지능과 자아 발달이 빠르게 일어남으로써 사회규범과 문화의 기초를 습득하기도 한다. 특히 음식에 대한 기호, 식사 예절, 위생 습관 등이 형성되는 시기이므로 올바른 식습관 형성을 위한 식사관리가 요구된다.

4. 학동기

학동기는 초등학교에 재학하는 만 6~11세의 기간을 의미하지만 생리적으로는 사춘기 이전까지로 정의되므로 여자의 경우처럼 사춘기가 빨리 시작되면 이 시기가 짧을 수 있다. 이 시기의 성장속도는 유아기에 이어 계속 낮지만 신장과 체중이 지속적으로 증가하고 학교에서의 규칙적인 생활과 신체활동량의 증가로 인해 영양필요량은 학령전기에 비해 크다. 이 시기에는 개인적인 성격이 뚜렷해지고 독립성이 크게 증가하여 부모의 영향력은 줄어드는 대신에 동료집단의 영향력이 커지며, TV를 통한 광고내용이나 컴퓨터를 통한 인터넷 정보에 대한 수용성과 민감성이 점차 커진다. 이 시기에 확립된 식습관은 일생에 거쳐 영향을 미치게 되므로 올바른 식습관 형성을 위한 영양교육이 강조되어야 한다.

5. 청소년기

청소년기는 사춘기에서 시작해 성인기에 들어서기까지의 기간을 의미하며, 신체의 성장속도가 현저히 증가하면서 동시에 성적 성숙이 이루어져 성장이 완성되어 가는 시기이다. 그러나 사춘기의 시작은 성별이나 개인마다 다르고 성장이 완료되는 시기도 다양해서 개인에 따라 청소년기가 더 어린 나이에 시작되기도 하고 더 늦은 나이까지 연장되기도 한다. 청소년기는 신체적인 면뿐만 아니라 정신적, 심리적 그리고 사회적인 면에서도 큰 변화가 일어나며, 자신의 체형에 대해 높은 관심을 보이게 된다. 이 시기에 영양이 부족하면 성장과 성숙이 지연될 뿐 아니라 건강한 사회인으로의 성장에 지장을 받게 된다.

6. 성인기

성장·발육이 완전히 끝나는 만 19세 이후부터 64세까지의 아주 넓은 기간을 의미한다. 대부분의 신체 기능은 20대 중반까지 발달하며, 20대 후반부터 신체 각 조직에 부분적인 노화현상이 시작되지만 일생 동안 가장 안정된 기간이다. 그러나 이 시기에는 나이가 들면서 체지방이 증가하는데 이는 다양한 질병의 원인이 될 수 있다. 또한 여성의 경우에는 폐경이라는 큰 생리적 변화를 경험한다. 성인기는 정신적, 육체적으로 사회활동을 가장 왕성하게 하는 시기이므로 최적의 건강을 유지하기 위해 적절한 영양과 운동 관리가 필요하다.

7. 노인기

만 65세 이후의 기간을 의미하며, 이 시기에는 체중과 신장 및 신체 기능의 조절 능력, 기능적 예비능력, 세포 수 등이 감소하고, 질병에 대한 감염도가 증가한다. 이와 같은 신체적인 변화 외에도 외로움, 우울, 치아결손, 만성질환 등으로 식욕이 감퇴하고 경제적인 어려움과 거동의 불편함으로 음식을 준비하기 어려우므로 이 시기의 영양상태는 대체로 불량하며, 질병 이환율도 다른 시기에 비해 높다. 따라서 노인의 영양적 특성을 충분히 고려하고 질병 예방과 치료를 위한 적절한 영양 및 건강 관리가 이루어져야 한다.

2

임신기
영양

건강하고 정상적인 임신과 유지 및 출산을 위해서는 유전인자의 결함이나 감염, 영양결핍과 같은 환경장애가 없어야 하며 이를 위해 여성은 임신 전부터 평소의 건강관리, 특히 균형 있는 식사가 매우 중요하다. 코넬대의 너새니얼스는 "일생 동안 누리는 건강의 상당 부분은 태아 시절의 환경에 의해 결정된다는 유력한 증거가 나오고 있다."고 하여, 태아의 자궁 속 환경이 출생 후 성장하면서 성인병과 밀접한 관계가 있다는 것을 강조하였다. 또한 하버드대의 에드워드도 "출생 시 체중은 자궁 속에서 태아의 성장과 출생 후 성장하면서 질병에 걸릴 가능성에 영향을 미치는 복합적인 요인들을 포괄하는 지표"라고 하였다. 그러므로 임신부 영양은 아기의 태내 건강뿐만 아니라 성인이 된 후까지 평생 건강에 큰 영향을 미친다는 점에서 그 어느 시기보다 그 중요성이 강조된다.

2
임신기
영양

임신기의 생리적 특성

1. 생리적 특성

여성은 임신 후 다양한 생리적 변화를 겪게 된다. 임신 시에 일어나는 생리적 변화는 표 2-1과 같다.

1) 호르몬의 변화

(1) 월경주기에 따른 호르몬의 변화

여성은 사춘기 이후 성호르몬 분비에 변화가 생기고, 여성 호르몬인 에스트로겐의 분비가 증가하면서 월경이 시작된다. 월경주기는 25~40일로 다양하나 평균적으로 약 28일 정도를 1주기로 하는데, 이

표 2-1 임신 기간 중 모체의 생리적 변화

호르몬	• 태반은 임신유지를 위한 다양한 호르몬 분비	순환기계	• 심장박동수와 박출량 증가로 심박출량 30~50% 증가 • 임신 전반기에는 혈압이 감소하였다가 후반기에는 정상으로 회복
혈액 부피 증가	• 혈액 부피 20% 증가 • 혈장 부피 50% 증가 • 부종(임신부의 60~75%에서 나타남)	호흡기계	• 폐환기량 증가(30~40%) • 산소 섭취량 10% 증가
혈액 희석	• 임신 중 모체 혈장량 증가에 의해 단위부피당 혈중 대부분의 비타민과 무기질의 비율 희석	위장관계	• 위장관 근육의 이완 • 위장관 통과시간 지연 • 메스꺼움, 구토 • 가슴쓰림 • 변비
혈중 지질 증가	• 혈중 총 콜레스테롤, LDL-콜레스테롤, 중성지방, HDL-콜레스테롤 증가	비뇨기계	• 사구체 여과율 50~60% 증가 • 나트륨과 수분 보유력 증가 • 소변을 통한 영양소 손실 증가
혈당 증가	• 인슐린 저항성 증가로 혈장의 포도당과 인슐린 농도 증가	기초대사량	• 임신 후반기에 기초대사량 증가 • 체온 증가
모체조직과 기관의 확대	• 심장, 갑상선, 간, 신장, 자궁, 가슴, 지방조직 증가	면역체계	• 면역기능 감퇴 • 요로와 생식기계 감염 위험 증가

자료: Brown JE. Nutrition through the life cycle(7th ed.). Cengage, 2020

♨ **인슐린 저항성**
insulin resistance
세포 내로 포도당을 이동시키는 인슐린에 대하여 세포막의 감수성이 감소된 상태

는 자궁주기와 난소주기로 구성된다. 난자성숙과 배란이 주기적으로 이루어지는 것을 난소주기라 하며 난소주기에는 난포의 발달, 성숙 난포로부터 난자배출, 황체형성 등의 변화가 일어난다. 자궁주기는 자궁내막에서 주기적으로 일어나는 변화로 증식기, 분비기, 월경기로 구분된다.

월경 시작일이 월경주기 1일이다. 월경주기의 전반부에 해당되는 난소주기 동안 난포자극호르몬follicle stimulating hormone, FSH과 황체형성호르몬luteinizing hormone, LH의 영향으로 난자가 발달하고 성숙하며, 난소에서 생성된 에스트로겐 분비 증가에 의하여 자궁내막이 증식한다. 월경주기 제14일경에 난포가 팽대되고 파열되면서 그 속에 있던 성숙난자가 나오고(배란), 난포는 황체로 발달되며, 황체는 다량의 프로게스테론을 분비한다. 배란과 황체형성 후에는 에스트로겐과 프로게스테론의 영향으

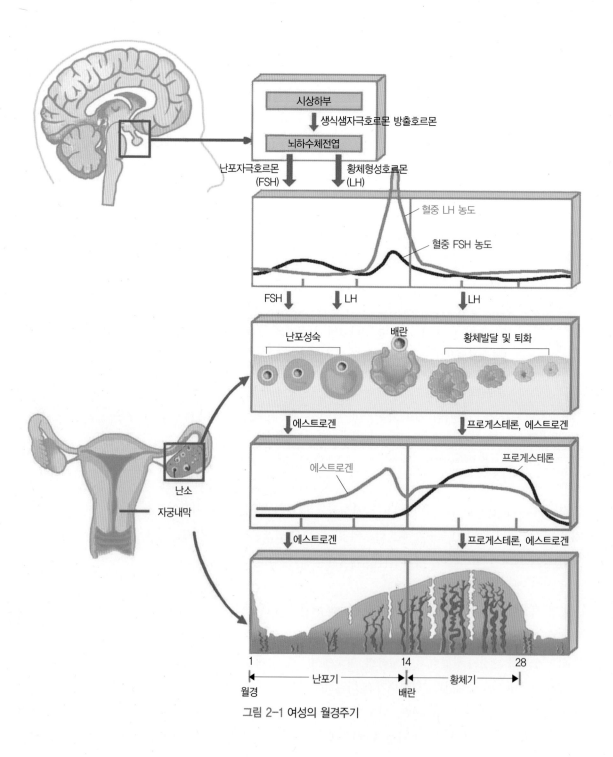

시상하부

생식샘자극호르몬 방출호르몬

뇌하수체전엽

난포자극호르몬
(FSH)

황체형성호르몬
(LH)

혈중 LH 농도

혈중 FSH 농도

FSH

LH

LH

난포성숙

배란

황체발달 및 퇴화

에스트로겐

프로게스테론, 에스트로겐

에스트로겐

프로게스테론

에스트로겐

프로게스테론, 에스트로겐

난소

자궁내막

1

14

28

월경

난포기

배란

황체기

그림 2-1 여성의 월경주기

로 자궁내막의 분비선이 더욱 발달되고 증식되어 자궁내막에 수정란이 착상할 수 있도록 준비된다. 배란된 난자가 수정되지 않은 경우 월경주기 중 23일경 황체는 퇴화하고 에스트로겐, 프로게스테론의 분비는 감소되며 자궁내막 혈관은 수축되고 자궁내막으로의 혈류가 감소된다. 혈액을 공급받지 못한 자궁내막은 국소 빈혈과 괴사를 일으키며, 괴사된 혈관벽이 파열되어 나오는 혈액과 탈락된 자궁내막 조직이 배출되는 것이 월경이고, 출혈은 약 5일간 지속된다. 그 이후 월경주기는 처음부터 다시 반복되며, 월경주기는 그림 2-1과 같다.

(2) 임신에 따른 호르몬의 변화

임신부는 재태 기간 동안 약 30여 가지의 호르몬을 분비하며 대부분의 호르몬은 체내 내분비선에서 아미노산과 콜레스테롤에 의해 합성된 펩티드호르몬이나 스테로이드호르몬이다. 호르몬 중의 일부는 임신 중에만 분비되기도 하며 임신이 진행됨에 따라 분비율이 변화되는 것도 있다. 임신 기간 중 분비되는 호르몬의 종류와 역할은 그림 2-2, 표 2-2와 같다.

① 프로게스테론

프로게스테론progesterone은 임신 전이나 임신 초기에는 난소의 황체에서 분비되

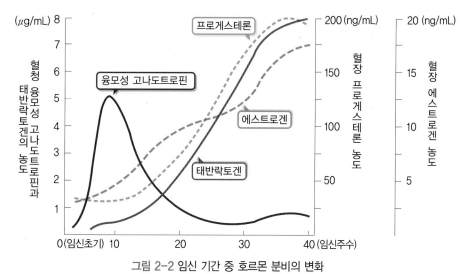

그림 2-2 임신 기간 중 호르몬 분비의 변화

자료: Brown JE. Nutrition through the life cycle(7th ed.). Cengage, 2020

꽃 융모성 고나도트로핀
human chorionic gonadotropin, hCG
임신 시 태반의 융모막 조직에서 분비되는 생식샘자극호르몬. 황체를 자극하여 황체로부터 황체호르몬을 계속 분비시켜 임신 2개월경까지 급격히 증가하며 임신 초기에 착상 유지와 임신의 지속을 돕는다.

표 2-2 임신 기간 중 분비되는 호르몬과 역할

분비장소	종류	기능
태반	프로게스테론progesterone	자궁 평활근 이완, 위장 운동 감소, 지방 합성 촉진, 신장에서 나트륨 배설 증가
	에스트로겐estrogen	혈청 단백질 감소, 결체조직의 친수성 증가, 뼈의 칼슘 방출 저해, PTH 작용 억제, 출산 시 자궁의 확대
	태반락토겐human placental lactogen, hPL	유즙 분비, 성장 촉진, 글리코겐 분해에 의한 혈당 증가, 모체조직의 인슐린 저항성 증가
	융모성 고나도트로핀human chorionic gonadotropin, hCG	에스트로겐과 프로게스테론을 생성하는 황체 자극, 초기 임신 유지, 자궁내막 성장 자극
	융모성 소마토트로핀human chorionic somatotropin, hCS	태아의 포도당 유용성을 증가시키기 위하여 모체 인슐린 저항성 증가, 단백질 합성 증가, 모체의 사용을 위하여 에너지원으로 지방 분해 증가
뇌하수체 전엽	프로락틴prolactin	유즙 생성 촉진
	성장호르몬human growth hormone, hGH	혈당 증가, 뼈의 성장 자극, 질소 보유 증가
	갑상샘자극호르몬thyroid stimulating hormone, TSH	갑상샘 내로 요오드 유입 증가, 티록신 분비 자극
뇌하수체 후엽	옥시토신oxytocin	유즙 분비 촉진
부신피질	알도스테론aldosterone	나트륨 보유, 칼륨 배설 촉진
	코르티손cortisone	단백질 분해로 인한 혈당 증가
갑상샘	티록신thyroxine	기초대사율 조절
부갑상샘	부갑상샘호르몬parathyroid hormone, PTH	뼈에서 칼슘 방출 증가, 소장 내 칼슘 흡수 증가, 요 중 인의 배설 증가
췌장의 α-세포	글루카곤glucagon	글리코겐 분해에 의한 혈당 증가
췌장의 β-세포	인슐린insulin	임신 초기: 인슐린 민감성 상승, 글리코겐과 지방 축적 임신 말기: 인슐린 저항성 상승, 당신생 합성 촉진
콩팥	레닌-안지오텐신renin–angiotensin	알도스테론 분비 자극, 나트륨과 수분 보유, 갈증 유발

며, 임신 후 태반이 완성되면 태반에서 분비된다. 임신 시 프로게스테론의 가장 중요한 역할은 자궁 평활근을 이완시켜 태아가 성장함에 따라 자궁을 확장시키고, 자궁 수축을 억제함으로써 태아의 조기 출산을 방지하는 것이다. 또한 프로게스테론은 위장관을 이완시켜 장의 연동 운동을 감소시키고 영양소의 흡수시간을 연장시키며, 유즙 분비를 위한 유방의 발달을 촉진하고, 대사에도 영향을 미쳐 모체 내 지방을 축적하며, 콩팥에서는 나트륨 배설을 증가시킨다.

② 에스트로겐

에스트로겐estrogen은 프로게스테론과 같이 임신 전이나 임신 초기에는 난소의 황체에서 분비되며, 임신 후 태반이 완성되면 태반에서 분비된다. 에스트로겐은 임신 초기에는 분비량이 적다가 출산 직전에는 임신 전보다 50배 정도 증가하고, 자궁과 태반 및 유방의 발육에 관여한다. 또한, 결합조직의 친수성을 증가시켜 체액량 증가에 기여하고, 수분 보유를 유도하여 조직을 유연하게 만들어 출산 시 자궁을 확장시키는 작용을 한다. 대사적으로는 지방의 합성과 저장, 단백질의 합성을 증가시킨다.

③ 태반에서 분비되는 호르몬

임신 후에는 태반으로부터 각종 호르몬이 분비되어 임신 유지에 도움을 준다. 임신 시 태반은 중요한 내분비 기관으로서 임신이 진행됨에 따라 융모성 고나도트로핀human chorionic gonadotropin, hCG, 태반락토겐human placental lactogen, hPL, 에스트로겐, 프로게스테론, 안드로겐, 코르티코이드 등을 합성 분비한다.

융모성 고나도트로핀은 임신 2개월까지 급격히 증가하며 에스트로겐과 프로게스테론을 생산하는 황체를 자극함으로써 황체호르몬의 분비를 계속 유지시켜 초기 임신을 지속시키고 자궁내막의 성장을 자극한다. 태반락토겐은 태아의 성장 촉진을 위해 당질 이용이 증가하는 임신 말기에 분비가 증가하여 모체조직의 인슐린 저항성을 증가시키고, 글리코겐을 분해하여 혈당을 증가시킴으로써 태아의 당질이용을 순조롭게 도와준다.

④ 기 타

뇌하수체 전엽에서 분비되는 프로락틴은 유즙의 합성을 돕고, 뇌하수체 후엽에서 분비되는 옥시토신은 유즙 사출을 촉진한다. 임신기 동안 프로락틴의 수치가 10배 이상 증가하지만, 임신기간에는 에스트로겐과 프로게스테론의 농도가 높아 프로락틴의 작용이 억제되어 유즙의 생산이 일어나지는 않는다. 임신 3개월 이후부터는 인슐린의 민감성이 저하되면서 췌장에서의 인슐린 분비가 증가하는데, 심하면 임신당뇨병을 유발하기도 한다. 부신에서의 알도스테론과 콩팥에서의 레닌 분비량 증가는 임신 중 증가하는 혈액량을 유지하기 위하여 나트륨과 수분을 보유한다. 또한 임신 중에 증가하는 기초대사율과 산소 소비량 증가에 대비하여 갑상샘이 비대해지고 갑상선호르몬의 분비량이 증가한다.

2) 혈액 성분의 변화

임신이 되면 태아에게 영양소와 산소 등 필요한 물질을 공급하기 위해서 모체의 혈액이 급속히 증가하므로 순환기계에 부담이 증가한다. 말초 순환 저항 증가와 순환 혈액량 증가 등으로 인해 심장의 부담이 증가하므로 심장질환이 있는 임신부는 주의가 필요하다. 임신 여성의 혈액량, 혈장량, 적혈구량과 헤마토크릿의 변화양상은 그림 2-3과 같다.

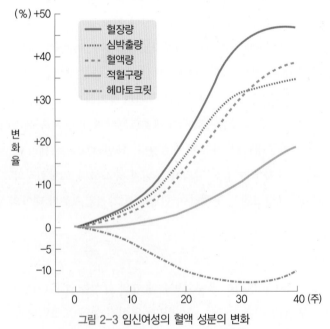

그림 2-3 임신여성의 혈액 성분의 변화

자료: Rosso P. Nutrition and metabolism in pregnancy: Mother and fetus. Oxford Univ. Press, 1990

(1) 혈장량

혈장량의 증가는 임신 초기부터 시작되어 24~36주에 최고 1,500mL(비임신부의 45~50%)까지 증가한다. 따라서 임신 말기에는 혈압이 어느 정도 상승하지만, 최고 혈압 140mmHg 이상, 최저혈압 90mmHg 이상은 주의가 필요하다.

(2) 총 적혈구

총 적혈구의 양은 분만일까지 17~40%의 꾸준한 증가를 보이지만 혈장량만큼 증가하지 못하여 정상인에 비해 그 농도는 감소하므로 임신 빈혈을 일으킬 수 있다. 즉, 적혈구의 양에 비해 혈장의 양이 많이 증가하므로 혈액 성분의 농도가 감소되어 단위 부피당 헤모글로빈 농도가 낮아지는 혈액희석hemodilution 현상이 나타난다.

(3) 헤모글로빈, 헤마토크릿, 총 철결합력

임신 전 여성의 헤모글로빈 농도는 13~14g/dL 정도이나 임신기 여성은 10~11g/dL로 감소하고, 헤마토크릿도 임신 전 35%에서 임신 후 29~31%로 감소한다. 그리고 임신 중 총 철결합력total iron binding capacity은 증가한다.

(4) 총 단백질과 알부민

혈장의 증가와 태아의 질소 수요량이 증가하기 때문에 총 단백질과 알부민은 감소한다. 혈청 단백질은 임신 시 약 13%로 낮아지고, 혈장량이 증가하는 임신 32주에서 36주까지 가장 많이 감소하며, 출산 2~3개월 후에 다시 정상을 되찾는다.

(5) 지 질

임신 기간 중 총 지질, 총 콜레스테롤과 중성지방의 혈중 농도는 증가한다(표 2-3). 콜레스테롤은 태반에서 에스트로겐과 프로게스테론 합성 시 전구체로 사용되며, 태아의 신경과 세포막 형성에 이용된다. 혈액 중 지질이 증가하는 이유는 확실하지 않으며 에스트로겐과 코르티솔이 혈장 콜레스테롤과 인지질을 약간 상승시킬 수 있고, 당질 대사의 변화로 상승하는 것으로도 추정해 볼 수 있다.

표 2-3 임신 중 콜레스테롤과 중성지방 농도

구 분	콜레스테롤(mg/dL)	중성지방(mg/dL)
임신 초기	223.51	105.40
임신 중기	266.05	116.92
임신 말기	314.77	228.52
비임신부	197.60	70.86

자료: Brown JE. Nutrition through the life cycle(7th ed.). Cengage, 2020

3) 콩팥 기능의 변화

임신 중에는 태아와 모체의 혈액 및 생식 기관의 증가로 인해 약 6~7L의 체액이 증가한다. 콩팥으로 흐르는 혈류는 임신 중 50~85% 증가하며, 사구체 여과량도 임신 전에 비해 50% 가량 증가하고, 모체와 태아로부터 생기는 요소, 요산, 크레아티닌의 배설량도 증가한다. 사구체 여과량 증가로 세뇨관에서는 모두 재흡수되기 어려울 정도로 많은 양의 용질이 여과되므로 임신 중에는 요 중 포도당, 아미노산, 티아민, 비타민 C, 니아신, 엽산, 요오드 등의 배설량이 증가할 수 있다.

임신 초기에는 소변량이 증가하고, 임신 개월 수가 증가함에 따라 방광이 압박되어 빈뇨가 나타난다. 일과성의 당뇨와 단백뇨를 일으키는 경우에는 임신당뇨병과 자간전증에 대비하여 주의가 필요하다. 특히 단백뇨는 자간전증의 중요한 지표가 된다.

4) 위장관 기능의 변화

임신 초기(2~3개월경)에는 입덧, 식욕부진, 오조, 기호의 변화가 나타나며, 태반에서 분비되는 프로게스테론의 영향으로 위장 근육이 이완되어 소화장애, 위식도 역류증으로 인한 가슴쓰림heart burn, 변비 등이 나타날 수 있고, 후기에는 자궁의 증대에 따라 기계적으로 압박되어 트림과 변비가 생기기 쉽다.

5) 대사적 변화

임신과 더불어 기초대사율은 조금씩 증가하여 임신 4개월부터는 15~20% 정도가 상승하며, 분만 5~6개월 후에 정상수준으로 돌아온다. 기초대사율의 증가는 모체, 태아, 태반에서 산소의 소모량이 증가함을 의미하며 그림 2-4와 같이 탄수화물, 단백질, 지질 대사에 영향을 주게 된다.

임신 전반기는 태아의 영양요구량은 적으나 임신 후반기의 급격한 태아 성장과 분만, 수유를 위한 에너지와 영양소를 축적하는 시기이다. 모체가 섭취한 탄수화물이나 지방은 글리코겐이나 지방으로 합성되어 체내에 축적되고, 단백질은 모체조직, 태반, 적혈구 등 새로운 조직의 합성에 이용된다.

임신 후반기는 태아의 성장으로 인하여 태아의 영양소 요구량이 증가하므로 임신부의 영양소 대사는 우선적으로 태아에게 영양소가 전달되도록 변화한다. 임신 말기의 태아는 필요한 열량의 70%를 탄수화물에서 공급받고, 20%는 아미노산, 나머

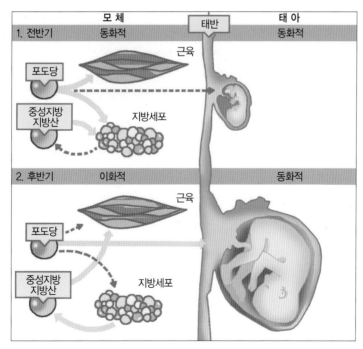

그림 2-4 임신 시 동화적 · 이화적 상태

자료: 노만 크레츠머 · 마이클 짐머만. 발달의 관점에서 본 생애주기영양학. 교문사, 2000

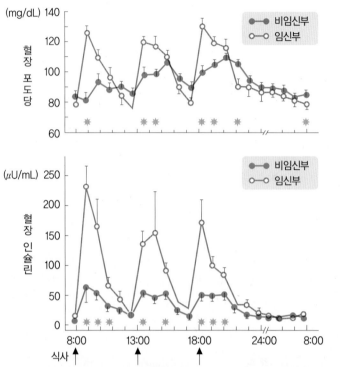

그림 2-5 임신 후반기 정상 임산부와 비임신부의 식후 혈장 포도당과 인슐린 농도

자료: Brown JE. Nutrition through the life cycle(7th ed.). Cengage, 2020

지는 지질로부터 공급받는다. 태아는 우선적으로 탄수화물을 열량원으로 이용하며, 모체는 지방산이나 케톤체를 열량원으로 이용한다. 임신 후반기의 모체 내 탄수화물 대사의 변화는 호르몬에 의하여 영향을 받는다. 뇌하수체에서 분비되는 프로락틴과 융모성 소마토트로핀은 포도당이 글리코겐이나 지방으로 전환되는 것을 저해하며, 동시에 인슐린 저항성을 증가시켜, 모체는 비임신부보다 얼마간 고혈당증을 나타내고 태아의 탄수화물 이용은 용이해진다. 에너지원으로 탄수화물을 태아에게 양보한 모체는 에너지원으로 지방 의존도가 증가하게 된다. 임신 기간에 따른 모체의 혈당변화와 인슐린 분비량의 변화는 그림 2-5와 같다.

6) 기타 생리적 변화

임신 중에는 체중 증가와 함께 에스트로겐과 프로게스테론의 분비로 자궁이 비대해지면서 무게, 모양, 위치의 변화가 오며 자궁근벽은 강해지고 탄력성이 생긴다. 유방은 임신이 성립되면 에스트로겐과 프로게스테론의 영향을 받아서 계속 증대되며 유방 주변에 몽고메리선이라고 하는 소결절이 생긴다. 피부에는 임신선과 색소침착이 나타나고 임신 전 기간을 통해 안면, 복부, 사지, 유방에 피하지방이 침착된다.

2. 임신기 체중의 변화

1) 임신부의 체중 증가

임신 기간 동안 건강한 임신부의 체중 증가는 11~16kg 정도이다. 체중 증가의 정도는 인종, 영양상태, 출산 횟수, 임신 전의 체중에 따라서 차이가 있으며 임신부가 초산일 경우나 젊은 임신부일수록 체중 증가가 더 크다. 체중 증가는 크게 두 종류의 성분 증가로 이루어지는데, 하나는 임신의 산물, 즉 태아, 양수 및 태반의 생성에 의한 것이고, 다른 하나는 임신을 유지하기 위한 모체조직, 즉 모체의 혈액과 세포외액의 증대, 자궁과 유선의 비대 및 모체의 지방조직의 증가 등에 의한 것이다(그림 2-6).

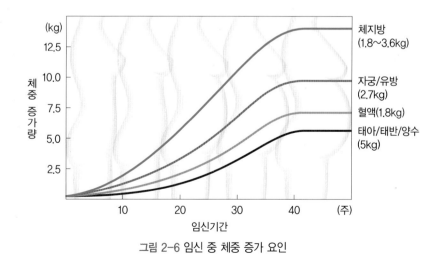

그림 2-6 임신 중 체중 증가 요인

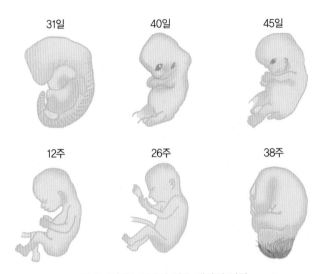

| 31일 | 40일 | 45일 |
| 12주 | 26주 | 38주 |

그림 2-7 임신 기간에 따른 태아의 변화

임신 기간을 임신 초기(1~12주), 중기(13~26주), 말기(27~40주)로 나누어 볼 때, 임신 초기에는 약 1~2kg 정도의 체중이 증가하고 태아의 크기는 겨우 5g에 불과하다. 임신 중기는 1주일에 약 450g 정도씩, 약 5kg 정도의 체중이 증가하며 체중 증가의 약 60%가 모체부분의 증가이다. 임신 말기의 체중 증가량은 1주일에 360g 정도씩 약 5kg의 체중이 증가하며 이는 태아부분의 증가에 기인한다. 특히 출산 전 6주 동안 태아성장이 가장 빠르므로 임신 기간을 다 채우지 못하고 출생하게 되는 미숙아의 경우 출생 시 체중이 적은 저체중아가 된다. 그림 2-7은 임신 기간에 따른 태아의 변화를 나타낸 것이다.

2) 임신기 적정한 체중 증가

임신부의 체중 증가량이 적은 경우 태아의 자궁 내 성장 저해나 분만 전후 태아 사망 위험률의 증가 등 부정적인 결과가 초래될 수 있다. 반면 체중 증가량이 많은 경우에도 임신성 고혈압이나 임신당뇨병 등의 위험이 증가하고, 과체중아를 출산하게 되며 이차적으로 태아-태반 불균형과 관련된 합병증의 위험률을 증가시킬 수 있고, 분만 후에도 비만위험이 높아진다. 현재 많은 역학조사 결과들은 임신 중 체중 증가량보다도 모체의 임신 전 신장 대비 체중이 태아의 성장에 영향을 미치는 결정적인 인자임을 보고하고 있다. 그림 2-8은 임산부의 임신 전 체중상태에 따른 체중 증가와 신생아 체중과의 관계를 나타낸 것이다.

대한영양사협회에서는 우리나라 임신부의 정상적인 체중 증가 정도와 관련하여 임신부가 임신하기 전에 저체중이나 비만하였다면 표 2-4와 같이 체중을 증가시키는 것이 바람직하다고 권고한다. 즉 저체중이었던 경우에는 정상체중 증가량인 11 ~16kg 보다 좀 더 증가시키며, 비만인 경우에는 체중 증가를 조금 더 낮은 수준으로 유지하도록 권장한다.

임신 전 체중이 정상이었던 임신부는 11~16kg 범위의 체중 증가가 바람직하며, 임신 전에 저체중이었던 임신부는 13~18kg 정도의 체중 증가가 바람직하다. 임신 전 비만이었던 임신부는 7kg 이하로 체중 증가를 제한하는 것이 좋다.

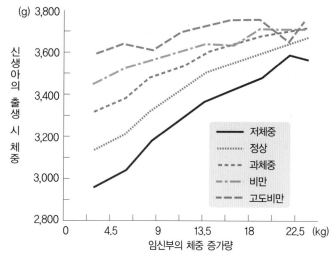

그림 2-8 임신부의 임신 전 체중상태에 따른 체중 증가와 신생아 체중과의 관계
자료: Brown JE . Clinical nutrition 7:181-190, 1988

표 2-4 임신 전 체중에 따른 임신부의 적정한 체중 증가 범위

임신하기 전 체중	바람직한 체중 증가량(kg)
정상	11~16
저체중	13~18
비만	7
쌍태아 임신	16~20

자료: 대한영양사협회. 임상영양관리지침서(제3판), 2008

표준체중	비만도
남자: 표준체중(kg)= 키(m) × 키(m) × 22 여자: 표준체중(kg)= 키(m) × 키(m) × 21	표준체중보다 10% 이하는 저체중 표준체중보다 ±10%이면 정상체중 표준체중보다 10~20% 이상이면 과체중, 20% 이상이면 비만으로 판정

🔍 확대경 **10대 임신의 문제점**

여성의 생식연령gynecological age은 초경이 시작된 후 경과한 햇수를 말한다. 사춘기 여아의 성장곡선을 보면, 초경 후 4년이 경과할 때까지 직선적인 성장이 계속되고 일반적으로 19세까지 성장과 성숙과정이 일어난다. 생식연령이 2~3년밖에 되지 않은 10대 임신은 신체적 성숙이 완전하지 않기 때문에 위험도가 크다. 또한 외모에 대한 지나친 관심으로 체중 증가를 두려워하기 때문에 식품 섭취가 부실하고, 스낵 제품, 탄산음료에 대한 기호도가 급증하는 시기이므로 영양 불균형이 나타나기 쉬운 시기이다. 한편, 10대 임신부는 산전관리를 소홀히 할 위험도 크며, 모체에는 자간전증, 태아에게는 저체중과 조산의 위험을 증가시킨다.

10대 임신부는 에너지와 영양소 함량이 더 많은 식품을 섭취하여야 하며, 임신 전반기에는 하루 300kcal, 중반과 후반에는 600~650kcal를 추가로 섭취해야 필요한 에너지와 영양소를 충족시킬 수 있다. 임신 중의 체중 증가는 최소 11kg 이상은 되어야 하고 표 2-4에서 권장되는 체중 증가의 상한선으로 체중이 증가하도록 하여야 한다. 이들은 체중이 증가하는 것을 기피하는 경향이 있으므로 임신기의 적절한 체중 증가의 필요성을 강조하여 교육하도록 한다.

태반과 태반을 통한 영양소의 이동

1. 태반의 역할

나팔관에서 수정된 수정란은 분할을 시작하면서 자궁 쪽으로 이동하여 자궁 내막 벽에 착상하게 된다. 착상한 수정란은 크게 2부분으로 나뉘어지며, 자궁안쪽을 향하는 부분은 나중에 태아로 성장하고, 자궁벽 쪽은 영양막세포trophoblastic cell를 구성하며 자궁내막과 결합하여 태반을 형성하며, 태반의 구조는 그림 2-9와 같다. 임신 12~16주경에 완성되는 태반은 태아의 성장에 따른 영양필요량의 증가로 계속 성장하여 만삭이 되면 지름 15~20cm, 두께 1~2cm, 무게 0.5~1kg 정도가 되고, 모체와 태아 사이의 수송기전으로 태아의 생명유지를 위해 임시로 모체에 생기는 필수

▼ 영양막 세포
trophoblastic cell

수정된 난자와 자궁벽을 연결해주는 배반포를 둘러싼 세포층

장기이다. 태아의 성장과 발육에 필수적인 태반은 모체의 자궁내측에 부착되어 있으면서, 태아 중앙에 연결된 제대를 통하여 태아와 연락한다. 태반의 주된 역할은 다음과 같다.

◆ 태반은 영양소의 완충지대 역할을 한다. 태아에게 직접 다량의 영양소가 운반되지 않도록 영양소를 일시적으로 저장해서 수급을 조절하는 작용을 한다. 모체 혈액 내 영양소는 태반을 통해 전달되고, 태아에게 영양소를 이동시키는 결정적 주요 요인은 혈류량이다. 그러므로 모체의 영양불량으로 태반이 너무 작을 경우 혈류량이 제한되어 영양소의 이동이 적어지므로 태아의 성장이 저해 될 수 있다.

◆ 태반에서는 물질대사가 일어난다. 즉 태반은 여러 가지 물질을 선택적으로 이동시키고, 일부 물질을 대사시키며, 태아를 위해 노폐물을 모체로 운반하는 통로가 된다.

◆ 내분비 기능으로 태반에서 분비되는 호르몬은 태아와 모체에 영향을 주어 임신 유지 등에 관여한다.

◆ 태아를 세균 등에 의한 감염으로부터 보호한다.

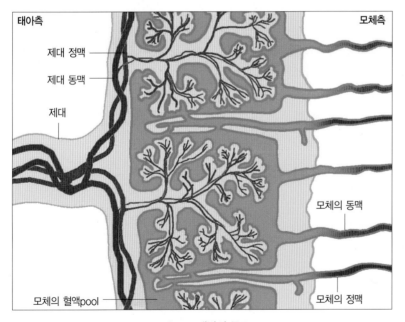

그림 2-9 태반의 구조

✔ 제대
umbilical cord

탯줄. 태아가 태반에서 성장할 수 있도록 모체와 배(胚)를 연결해주는 줄. 길이 50~60cm, 굵기는 1~2cm 정도로 나무뿌리처럼 꼬여 있는 구조

태아는 자궁 속에서 태반과 제대(탯줄)를 통해 모체의 자궁과 연결되어 산소와 영양소를 공급받고 이산화탄소와 노폐물을 배출한다. 태아는 폐순환을 통해 가스를 교환하거나 소화관을 통해 영양소를 흡수할 필요가 없기 때문에 특징적인 혈액순환 형태를 가지고 있다.

좌심실에서 출발한 혈액은 대동맥을 거쳐 두 개의 제대동맥을 따라 태반으로 흘러간다. 태반에서 산소와 영양소를 공급받고 이산화탄소와 노폐물을 배출한 혈액은 하나의 제대정맥을 따라 정맥관과 하대정맥을 거쳐 우심방으로 들어온다. 출생 후에는 우심방의 혈액이 우심실로 흘러가야 하지만, 태아기에는 우심방과 좌심방 사이에 난원공이라는 구멍이 있어 태반에서 올라온 혈액의 대부분이 좌심방, 좌심실, 대동맥을 거쳐 머리와 상지 부위로 흘러간다. 모세혈관을 통해 머리와 상지에 산소와 영양분을 공급하고 이산화탄소와 노폐물을 흡수한 혈액은 상대정맥을 통해 우심방, 우심실을 거쳐 폐동맥으로 흘러간다. 출생 후에는 폐동맥의 혈액이 폐포 모세혈관으로 흘러가 산소와 이산화탄소를 교환하지만, 호흡을 할 수 없는 태아는 대부분의 혈액이 동맥관을 거쳐 대동맥으로 흘러가고 다시 두 개의 제대동맥을 따라 태반으로 흘러간다. 태아 혈액순환을 위한 구조들은 출생 이후 저절로 막히게 된다. 그러나 이들 구조들이 막히지 않은 경우 심방중격결손증이나 동맥관개존증 같은 선천성 심장질환들이 발생하게 된다.

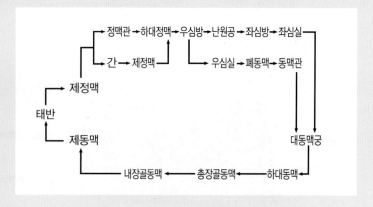

2. 태반을 통한 영양소의 이동

1) 당질의 이동

태아의 신진대사를 위한 가장 주된 연료인 포도당은 촉진 확산을 통하여 태반으로 이동한다(표 2-5). 태반의 포도당 이동 능력은 매우 커서 임신 시 태아 체중 kg당 1분에 6mg의 포도당을 이동시키고 이 양은 점차 늘어나서 분만 시에는 약

표 2-5 태반을 통한 물질이동 기전

기 전	이동하는 물질
단순확산simple diffusion	물, 일부 아미노산, 포도당, 유리지방산, 케톤체, 비타민 E, 비타민 K, 일부 무기질(Na, Cl)
촉진확산facilitated diffusion	일부 포도당, 철, 비타민 A, 비타민 D
능동수송active transport	수용성 비타민, 일부 무기질(Ca, Zn, Fe, K), 대부분의 중성 아미노산
음세포작용endocytosis	면역글로불린, 알부민, 피브리노겐

18mg/분/체중kg을 이동시킨다. 태반에서는 포도당으로부터 글리코겐을 생성하기도 하며, 글리코겐 분해과정을 통해 젖산을 생성하기도 한다.

2) 지질의 이동

콜레스테롤과 유리지방산은 단순 확산을 통하여 태반으로 이동하며, 콜레스테롤은 빨리 이동되나 유리지방산의 이동 속도는 느리다. 중성지방과 인지질은 태반을 통과하지 못하나 태반에서 대사되어 약간의 유리지방산을 태아에게로 보낸다. 글리세롤은 극히 일부만 태반을 통과하여 이동된다. 케톤체는 태반을 통과하여 태아에게로 이동하고 산화되어 태아의 열량요구량의 10% 정도를 공급한다. 태반의 유리지방산은 중성지방, 인지질, 콜레스테롤 에스테르로 전환되고 산화되어 에너지와 탄산가스를 배출한다. 태아의 지방은 태반을 통하여 이동된 유리지방산과 탄수화물로부터 합성된 것이다.

3) 아미노산과 단백질의 이동

대부분의 중성 아미노산은 능동수송에 의하여 태반을 통과하며, 태아의 혈액 내 농도가 모체보다 더 높다. 그 외 아미노산은 단순 혹은 촉진 확산에 의해 이동되며 이동 속도는 느려서 태아의 혈액 농도는 낮다. 태반세포 내로 들어온 아미노산은 단백질 합성에 사용되거나 또는 태반이 단백질 분해효소를 갖고 있어서 유리 아미노산으로 분해되기도 한다. 태반은 또한 아미노기 전이반응을 통해 생성된 탄소골격을 산화시킬 수 있다.

대부분의 단백질은 입자가 크기 때문에 태반막을 통과할 수 없다. 태아는 대부분의 단백질을 모체 순환에서 받은 아미노산으로부터 합성해야 하며, 태반 내의 단백질 합성률은 자궁의 연조직, 탯줄의 결체조직이나 연조직 내의 합성률보다 높다. 그러나 알부민과 피브리노겐은 세포 내 음세포작용·endocytosis을 통해 태반을 선택적으로 이동한다. 또한 모체의 면역 단백질인 IgG도 빠르게 효과적으로 이동되어 태아를 감염으로부터 보호한다.

4) 비타민의 이동

지용성 비타민은 단순 혹은 촉진 확산에 의해 태반을 이동한다. 그래서 태아의 혈액 내 지용성 비타민의 농도는 일반적으로 모체보다 낮다. 반면에 수용성 비타민은 능동수송으로 이동하며 태아의 수용성 비타민 농도는 모체보다 높다. 리보플라빈의 태반 이동은 쉬워 태아의 순환 농도가 더 높고, 그 조효소인 FAD는 이동이 어려워 모체의 순환 농도가 더 높다. 비타민 C는 에너지가 필요한 능동수송을 통하여 탈수소 아스코르브산dehydroascorbic acid으로 태반을 통과하고, 태아 내로 들어간 후에는 L-아스코르브산으로 다시 전환되는데 L-아스코르브산은 태반을 통과할 수 없으므로 태아 내에 그냥 머무르게 된다. 태아의 혈장 내 비타민 C 농도는 모체보다 50% 더 높다. 또한 태반에는 비타민 B_{12} 운반단백질인 트랜스코발라민 II를 위한 특별 수용체가 있으며 비타민 B_{12}는 태반을 통하여 태아에게 능동적으로 이동된다.

5) 무기질의 이동

나트륨과 다른 전해질들도 쉽게 태반을 통과하여 모체에서 태아에게로 이동된다. 태반에는 모체 트랜스페린을 위한 특별 수용체가 있으며, 철은 태아 헤모글로빈과 결합하기 위하여 태반에서 트랜스페린으로부터 분리되어 태아의 순환계로 이동된다.

태아의 골격형성을 위해 필요한 칼슘은 태반의 칼슘 결합 단백질과 결합하여 농도차를 역행하여 능동적으로 이동한다. 모체는 부갑상샘호르몬을 분비하여 뼈에서 칼슘을 용출시켜 혈액 내 수준을 높이며, 태반은 모체에서 태아에게로 부갑상샘호르몬이 통과하지 못하게 막는다. 태아는 자신의 혈액 내 칼슘 농도가 높으므로 내인성 칼시토닌calcitonin을 분비하여 뼈 속에 칼슘이 축적되게 한다. 반면, 비타민 D는 태반을 쉽게 통과하여 모체와 태아 모두에게 칼슘이 보유되도록 돕는다. 태아와 모체 사이에 칼슘의 상호교환은 없으며, 태아에서 모체로의 이동도 일어나지 않는다. 따라서 태반을 통한 칼슘의 이동은 일방적 과정이다.

임신기의 영양소 섭취기준

임신부 영양의 목표는 임신부와 태아에게 충분한 열량과 영양소를 보급하고, 임신으로 인한 대사장애를 최소한으로 감소시키는 것이다. 그러나 과다한 영양섭취는 임신부 비만과 함께 임신당뇨병, 고혈압, 자간전증preeclampsia, 제왕절개, 사산, 분만장애, 모유부족 등의 위험을 증가시킬 수도 있다.

♨ 자간전증
preeclampsia
임신 후기 중독증. 뇌와 신경계 이상을 일으키고 전신 경련을 일으키는 자간증의 전 단계

1. 에너지

임신 중에는 기초대사량이 증가하고 태아의 성장과 모체조직의 증가를 위하여 에너지 요구량이 높아진다. 임신부의 에너지 필요추정량은 일반 성인 여성의 에너지 필요추정량에 임신으로 인한 에너지 소비량 증가분과 모체조직 성장에 요구되는 에너지 축적량을 합산하여 산출한다(표 2-6).

표 2-6 임신부의 에너지 필요추정량

임신기 에너지 필요추정량 = 비임신 여성의 에너지 필요추정량 + 부가량		
임신기 부가량	(에너지 소비량 증가분 + 에너지 축적량)	= 합계
임신 1/3분기	(0kcal/일 + 0kcal/일)	= +0kcal/일
임신 2/3분기	(160kcal/일 + 180kcal/일)	= +340 → +340kcal/일
임신 3/3분기	(272kcal/일 + 180kcal/일)	= +452 → +450kcal/일

자료: 보건복지부 · 한국영양학회. 2020 한국인 영양소 섭취기준, 2020

임신 3분기별 기초대사량 증가량은 각각 4%, 7% 및 19%로 보고되었다. 신체활동에 소비되는 에너지는 임신 25주까지 유의한 변동이 없고, 이후에 10~19% 증가하며, 임신부의 식사성 발열효과는 비임신 여성과 차이가 없다. 그러므로 임신 1/3분기에는 임신으로 인한 에너지 소비량 증가분과 모체조직 내 에너지 축적량이 없는 것으로 보고, 이 시기의 에너지 필요추정량은 성인 여성의 에너지 필요추정량과 동일하게 추정된다. 임신 2/3분기와 3/3분기의 임신으로 인한 에너지 소비량 증가분은 각각 160kcal/일, 272kcal/일이며, 체조직 증가에 필요한 에너지는 180kcal/일이다. 따라서 임신 2/3분기와 3/3분기의 임신기 에너지 필요추정량 부가량은 에너지 소비량 증가분과 체조직 증가에 필요한 에너지 축적량의 합계인 340kcal/일, 450kcal/일로 각각 설정되었다.

2. 단백질

요인가산법
factorial method
섭취량, 배설량 및 불가피 손실량 등 여러 가지 요소들을 고려하여 필요량을 결정하는 방법

임신 중에는 혈액량의 증가, 자궁의 비대, 유방의 발육 등에 따른 모체조직의 증가, 태아와 태반조직의 축적을 위해 단백질이 추가로 요구된다. 임신부의 단백질 섭취가 부적절하면 태아의 성장장애와 저체중아 출산으로 이어진다.

임신부의 단백질 필요량은 요인가산법으로 질소평형 유지, 모체의 체중 증가, 그

표 2-7 임신부의 단백질 섭취기준

구 분		분기별 체중 증가량 (kg)	체중 증가에 따른 부가 단백질량(g)	단백질 축적량 (g/일)	식이단백질 필요량 (전환효율 47%)**	평균필요량 부가량	평균필요량 (g/일)	권장섭취량 (g/일)
비임신부	19~29세						45	55
	30~49세						40	50
임신부	2분기	4.88	4.88×0.73*=3.56	3.6	3.6/0.47=7.65	+11.2	+12	+15
	3분기	11.45	11.45×0.73=8.36	7.2	7.2/0.47=15.3	+23.7	+25	+30

* 질소평형 유지를 위한 성인 여자 체중당 단백질 필요량(g/kg/일)
** 임신부의 순단백질 이용률
자료: 보건복지부 · 한국영양학회, 2020 한국인 영양소 섭취기준, 2020

리고 태아와 모체의 체단백질 축적에 필요한 양을 추가하여 산정하였다. 임신기의 체단백질 축적은 임신 초기에는 거의 없고, 임신 중기와 말기에는 각각 3.6g/일과 7.2g/일이다. 그러므로 동일 연령의 성인 여성에 비하여 임신 중기와 말기에는 단백질이 더 필요하며, 평균필요량 부가량은 중기에는 12g/일, 말기에는 25g/일이다. 임신부의 단백질 권장섭취량 부가량은 변이계수인 12.5%를 적용해 임신 중기와 말기에 각각 15g/일과 30g/일로 설정하였다(표 2-7).

3. 지 질

지방의 과잉 섭취가 자간전증, 케톤체 형성 등의 여러 문제점을 안고 있으므로 총 에너지 증가에 비례하여 총 에너지 섭취의 15~30% 범위에서 지방을 섭취하도록 한다. 식물성과 동물성 지방의 균형을 유지하도록 하며, 견과류, 등푸른생선, 콩과 들기름 등의 섭취를 권장한다.

4. 탄수화물

임신부의 탄수화물 에너지 섭취 적정비율은 성인 여성과 같은 55~65%이다. 임신기의 탄수화물 평균필요량은 모체와 태아의 두뇌에서 사용되는 포도당 양을 고려하여 설정하였다. 하루에 필요한 모체의 포도당 양은 100g에 태아의 두뇌에서 사용되는 포도당 양 35g을 더하여 135g이 필요하며, 권장섭취량은 가산치 35g에 변이계수인 15%를 적용하여 45g을 설정하고 비임신 여성의 권장섭취량(130g)에 45g을 더하여 175g/일로 설정하였다. 임신기의 대사적 변화로 인한 당뇨와 변비 등을 예방하기 위해 설탕, 꿀 등의 단순당보다는 잡곡류, 감자, 고구마, 과일, 채소 등 복합당질의 섭취가 바람직하다. 설탕, 액상과당, 물엿, 당밀, 꿀, 시럽, 농축과일주스 등은 첨가당의 주요 급원으로 이용되고 있다. 2018년에 국민건강통계에 의하면 우리나라 국민의 1일 평균 총 당류 섭취량은 60.2g이었고, 이는 1일 평균 에너지섭취량의 12.1% 수준이다. 최근 국제보건기구(WHO 2015)는 건강위해를 줄이기 위해 첨가당의 섭취를 에너지섭취비율의 10%에서 5%로 낮추도록 지침을 제공한 바 있다. 또한 총 당류의 에너지섭취비율이 20% 이하인 경우에는 총 당류의 섭취량이 증가할수록 주요 영양소의 섭취량도 증가하는 것으로 나타났으나, 총 당류의 에너지섭취비율이 20% 이상이 되면 오히려 에너지, 단백질, 지질, 나트륨, 니아신의 섭취는 유의하게 감소하는 것으로 보고되고 있다. 이상과 같은 연구결과를 토대로, 2020 한국인 영양소 섭취기준에서는 한국인의 1일 당류 섭취기준을 총 에너지섭취량의 10~20%로 제한하고, 식품의 조리 및 가공 시 첨가되는 첨가당의 섭취는 총 에너지섭취량의 10%를 넘지 않도록 하여 탄수화물의 양과 질도 같이 고려할 것을 권장하였다.

또한 식이섬유는 포유동물의 소화 효소로 분해되지 않는 탄수화물과 리그닌과 같은 식물 세포 성분에 내재된 성분을 말한다. 식이섬유의 섭취가 불충분하여도 필수영양소처럼 생물학적 또는 임상적 결핍증상을 나타내지는 않으나 위장관을 통과하는 동안 포만감 유지와 식욕 조절을 통해 비만의 위험을 낮추고, 혈당 수준과 혈청 콜레스테롤 수준을 정상화시키는 등 식이섬유 섭취에 따른 잠재적인 건강상의 이점이 있으므로 이를 고려하여 충분한 섭취를 권장한다. 한국인 영양소 섭취기준에서는 비임신 여성의 충분섭취량인 20g에 5g을 부가하여 25g의 식이섬유 섭취를 임신 2/3분기와 3/3분기 임신부의 충분섭취량으로 설정하였다.

5. 비타민

1) 지용성 비타민

(1) 비타민 A

비타민 A는 태아의 성장, 세포분화 및 정상적인 발달을 위해 필요하며 특히, 태아의 폐 성숙과 유지에 관여한다. 임신부의 비타민 A 필요량 설정은 태아에게 축적되는 비타민 A의 양에 기초를 두고 있다. 이는 대부분 임신 마지막 90일 내에 축적되고, 모체의 비타민 A의 흡수율은 70% 정도이다. 임신 37~40주경 태아의 체내 비타민 A 함량은 3,600μg 정도로 보고되고 있어, 임신 말기 임신부의 비타민 A 필요량은 하루 50μg 정도가 증가되어야 한다. 따라서 임신부의 비타민 A 평균필요량은 비임신부에 50μg RAE/일을 부가하고, 권장섭취량은 평균필요량에 변이계수 20%를

표 2-8 임신부의 지용성 비타민 섭취기준

구 분	비타민 A(μg RAE/일)	비타민 D(μg/일)	비타민 E(mg α-TE/일)	비타민 K(μg/일)
	권장섭취량	충분섭취량	충분섭취량	충분섭취량
비임신부(19~49세)	650	10	12	65
임신부	+70	+0	+0	+0

자료: 보건복지부 · 한국영양학회. 2020 한국인 영양소 섭취기준, 2020

▼▼ 레티놀 활성 당량
retinol activity equivalent

1 레티놀 활성 당량(μg RAE)
= 1μg 레티놀
= 12μg 식이 β-카로틴
= 24μg 기타 식이 프로 비타민 A 카로티노이드

적용한 70μg RAE/일을 부가한 양이다(표 2-8).

비타민 A는 부족해도 문제지만 과량 섭취도 급성이나 만성적인 독성효과가 나타날 수 있으므로 주의를 요한다. 카로티노이드는 과량 섭취 시 그 흡수율이 급격히 감소하고 장과 간 및 다른 기관에서 비타민 A로의 전환율이 감소하기 때문에 과량 섭취로 인한 독성효과는 거의 나타나지 않는다고 알려져 있다. 그러므로 임신부의 경우 비타민제의 복용을 통한 과량 섭취나 안정성이 입증되지 않은 농후한 간이나 간제품 대신 당근, 호박, 녹황색 채소와 같은 카로티노이드의 섭취를 통해 비타민 A의 필요량을 충족시키도록 권장한다.

🔍 확대경 **여드름 치료제에 들어 있는 비타민 A의 태아 독성**

임신 초기에 여드름 치료를 위하여 13-cis retinoic acid를 0.5~1.5mg/kg/일 섭취한 여성에게서 자연유산과 두개골, 안면, 심장, 흉선, 중추신경계의 기형과 같은 선천적 기형의 발생률이 20% 이상 높게 나타났다는 보고가 있어 임신부의 비타민 A 과다 복용에 대한 주의가 요구된다.

(2) 비타민 D

비타민 D는 태아의 골격에 칼슘과 인의 저장을 돕고, 태반은 비타민 D를 저장해 두고 태아가 필요 시 계속 보급해 준다. 임신부는 체내 칼슘 요구도가 높아지기 때문에 임신 기간에 따라 1,25-디히드록시 비타민 D의 생성 능력이 높아지며, 출산 후에는 저하된다. 최근의 한 연구에 따르면 우리나라는 사계절이 뚜렷한 특성을 가지고 있어 특정 계절에는 햇빛으로부터 비타민 D를 충분히 합성하기 어렵고, 생활 패턴의 변화로 자외선을 통한 비타민 D 합성을 기대하기가 어렵다고 한다. 이에 한국인의 건강을 최적으로 유지하고 비타민 D 부족 문제를 개선하고자 생활 패턴을 고려한 영양소 섭취기준이 설정되었으며, 임신부의 비타민 D 충분섭취량은 비임신기 여성과 동일한 10 μg/일이 설정되었다. 햇빛을 받을 기회가 적은 임신부의 경우 임신 기간 중 혈중 25-히드록시 비타민 D의 농도가 낮아졌으나, 비타민 D 섭취량이 1일 7μg 이상인 임신부에서는 비타민 D의 부족이 나타나지 않은 것으로 보고되었다. 그러므로 비타민 D의 영양 상태를 개선하기 위해서 실외활동을 통해 햇빛으로부터 비타민 D 합성을 증가시키고, 비타민 D가 많이 함유되어 있는 연어, 꽁치, 조기, 오징어, 미꾸라지 등의 생선과 육류의 간, 계란, 치즈, 버섯류 등의 꾸준하고 적극적인 섭취를 권장한다.

(3) 비타민 E

비타민 E는 α, β, γ, δ-tocopherol과 4가지 형태의 α, β, γ, δ-tocotrienol을 총칭하는 비타민으로, 자유라디칼free radical 연쇄반응을 차단하는 항산화제의 기능을 가지고 있다. 임신과 관련하여 비타민 E가 습관성 유산, 태반조기박리 증세 등에 효과가 있다는 보고들이 있으나 여러 실험에서 확실히 재현되지 못하고 있다. 임신기에는 혈장의 지질 농도가 증가하므로 혈액 내 비타민 E의 농도도 증가하지만, 태반을 통한 비타민 E의 이동은 큰 변화가 없는 것으로 보고되었다. 그러므로 비임신기에 비타민 E를 충분히 섭취하였을 때는 임신 시 부가적인 비타민 E의 섭취가 필요하지 않기 때문에, 임신부의 비타민 E 충분섭취량은 비임신 여성과 같다.

(4) 비타민 K

비타민 K는 간에서 프로트롬빈을 합성하고, 혈액응고에 매우 중요한 역할을 한다. 그러나 지금까지 임신에 의해 비타민 K의 필요량이 증가하거나 모체의 비타민 K 농도가 변화하는 것 등에 대한 근거 자료가 부족하여 임신부의 비타민 K 충분섭취량은 비임신 여성과 같다.

표 2-9 임신부의 수용성 비타민 권장섭취량

구 분	티아민 (mg/일)	리보플라빈 (mg/일)	니아신 (mg NE/일)	비타민 B6 (mg/일)	엽산 (μg DFE/일)	비타민 B12 (μg/일)	비타민 C (mg/일)
비임신부(19~49세)	1.1	1.2	14	1.4	400	2.4	100
임신부	+0.4	+0.4	+4	+0.8	+220	+0.2	+10

자료: 보건복지부 · 한국영양학회. 2020 한국인 영양소 섭취기준, 2020

2) 수용성 비타민

(1) 티아민

임신 중에는 모체와 태아의 체구성 성분의 증가와 에너지 사용의 증가로 티아민의 필요량이 증가하며, 이 증가는 임신 초기에 나타나 임신 기간 동안 계속 유지된다. 임신부의 평균필요량은 비임신 여성의 평균필요량(0.9mg/일)에 모체조직과 태아 성장에 필요한 티아민 양 0.2mg(20%)와 임신부의 에너지 추가 필요량이 임신 2/3분기에 1일 340kcal, 3/3분기에 1일 450kcal인 것을 고려하여, 에너지 이용증가분 20%를 가산한 0.4mg을 추가한 1.3mg/일로 설정되었다. 임신부의 권장섭취량은 평균필요량에 개인 변이계수 10%를 적용하여 0.4mg을 추가한 1.5mg/일을 권장한다(표 2-9). 티아민의 급원식품은 도정하지 않은 곡류, 돼지고기, 두류, 우유 등이다.

(2) 리보플라빈

임신 기간 동안 리보플라빈은 태아의 조직발달을 위하여 요구량이 증가되고, 임신 시 리보플라빈의 부족은 유산, 조산의 원인이 되기도 하며 태아는 발육장애를 일으킨다. 임신 시 태아와 모체를 위한 리보플라빈 평균필요량은 비임신 여성의 평균필요량 1.0mg/일에 모체조직과 태아성장 및 에너지 이용증가분 0.3mg을 추가 권장한다. 권장섭취량은 평균필요량에 개인 변이계수 10%를 적용하여 0.4mg을 부가한 1.6mg/일이다. 하루에 1컵 이상의 우유를 강화빵이나 곡류와 함께 섭취하고 그 밖에 혼합식으로 된 음식물을 섭취하면 1일 권장섭취량을 충분히 공급할 수 있다.

(3) 니아신

임신기에는 트립토판으로부터 니아신으로 전환되는 비율이 증가하지만 에너지 필요량도 증가하므로 임신부의 니아신 필요량은 증가한다. 임신기에 니아신을 적게 섭취 시 이분척추, 구강안면열의 위험률이 높게 나타나는 것으로 보고되어 섭취의 중요성이 높다고 할 수 있다. 임신부의 니아신 평균필요량은 비임신 성인 여성의 평균필요량인 11mg NE/일에 모체조직과 태아성장 및 에너지 이용증가분인 3mg NE/일을 부가하여 설정되었다. 임신부의 니아신 권장섭취량은 평균필요량에 변이계수를 15%를 적용하여 추가로 4mg NE/일을 부가한 18mg NE/일을 섭취하도록 권장한다.

(4) 비타민 B6

비타민 B6는 아미노산 대사와 관계가 있으므로 단백질 대사가 항진하는 임신기에 요구량이 증가한다. 비타민 B6의 조효소 형태인 PLP_{pyridoxal phosphate}의 혈장 수준은 임신 시 낮아지며, 모체의 혈장 PLP는 태아 성장이 가장 빠른 임신 4~8개월 사이에 점차 감소한다. 자간전증이 있는 임신부의 경우 더욱 낮은 것으로 보고되었으며, 자간전증 산모에게서 태어난 신생아의 제대혈에서도 PLP와 PLP 합성에 관여하는 태반 효소들 역시 감소하였다.

임신부의 비타민 B6 평균필요량은 체내 축적량과 임신 말기 시 부가된 단백질 필요량(25g/일)으로 인한 비타민 B6 필요량을 고려하여 0.7mg/일을 부가하였고, 권장섭취량은 성인 여성의 비타민 B6 권장섭취량에 0.8mg을 부가한 2.2mg/일로 설정되었다. 급원식품으로는 생선, 육류, 가금류, 동물의 내장, 전곡류 등이 있다.

(5) 엽 산

엽산_{folic acid}은 핵산과 단백질 합성에 관여하므로 임신 기간 동안 증가된 조혈작용은 물론 태아의 성장과 태반조직의 발달에 필수적인 영양소이다. 임신부의 엽산 섭취량이 부적절할 때 모체의 적혈구 엽산 농도가 저하되며 거대적아구성 빈혈이 발생하기 쉽고, 혈장 호모시스테인 농도를 증가시켜 심혈관계 질환의 위험을 높이며, 유산, 태반조기박리, 저체중아, 신경관 손상 등 태아기형을 초래할 수 있다. 특

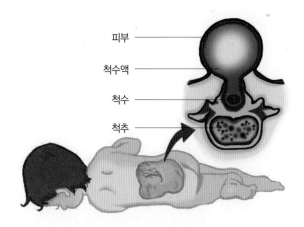

피부

척수액

척수

척추

그림 2-10 엽산 결핍으로 인한 신생아의 신경관 손상

히, 신경관 손상은 수정 후 28일 이내에 태아의 신경관이 닫히게 되는데, 이 시기에 엽산이 부족하면, 중추신경계의 세포분화가 방해를 받아 태아의 신경관 표피조직이 제대로 닫히지 않아 생기게 되는 기형이다(그림 2-10). 신경관 손상의 약 70%는 임신 전과 임신 초기의 충분한 엽산 섭취로 예방이 가능하므로 임신 전과 초기의 엽산 영양이 매우 중요하다.

비임신 여성의 권장섭취량 400 μg DFE/일에 보충제 투여 실험, 대사실험, 소변 중 엽산 대사물 분석 연구 등을 종합하여 임신 시 권장섭취량은 220 μg DFE/일을 부가한 620μg DFE/일이다. 엽산은 영양소 섭취기준의 단위가 식이엽산당량Dietary Folate Equivalent, DFE으로 설정되었으므로 엽산 섭취량을 계산할 때에는 식품 중에 자연적으로 들어 있는 엽산(folate: 약 50%의 흡수율)의 함량과 식품 중에 첨가된 엽산(folic acid: 약 85%의 흡수율) 함량으로부터 식이엽산당량을 계산하여야 한다. 엽산의 함량이 높은 식품은 대두, 녹두 등의 두류와 시금치, 쑥갓 등의 푸른 잎채소, 그리고 마른 김, 말린 다시마 등의 해조류 및 딸기, 참외 등의 과일이 있다.

식이엽산당량
Dietary Folate Equivalent, DFE
식품 중 엽산
1μg=1μg DFE
강화식품 또는 보충제
중 엽산
1μg=1.7μg DFE
공복 시 섭취한 보충제
중 엽산
1μg=2μg DFE

(6) 비타민 B$_{12}$

비타민 B$_{12}$는 태아의 성장을 위하여 사용량이 증가하며, 모체가 섭취한 비타민 B$_{12}$는 쉽게 태반을 통하여 태아에게로 이동된다. 모체의 비타민 B$_{12}$의 결핍은 영아의

중추신경계에 손상을 줄 수 있으며, 초기 조산과도 관련이 있는 것으로 보고되었다.

임신 기간 동안 평균적으로 하루에 0.1~0.2μg의 비타민 B12가 태아에게 축적되는데, 이 시기에는 모체의 흡수율이 좋아지는 것을 고려하여 비임신 여성의 평균필요량보다 0.2μg으로 증가시켜 2.2μg/일을 평균필요량으로 한다. 권장섭취량은 평균필요량에 변이계수 10%를 적용하여 2.6μg/일이다.

(7) 비타민 C

비타민 C는 부신, 난소, 태반 등에 많이 함유되어 있으며, 임신을 지속하는 데 필요한 호르몬의 분비기능 유지에 중요한 역할을 하고, 항산화제로서 태아를 산화적 손상으로부터 보호한다. 모체의 비타민 C는 능동수송에 의하여 태아에게 활발히 전달되고, 또한 모체의 혈액 증가로 인한 혈액희석 현상으로 모체의 혈장 비타민 C 수준이 감소하므로 이를 보충하기 위해 임신부에게 비타민 C를 추가적으로 권장하여야 한다.

모체로부터 태아로 이동되는 비타민에 대한 근거 자료는 부족하지만, 7mg/일의 섭취는 태아의 괴혈병을 예방할 수 있다는 자료를 토대로 비임신 여성의 평균필요량에 10mg/일을 부가하여 임신부의 비타민 C 평균필요량으로 설정하였다. 권장섭취량은 평균필요량에 개인 변이계수 15%를 적용하여 110mg/일으로 임신 기간 구분 없이 10mg/일을 추가 권장한다.

6. 무기질

1) 칼 슘

체내 칼슘은 주로 뼈에 존재하며, 그 외 일부가 체내 여러 조직에서 신경의 자극 전달, 근육이나 혈관의 수축 및 이완 조절 등의 주요 생리기능에 관여한다. 칼슘의 영양소 섭취기준은 체내 칼슘의 평형유지를 위해 섭취해야 하는 칼슘 추정량 및 칼슘 흡수율을 고려하여 설정된다. 임신 중에는 태아 체조직의 생성 및 발육, 그리고 모체조직의 증대 때문에 칼슘의 필요량이 증가하게 되며, 태아는 태아의 골격성장

표 2-10 임신부의 무기질 권장섭취량

구 분	칼슘(mg/일)	인(mg/일)	마그네슘(mg/일)	철(mg/일)	아연(mg/일)	요오드(μg/일)
비임신부(19~49세)	700	700	280	14	8	150
임신부	+0	+0	+40	+10	+2.5	+90

자료: 보건복지부·한국영양학회. 2020 한국인 영양소 섭취기준, 2020

이 최대를 이루고 치아가 형성되는 임신 말기에 대부분의 칼슘을 태아 체내에 축적한다. 이 시기에 태반은 240mg의 칼슘을 매일 흡수하므로 이 양만큼 칼슘 흡수 증가가 필요한데, 이를 임신 중 칼슘 축적량으로 환산하면 160mg/일이 된다. 그러나 임신 기간에는 호르몬의 변화로 칼슘의 흡수율이 증가하는데, 평상시 칼슘의 섭취 수준이 500mg/일 이하로 낮은 경우에는 70%의 흡수율을 보이는 것으로 보고되었다. 이와 같이 임신부의 경우 태아의 성장 및 모체조직의 증가로 칼슘의 필요량이 증가되지만, 필요량 증가에 따른 흡수율 증가 등의 생리적 적응 반응이 일어나는 것으로 보고되었다. 또한 추가 섭취에 따른 건강상 이익을 제시하는 근거 자료도 없어서, 임신부도 각 연령대별 여성의 칼슘 권장섭취량을 그대로 섭취하도록 하고 임신에 따른 추가 부가량을 따로 제시하지 않았다(표 2-10). 그러나 임신 시 칼슘의 섭취부족은 모체 골격의 건강 유지뿐만 아니라 임신성 고혈압의 위험인자가 될 수 있으므로 충분한 섭취가 요구된다.

2) 철

임신기에는 태아와 태반의 형성, 태아 내 다량 축적, 모체의 순환 혈액량 증가 등으로 철 요구량이 현저하게 증가한다. 임신기의 철 부족은 모체의 빈혈과 심장비대, 그리고 합병증을 일으키는 원인이 되며, 분만 시 출혈과 산욕기 회복이 지연된다. 또한 임신부의 불충분한 철 섭취는 태아의 철상태에도 영향을 주어 출생 시 철 저장량 감소에 직접적인 영향을 주므로 충분한 철의 섭취가 필요하다.

19~29세 여성의 평균체중 55.9kg에 평균 기본 철 손실량 14μg/kg/일을 적용하고 임신 총 기간을 280일로 할 때 약 219mg의 철이 손실된다. 임신 기간 중 태아와 태반 성장으로 인한 철 증가량을 315mg, 출산 시 출혈로 인한 철 손실량을 200mg으

로 할 때(FAO/WHO 1998) 임신 및 출산으로 인한 총 철 요구량은 734mg이므로 임신부의 하루 철 요구량은 2.6mg이 된다. 식이 철의 흡수율은 개인의 철 필요량에 의해 결정되므로, 우리나라 국민들의 일상적인 식사에 함유된 총 철 중 헴철(10%; 흡수율 30%)과 비헴철(90%; 흡수율 10%) 구성비, 그리고 임신이라는 특이상황을 고려하여 임신부의 철 흡수율 14%를 적용하면 평균필요량은 19mg/일이 된다. 여기에 변이계수 15%를 적용하여 2020 한국인 영양소 섭취기준에서 철의 권장섭취량은 비임신 여성의 14mg/일보다 10mg/일이 높은 24mg/일로 설정되었다.

일반적으로 정상적인 하루 식사를 통해 약 12~15mg 정도의 철을 섭취하여 부족하기 쉬우므로 빈혈이 있거나 저영양 상태일 때는 철 정제를 복용한다(FAO/WHO 1965). 그러나 모든 임신부에게 빈혈 예방을 위하여 철 정제 복용을 종용하는 것은 옳지 않다. 철의 좋은 급원식품은 간, 육류, 달걀, 도정하지 않은 곡류와 빵, 녹황색 채소, 견과류, 콩 등이며, 한정된 식품에 제한되어 있어 식단선택과 식단작성에 주의가 필요하다.

3) 아 연

아연은 세포의 성장과 발달, 세포막의 안정, 상처회복, 태아성장 등 여러 가지 기능을 수행한다. 임신 기간을 4분기로 나누어 보면 모체와 태아의 체내 아연 축적 양은 각각 0.08, 0.24, 0.53, 0.73mg/일이다. 즉, 임신기 동안 요구되는 아연 증가량은 아연의 흡수율 40%를 적용하면, 1분기 0.2mg/일, 2분기 0.6mg/일, 3분기 1.3mg/일, 4분기 1.8mg/일이다. 그래서 임신기에 부가되는 평균필요량은 임신 4분기 증가량에 근접한 2.0mg/일로 정하였고, 권장섭취량은 개인 변이계수 10%를 적용하여 2.5mg/일을 부가한 10.5mg/일로 설정하였다. 굴, 고기류, 달걀, 곡류, 녹색 채소, 유제품, 근채류 등은 아연의 좋은 급원식품이다.

4) 요오드

요오드는 갑상선 호르몬의 구성성분으로 뇌, 근육, 심장, 뇌하수체 및 신장에서 단백질 대사와 효소 활성을 조절한다. 임신기의 심한 요오드 결핍은 태아에게서 크

우리나라에서도 초산부 연령이 높아짐에 따라 체외수정 등 불임치료 과정에서 다태아 출산이 증가하고 있는 것으로 나타나고 있다. 다태아 임신은 보통의 임신에 비하여 모체와 태아 모두에게 위험이 높다. 즉, 다태아를 임신한 임신부는 자간전증, 철결핍성 빈혈, 임신당뇨병, 전치태반, 신장질환, 사산, 조산, 제왕절개 등의 위험이 높다. 또한 다태아 임신으로 태어난 신생아의 경우도 신생아 사망, 선천성 기형, 호흡장애 증후군, 심실내 출혈, 뇌성마비 등의 위험이 높다.

연령별 출산율 및 합계출산율, 2009~2019 (단위: 여자 1명당 명, 해당연령 여자인구 1천 명당 명, %)

| | | 2009 | 2010 | 2011 | 2012 | 2013 | 2014 | 2015 | 2016 | 2017 | 2018 | 2019 | 2018 vs 2019 | |
													증감	증감률
합계 출산율		1.15	1.23	1.24	1.30	1.19	1.21	1.24	1.17	1.05	0.98	0.92	-0.06	-6.1
연령별 출산율	15~19세	1.7	1.8	1.8	1.8	1.7	1.6	1.4	1.3	1.0	0.9	0.8	-0.1	-11.1
	20~24세	16.5	16.5	16.4	16.0	14.0	13.1	12.5	11.5	9.6	8.2	7.1	-1.1	-13.4
	25~29세	80.4	79.7	78.4	77.4	65.9	63.4	63.1	56.4	47.9	41.0	35.7	-5.3	-12.9
	30~34세	100.8	112.4	114.4	121.9	111.4	113.8	116.7	110.1	97.7	91.4	86.2	-5.2	-5.7
	35~39세	27.3	32.6	35.4	39.0	39.5	43.2	48.3	48.7	47.2	46.1	45.0	-1.1	-2.4
	40~44세	3.4	4.1	4.6	4.9	4.8	5.2	5.6	5.9	6.0	6.4	7.0	0.6	9.4
	45~49세	0.2	0.2	0.2	0.2	0.1	0.1	0.2	0.2	0.2	0.2	0.2	0.0	0.0
초산연령(세)		29.8	30.1	30.2	30.5	30.7	31.0	31.2	31.4	31.6	31.9	32.2	0.3	0.9

자료: 통계청. 2019년 출생통계, 2020

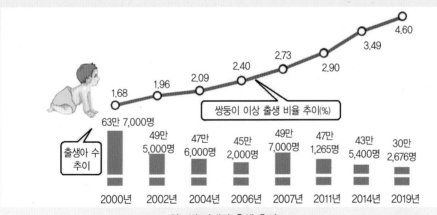

쌍둥이 이상 출생 비율 추이(%)

1.68 / 1.96 / 2.09 / 2.40 / 2.73 / 2.90 / 3.49 / 4.60

출생아 수 추이

63만 7,000명 / 49만 5,000명 / 47만 6,000명 / 45만 2,000명 / 49만 7,000명 / 47만 1,265명 / 43만 5,400명 / 30만 2,676명

2000년 / 2002년 / 2004년 / 2006년 / 2007년 / 2011년 / 2014년 / 2019년

연도별 다태아 출생 추이

미국의 자료에 의하면, 쌍둥이를 임신한 산모가 임신 전 정상체중이었던 경우 총 임신 기간 동안 11.4~24.5kg의 체중 증가가 바람직하며, 임신 분기별로는 임신 전반기에는 주당 0.2kg, 임신 중·후반기에는 주당 0.7kg 정도가 바람직한 것으로 제시되고 있다. 다태아 임신의 바람직한 진행과 출산결과를 위해서는 영양관리가 무엇보다 중요하다. 그러나 다태아 임신부의 적절한 영양소 섭취기준에 대한 연구결과는 부족한 상태이기 때문에 논리적인 추측과 이론에 의하여 영양소 섭취기준을 제시할 수 있다. 다태아 임신부의 체중 증가량에 기초하여 추가적인 에너지 섭취기준을 추정하면, 단일태아 임신부에 비해서 하루에 약 150kcal, 비임신부에 비해서는 450kcal 정도의 추가 섭취가 필요하다. 다른 영양소의 경우는 권장섭취량 또는 충분섭취량을 충족하거나 그 이상을 섭취하도록 한다. 그러나 상한섭취량을 넘지 않도록 한다.

레틴병cretinism을 초래하는 것으로 알려져 있다. 크레틴병은 선천성 갑상선 기능 저하증으로 정신적·신체적으로 아기의 성장발육을 위협하는 병이다. 외국자료에 따르면, 하루에 160 μg의 요오드를 섭취하였을 때 임신부의 요오드 균형이 이루어졌다고 한다. 우리나라에서는 임신부 요오드 평균필요량으로 160 μg/일, 권장섭취량은 240 μg/일로 설정하였고, 비임신 여성의 150 μg/일에 비하여 90 μg/일을 부가한 양이다. 요오드는 미역, 다시마, 김과 같은 해조류와 멸치 등의 해조류에 풍부하게 함유되어 있다.

7. 수 분

우리나라 임신부의 수분 섭취량에 대한 조사자료 부족으로 성인 여자의 수분 충분섭취량 산출방식에 근거하고, 임신기 에너지 부가량을 고려하여 임신부의 수분 충분섭취량이 표 2-11과 같이 설정되었다. 임신 2, 3분기에 각각 340kcal/일, 450kcal/일의 에너지 섭취가 추가 권장되므로, 한국인 여성의 일상식의 수분량인 0.53mL/kcal을 적용한 수분의 추가량은 각각 180mL/일과 240mL/일이 되고, 100mL 단위로 조정하여 200mL/일이 된다. 즉, 임신부의 수분 충분섭취량은 20대의 경우 200mL를 추가한 2,300mL/일이 되고, 30대의 경우 2,200mL/일이 된다.

표 2-11 임신부의 수분 충분섭취량

구 분		음식(mL/일)	액체(mL/일)	총 수분(mL/일)
비임신부	19~29세	1,100	1,000	2,100
	30~49세	1,000	1,000	2,000
임신부		-	-	+200

자료: 보건복지부·한국영양학회. 2020 한국인 영양소 섭취기준, 2020

임신기의 건강과 영양

1. 임신부의 건강관리

1) 정기적인 건강검진

임신 후 7개월까지는 한 달에 한 번, 8~9개월에는 한 달에 두 번, 임신 10개월(막달)에는 매주 한 번씩 정기적으로 의사의 진찰과 상담을 받아야 한다. 임신 초기에는 임신진단 검사, 일반 혈액 검사와 혈액형, 빈혈, 간염, 매독, 풍진, 에이즈, 결핵, 소변 검사 등이 이루어진다. 고위험성 임신과 정상 분만을 위한 검사로는 옥시토신 부하 검사oxytocin challenge test, 비수축 검사non-stress test, 양수 검사, 초음파 검사 등이 있으며, 선천성 기형의 위험이 있는 경우 융모막 검사와 양수 검사 등을 실시한다.

🔍 **확대경** **임신에 나쁜 영향을 초래하는 요인들**

- 청소년기(특히 만 15세 미만)
- 만 35세 이상
- 12개월 전 출산 경험이 있는 경우
- 유당불내증이 있는 경우
- 편식이 심한 경우
- 임신 중 체중 증가의 부족 및 과다
- 산과obsterics 합병증의 병력
- 이식증pica이 있는 경우
- 헤모글로빈 농도나 헤마토크릿치가 낮은 경우
- 저소득층
- 잦은 출산
- 임신 전 저체중이거나 비만인 경우
- 흡연, 음주, 약물중독
- 수유 중인 경우
- 당뇨병 등 만성질환이 있는 경우

2) 태아에게 해로운 습관

(1) 음 주

임신 기간 중 알코올의 섭취는 태아의 성장과 건강에 좋지 않은 영향을 미친다. 알

옥시토신부하 검사 oxytocin challenge test

태아태반기능 검사의 하나로 임신부에게 옥시토신을 투여하여 자궁수축을 유발시켜 자궁순환 혈액량이 감소할 경우 태아 심박수의 변화에 따라서 태아-태반계의 호흡순환 부전을 주 증상으로 하는 증후군인 태아가사(fetal distress)의 존재를 진단하는 검사방법

비수축 검사 non-stress test

스트레스가 없는 상태에서 태아의 심박동수를 조사하여 태아기능 부전이나 태아예비능 저하의 유무 등의 태아상태를 판정하는 방법

양수 검사 amniocentesis

보통 임신 15~18주 사이에 태아를 둘러싼 양수를 검사하여 기형이나 태아의 염색체 이상을 진단하는 방법

융모막 검사 chorion biopsy

대표적인 유전질환의 검사법으로 태반의 초기형태인 융모막의 조직을 일부 채취하여 태아기형 및 대사질환의 산전 이상 유무 검사법

코올은 영양소는 아니지만 1g당 7kcal를 내는 물질이므로 술을 너무 많이 마시면 식품과 영양소 섭취량이 감소하고 영양소의 체내 이용률에도 악영향을 끼쳐 모체의 영양상태가 불량해진다. 특히 알코올에 의해 영향을 많이 받는 엽산, 비타민 B군, 무기질 등의 결핍은 기형을 유발한다는 것이 동물실험을 통해 알려진 바 있다. 또한 임신부가 알코올을 지나치게 많이 섭취하면 태아알코올증후군fetal alcohol syndrome이라는 비정상적인 신체 발달을 초래할 수 있다. 임신 중 안심할 수 있는 알코올 섭취량은 아직까지 규명되어 있지 않으나 1주일에 30mL의 음주로 저체중아를 분만하게 된다는 보고가 있다. 따라서 임신부가 건강한 아이의 분만을 원한다면 음주는 절대로 해서는 안 될 뿐만 아니라, 감기약 등 알코올 성분이 포함된 것도 제한해야 한다.

🔍 확대경   태아알코올증후군

임신부가 과음을 하거나 만성 알코올중독자인 경우 태아에게 성장지연, 소뇌증, 안면 이상(사시, 먼 눈사이, 열구가 짧은 눈꺼풀, 작고 짧은 코, 아랫입술보다 가늘고 긴 윗입술), 심장병, 지적장애 (평균지능지수 70 정도), 신경장애(간질, 운동 실조, 뇌성마비) 등의 증세를 수반하는 태아알코올증후군이 나타나며, 산전 태아 사망률도 증가한다.

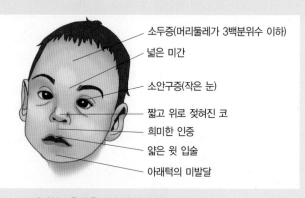

소두증(머리둘레가 3백분위수 이하)
넓은 미간
소안구증(작은 눈)
짧고 위로 젖혀진 코
희미한 인중
얇은 윗 입술
아래턱의 미발달

태아알코올증후군의 안면 특징

알코올이 어떤 기전에 의하여 태아에게 나쁜 영향을 미치는가에 대해 여러 가지 가설이 있다. 알코올은 태반을 통과하여 태아에게 운반될 수 있으므로 태아의 체내 알코올 농도가 높아져 직접 독성을 나타낼 수도 있고, 이 독성효과는 특히 임신 초기 여러 가지 장기가 형성되는 시기에 더 클 수 있다. 최근 연구에 의하면, 아세트알데하이드의 태아 독성, 태반의 기능부진과 영양결핍, 태아 뇌의 저산소증 및 프로스타글란딘의 생성에 의한 부작용 등에 의해 초래되는 것으로 제시되고 있다.

(2) 카페인

카페인은 커피, 홍차, 코코아, 콜라 등 탄산음료, 초콜릿, 진통제, 감기약, 각성제, 체중조절제 등에 들어 있는 흥분제로서 태반 및 태아의 뇌, 중추신경계, 심장, 간, 동맥이 형성되는 데 나쁜 영향을 미친다. 1일 600mg 이상의 카페인을 섭취할 경우 태아 사망, 조산, 미숙아, 출산 시 장애 등과 관계가 있다는 보고들이 있다. 식품의 약품안전처는 한국인의 카페인 섭취 수준과 인체에 미치는 영향을 고려해 카페인 1일 섭취기준량을 성인은 400mg 이하, 임신부는 300mg 이하로 설정하고 있다. FDA에서도 예방적 측면에서 카페인이 함유된 식품이나 약물 투여를 제한 또는 금지할 것을 권장하고 있다. 음료에 포함되어 있는 카페인 함량은 표 2-12와 같다.

(3) 흡 연

흡연은 비타민 C의 필요량을 증가시킬 뿐만 아니라 호흡작용, 폐조직, 혈액의 산소 운반작용 등을 저해하고 저체중아 출산, 사산, 기형아 출산, 유아 사망 등을 증가시키므로 임신 중에는 금연하는 것이 바람직하다. 임신 중 흡연에 노출되었던 아이들이 지적능력과 언어발달이 현저히 떨어졌으며, 임신부 흡연으로 매년 약 4,600명

표 2-12 음료별 카페인 평균 함량

음료 종류		평균 용량	카페인 평균 함량(mg)
테이크아웃 원두커피	아메리카노	285mL(최소 177~최대 361)	125(최소 75~최대 202)
	콜드브루	248mL(최소 157~최대 411)	212(최소 116~최대 404)
커피음료		1캔 또는 병	88.4
에너지음료		1캔	58.1
커피믹스		1봉	52.2
녹 차		티백 1개	15.0
콜 라		250mL	23.0

자료: 한국소비자원. 테이크아웃 원두커피, 카페인 함량 정보제공 필요, 2018

의 신생아가 사망한다. 이와 같이 사망률이 증가하는 이유는 일산화탄소, 니코틴, 기타 다른 다환성 탄화수소polycyclic hydrocarbon 화합물들이 태아의 산소 전달과 영양소의 공급을 저해하며, 특히 니코틴에 의해 혈관이 수축하여 태반 혈류량이 감소하고 식욕감퇴로 인한 에너지 섭취가 감소하며 모체의 혈장량이 감소하기 때문이다. 뿐만 아니라 흡연은 모체의 에너지 효율을 감소시키고 대부분의 미량영양소의 체내 이용에 영향을 주는 것으로 나타났다. 최근에는 담배 속에 농축되어 있는 발암물질이 태반을 통하여 태아에게 이행됨으로써 발암물질에 대한 민감성을 증가시켜 출생 후 성인기에 암에 쉽게 걸리게 된다는 의견이 제시됨으로써 예방학적인 차원에서도 절대 금연이 요구된다.

임신을 확인하고 금연을 하더라도 담배의 인체 내 누적효과로 인해, 즉시 비흡연자와 같은 결과를 기대할 수 없으므로 임신을 원하는 여성은 장기간 금연한 후에 아기를 갖는 것이 좋고 흡연 기간 중에 임신이 확인되면 즉시 금연하는 것이 바람직하다.

(4) 이식증

이식증pica이란 영양가가 거의 없거나 때론 세탁용 전분, 흙 등 비위생적인 특정 물질에 강하게 집착하여 지속적으로 섭취하는 행동을 말한다. 임신 중 이식 증세가 나타나는 이유는 이러한 물질들의 섭취가 메스꺼움과 구토를 가라앉히고, 칼슘이나 철과 같은 필수 영양소의 결핍 시 이런 영양소를 함유한 물질을 섭취하려고 하는 일종의 생리적 욕구로 해석된다. 이식증은 정상적인 식품섭취를 방해하고, 영양소의 흡수 불량으로 자간전증, 사산, 조산, 빈혈을 초래하고, 때로는 납중독, 기생충 감염, 장 폐쇄를 일으키기도 한다. 이식증을 가진 임신부는 음식이 아닌 물질의 섭취를 금하고 질감이 유사한 다른 음식으로 대체해 주도록 한다.

(5) 금기식품

한국의 일부 임신부들은 미신, 습관, 전통 등으로 인해 금기하는 식품이 많다. 금기식품에는 오리, 닭, 게, 오징어, 토끼, 염소 등의 동물성 식품과 인삼, 뼈 없는 음식, 돌 음식, 제사 음식 등이 있다. 대부분 금기하는 이유에 대한 과학적 근거가 없으며, 제사나 잔치 음식의 경우 과거 냉장시설이 충분하지 않을 때 많은 음식을 한꺼번에 만들어 놓는 경우 식중독 등의 문제를 일으킬 수 있기 때문으로 보인다.

(6) 약물 복용과 X-ray 촬영

1960년대에 안정제인 탈리도마이드thalidomide를 복용한 임신부가 분만한 아이들이 팔과 다리가 없거나 짧고, 귀나 눈이 없으며, 뇌 손상이 있는 등의 신체장애를 나타내면서 임신부가 복용하는 약물이 태아에게 신체기형을 일으킨다는 사실이 밝혀지게 되었으며, 그 심각성을 깨닫게 되었다.

일반적으로 신경안정제, 항생제, 마약, 진정제, 수면제, 항경련제, 호르몬제 등에 해당하는 종류의 약물들은 태아에게 신체적 기형을 일으킨다. 특히 임신 가능성이 있을 때 호르몬 제제 복용을 피해야 한다. 스트렙토마이신, 설파제, 테트라사이클린 쿠마린 등은 태아의 난청, 빈혈, 누런 이, 뼈의 이상 등을 유발한다. 비타민 A의 과량 복용은 태아가 중추신경계의 복합적 기형과 함께 소두증을 보인 예가 있으며, 비타민 D의 다량 복용도 고칼슘혈증을 일으켜 동맥협착증을 가져오기도 했다.

따라서 임신 기간 중에는 의사에 의해 처방받은 약을 제외하고는 일체 복용하지 않도록 한다. 또한 기형아 출산을 예방하기 위해 배란기에는 복부 X-ray 촬영을 금해야 하며, 만약 X-ray 촬영을 해야 한다면 태아를 납 가리개로 차단할 수 있는 임신 4~5개월 이후에 찍도록 한다.

3) 충분한 영양소 섭취

임신 중의 영양불량은 임신부의 건강에 지장을 주고 출산 후 유아의 건강에도 큰 영향을 미친다. 비튼Beaton은 임신부가 영양불량일 경우 체내 대사에 변화를 초래하여 생리적 기능에 변화가 오며 영양적응현상이 나타난다고 보고하였다. 따라서 임신부의 영양은 비임신부와 양적인 차이뿐만 아니라, 임신 자체의 독특한 생리현상을 고려하여 이에 따른 영양소의 필요량을 결정하는 것이 중요하다.

임신 중에는 태아와 태반의 성장, 모체의 영양소 저장과 건강 유지를 위하여 영양

🔍 확대경   임신부 영유아 영양지원 프로그램 – 영양플러스 사업

● **영양플러스 사업이란?**

영양플러스 사업은 보건복지부에서 실시하는 임신부 및 영유아 보충영양 관리사업이다. 생리적 요인과 환경 여건 등으로 인해 상대적으로 영양상태가 취약한 대상에게 그들의 불량한 영양섭취상태의 개선을 통한 건강증진을 위해 영양교육을 실시하고, 영양불량문제의 해소를 돕기 위하여 특정 식품들을 일정 기간 동안 지원하는 제도이다.

● **영양플러스 사업 목표**
 – 빈혈, 저체중, 영양불량 등 취약계층 임산부 및 영유아의 영양문제 해소
 – 스스로 식생활을 관리할 수 있는 능력 배양을 통해 국민의 장기적 건강 확보

● **영양플러스 사업 대상**
 – 만 6세(72개월) 미만의 영유아, 임신부, 출산부, 수유부
 – 기준 중위소득의 80% 이하
 – 영양 위험요인: 빈혈, 저체중, 성장부진, 영양섭취상태 불량 등 한 가지 이상의 영양위험 요인 보유자

● **영양플러스 서비스 내용**
 – 영양교육 및 상담: 모유수유, 식사구성안을 이용한 식사계획, 올바른 이유식 시작과 진행, 식생활 지침 등
 – 보충식품 공급: 영양소 보충을 위한 6가지 식품패키지 공급
 – 정기적 영양평가

자료: 보건복지부. 영양플러스 사업 운영(www.mohw.go.kr), 2019

소가 적절히 공급되어야 한다. 식사 섭취량이 제한되면 수태하더라도 임신이 지속되기 어렵다. 저개발 국가의 경우 만성적인 영양결핍 상태에도 불구하고 출생률이 높았으나 이들에게 태아, 영아, 산모의 사망률이 높게 나타나 모체의 영양상태가 임신 과정에 매우 중요한 영향을 미친다는 것을 알 수 있다.

2. 임신기의 질병과 영양관리

1) 임신 중 고혈압성 질환

임신기 고혈압은 임신 20주 이후에 발생하는 고혈압으로 정의하며, 고혈압만 있는 경우와 고혈압에 단백뇨나 병적인 부종이 있는 경우는 자간전증, 고혈압에 단백뇨나 병적인 부종이 있으면서 발작이 동반되는 경우는 자간증으로 분류한다(표 2-13). 임신성 고혈압성 질환은 임신성 고혈압, 자간전증, 자간증 모두를 포함하는 개념이며 산모의 생명을 위협하고 태아의 사망 및 조산에 따른 여러 가지 신생아 질환

표 2-13 임신성 고혈압성 질환의 종류와 특성

종류	특성
만성고혈압 chronic hypertension	· 임신 전(임신 20주 이전) 고혈압이 진단된 경우 · 수축기 혈압 ≥ 140mmHg · 이완기 혈압 ≥ 90mmHg
임신성 고혈압 gestational hypertension	· 임신 20주 이후 고혈압이 진단된 경우 · 단백뇨가 없는 상태 · 출산 후 3개월 이내에 혈압이 정상화되는 경우
자간전증 preeclampsia	· 임신 20주 이후에 고혈압이 진단된 경우 · 단백뇨(>300mg/24시간 소변)나 병적인 부종이 있는 경우
자간증 eclampsia	· 고혈압에 동반하는 단백뇨나 병적인 부종이 있는 경우 · 발작이 동반되는 경우
만성고혈압 환자의 자간전증 superimposed preeclampsia on chronic hypertension	· 임신 20주 이전 고혈압 진단, 기존에 없었던 단백뇨가 있는 경우 · 고혈압 또는 단백뇨가 악화되는 경우

TiP 자간전증의 위험요인

- 첫 임신
- 비만, 특히 상체 비만
- 저체중
- 엄마가 태어날 때 작게 태어남
- 자간전증의 병력
- 당뇨병
- 20세 이하나 35세 이상의 임신
- 신장이나 혈관질환이 있는 여성
- 다태아 임신
- 인슐린 저항성
- 비정상적으로 높은 혈중 중성지방
- 만성 고혈압
- 신장질환
- 비타민 D 영양상태가 나쁜 경우
- 칼슘의 섭취가 부족한 경우

의 원인이 된다. 표 2-14는 자간전증이 산모와 태아에 미치는 문제점을 정리한 것이다. 임신 중 고혈압성 질환의 발병률은 초산부에서 더 흔하며, 10대나 35세 이상의 초산부에서 더욱 흔하게 발생한다. 또한 40세 이상에서는 20~30대보다 고혈압이 약 3배 더 흔하고 평균 발병률은 약 5%로 보고되고 있다.

산모는 고혈압과 단백뇨가 있음을 대개는 모르고 지내다가, 심각하게 진행되었을 때에야 두통, 시력장애, 상복부 통증 등의 자각 증상을 보이게 된다. 자간전증은 분만이 끝나면 대부분 치료되지만, 산모 사망의 15% 정도는 자간전증에 의하며 태아에게도 갑작스런 사망의 원인이 되기도 하여 임신부와 태아의 사망원인 중 제1위를 차지하고 있다. 치료 방법 중 하나가 배 속의 아이를 분만하는 것이므로 조산의 원인이 되기도 하고, 태아 사망 및 조산에 따른 여러 가지 신생아 질환의 원인이 된다.

임신 중 고혈압성 질환의 진단을 위해서는 임신 28주까지는 매달, 36주까지는 2주에 1회, 그 후에는 매주 산전 진찰을 통해서 임신성 고혈압의 증상 및 징후가 있는지 확인한다. 정상혈압이었던 여성이 임신 20주 이후에 수축기 혈압 >140mmHg,

표 2-14 자간전증의 문제점

산 모	태 아
• 태반조기박리, 혈구·혈액응고장애, 이완성 자궁출혈, 제왕절개에 의한 조기 출산 • 급성신부전, 간·심장·눈·뇌·폐 등 주요 장기 기능 이상 • 임신당뇨병, 임신성 고혈압, 2형당뇨병의 위험 증가	• 성장 지연 • 호흡저하증후군

이완기 혈압 >90mmHg인 경우에 임신 중 고혈압성 질환을 진단할 수 있다. 이러한 고혈압과 함께 전신부종과 단백뇨가 동반될 경우 자간전증의 진단이 가능하다. 임신 중에는 자간전증과 관계없는 얼굴이나 손가락의 부종 등 부종이 많이 있고, 정도가 심한 임신부도 있기 때문에 자간전증에 필수적인 진단 요건이 되지는 못한다. 그러나 부종이 심한 산모는 자간전증의 발생 가능성이 높으므로 안정을 취하는 것이 좋고, 혈압과 단백뇨 여부를 확인해야 한다.

자간전증의 정확한 원인은 밝혀지지 않았으나, 나트륨 과잉 섭취, 단백질 섭취 부족, 과다한 체중 증가, 칼슘 섭취 부족 등이 관계가 있는 것으로 보고되어 왔다. 자간전증을 조기에 발견하기 위하여 1주일에 한 번 정도 체중을 측정하고, 부종은 보통 정강이 부위에 잘 나타나므로 가끔 손으로 만져서 이상이 없는지를 확인하며, 임신 20주 이후에 보통 때보다 수축기 혈압이 30mmHg 이상, 이완기 혈압이 15mmHg 이상 상승하면 주의한다.

자간전증 치료의 기본은 안정을 취하고, 혈압을 정상화시키는 것이다. 자간전증이 일어나기 쉬운 임신 후반기에는 태아의 발육이 왕성해지는 시기이므로 단백질의 요구량이 높아진다. 또한 자간전증에 의한 요단백 배설의 증가로 체내 단백질이 손실되므로 양질의 단백질을 충분히 섭취해야 한다. 체중이 갑자기 증가하고 부종이 생기며 요량이 줄면 나트륨과 수분을 감소시켜야 한다.

① 저열량식

자간전증은 비만 임신부에게서 발생빈도가 높으며 이 경우에는 우선 체중을 줄여야 한다. 치료는 원칙적으로 입원하여 안정을 취해야 하므로 활동을 위한 열량은 필요하지 않고, 보통 임신부의 열량 권장량보다 저열량으로 섭취하도록 한다.

② 저탄수화물 · 저동물성 지방식

총 열량을 줄이기 위해서는 탄수화물과 지방의 섭취량을 줄여야 한다. 지방은 30g 정도를 섭취하도록 하고, 태아의 발육을 위해 필수지방산이 필요하므로 식물성 기름의 섭취를 권장한다.

③ 양질의 단백질식

단백질은 태아발육에 있어 필수적인 영양소이며 단백질의 결핍은 말기 자간전증의 발생인자가 될 수 있으므로 양질의 단백질을 충분히 섭취해야 한다. 특히 말기 자간전증 환자는 요 중에 단백질이 누출되어 저단백혈증이 일어나는 상태이므로 100~150g/일을 권장하며, 그중 2/3는 동물성 단백질로 섭취하도록 한다.

④ 저염식

나트륨을 과잉으로 섭취하면 혈압을 상승시키기 쉬우므로 자간전증 환자는 소금의 섭취를 제한해야 한다. 일반적으로 하루에 약 8~10g의 소금을 섭취하고 있으며, 임산부에서 나트륨의 1일 만성질환위험감소섭취량은 2,300mg으로 설정되어 있다. 자간전증 환자에서는 증세에 따라 여러 단계로 나누어진 저염식을 실천하도록 한다.

⑤ 수 분

소금을 제한하면 수분 요구도 자연적으로 감소하기는 하지만, 수분 역시 가능한 한 과다 섭취하지 않도록 한다.

저염식을 맛있게 조리하는 방법

- **맛의 대비**: 반찬에 똑같은 농도의 염분으로 조미를 하지 말고 어떤 반찬은 소금으로 간을 하고 또 다른 반찬은 전혀 소금을 사용하지 않는다. 이 방법은 맛의 대비 원리를 이용한 효과적인 저염조리법이 된다.

- **산미**: 유자, 레몬, 식초, 토마토 케첩, 신맛의 과실 등 강한 산미를 이용하여 조리하면 소량의 염분으로도 그 맛을 강하게 느끼게 한다.

- **보조 조미료**: 참깨, 표고, 김 등은 감칠맛이 있어 소금 없이 조리한 음식의 맛을 보조한다.

- **가열방법**: 구이는 맛과 풍미를 증가시켜 저염식의 맛을 돕는다.

- **식품의 신선도**: 신선한 식품은 품질이 좋고 식품 자체의 맛을 부각할 수 있으므로 저염식에 도움을 준다.

확대경 자간전증의 최신 concept

자간전증은 보통 임신 20주 이상 임신부에게 고혈압, 단백뇨, 부종이 특징적 소견으로 나타나고, 신장이나 심장순환기계에 장애를 일으키며, 심하면 경련성 발작을 일으키는 질환이다. 자간전증의 발병은 24주 이전에는 전체의 1%로 드물고, 30주 이전에는 3%로 적으며, 임신 말기로 갈수록 발생빈도가 높아져 37~40주가 65%로 대부분이다.

과거에는 이 질환의 원인을 임신 중에 무엇에 중독된 것으로 생각해서 임신중독증이라는 병명이 붙었고, 아직도 그 원인이나 발병 기전은 자세히 모르지만 임신 중 고혈압이 가장 특징적이므로 단지 임신 20주 이후에 새로이 고혈압이 발생하는 경우 현재는 '임신성 고혈압'이라 하고, 고혈압과 단백뇨 및 부종 중 보통 두 가지 이상 나타나면 자간전증이라고 한다. 자간전증은 발작을 하기 전 상태를 자간전증pre-eclampsia, 전신 경련 발작을 하거나 의식이 없어지는 상태를 자간증eclampsia으로 분류한다. 전 세계적으로 고혈압은 대략 모든 임신의 약 9%에서 합병되며, 이중 약 2~3%는 자간전증 등으로 진행된다고 한다. 자간전증의 원인은 아직 확실히 알려져 있지 않지만, 태반 허혈, 지방 대사 이상, 면역학적 부적응, 유전자 가설 등이 있고, 병리기전에 대한 가설 중 현재까지 가장 각광받고 있는 것은 혈관 내피의 손상이다. 혈관 내피의 손상을 일으키는 인자로는 지방과산화물, 자유기free radical, 사이토카인cytokine 등이 있고, 이러한 인자들을 생성하는 원인의 하나가 비정상적 지방대사라고 생각되고 있다. 자간전증의 병인으로 생각되는 여러 인자들이 정상 임신에서도 일부가 나타나므로 자간전증에 대한 연구에는 많은 어려움이 있지만, 자간전증에서 상승하는 혈중 인자들이 혈관 내피에 손상을 일으켜 자간전증의 여러 증상들을 나타낸다는 것에 대해서는 의견 일치를 보이고 있는 실정이다.

2017년에 조사된 자간전증 인식 실태조사에서 임신부의 10명 중 8명이 자간전증 자각증상을 경험했지만, 임신 중 당연한 증상으로 생각하고 방치한 임신부는 39.9%로 나타났다. 임신부 10명 중 8명(79.2%)은 체중의 급격한 증가(44.4%), 부종(18.6%) 등 초기 자각 증상부터 심한 두통(39.2%), 우측 상복부 통증 및 심와부 통증(19%), 시력장애(13.6%), 고혈압(11.6%), 단백뇨 의심(10%), 소변량의 현저한 감소(4.6%) 등 중증 자각 증상까지 다양한 자간전증 자각 증상을 경험한 적이 있는 것으로 나타났다. 조사에 참여한 임신부 중 15.6%는 고혈압(5%), 주 수 대비 태아 성장 지연(4.8%), 자간전증 이전 병력(4.6%), 단백뇨(4.4%), 다태임신(4.2%) 등의 자간전증 위험 요인을 보유한 것으로 조사됐다. 그러나, 이들 중 과반수(60.3%) 이상은 자간전증 검사 경험이 없었으며, 검사를 받지 않은 가장 큰 이유로(80.8%) "병원에서 권유하지 않아서"(57.4%), "검사에 대한 필요성을 느끼지 못해서"(23.4%)라고 응답했다. 이를 통해, 고위험군 임신부조차도 자간전증 검사의 필요성에 대한 인지가 낮음을 확인할 수 있었다.

우리나라 건강보험심사평가원은 최근 5년간(2015~2019년) 임신 중 첫 발생한 고혈압이나 당뇨병으로 진료를 받은 자료를 분석한 결과, 임신성고혈압 · 당뇨 환자는 총 31만 404명으로 30만 명을 넘는 것으로 나타났으며, 임신 중 발생한 고혈압과 당뇨병은 전신경련과 발작, 혈액응고이상, 신장기능이상, 조산, 태아의 발육부전, 자궁 내 사망 등의 문제가 발생할 수 있어 경계해야 하는 질환이다.

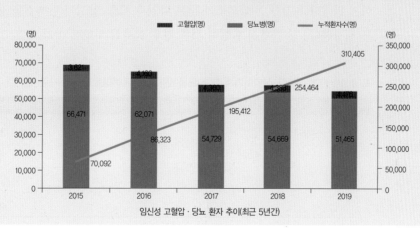

임신성 고혈압 · 당뇨 환자 추이(최근 5년간)

2) 임신 빈혈

임신 중 빈혈 유병률은 기관마다 약간의 차이가 있으나 WHO 기준으로는 평균 18% 정도이고, 임신 중 빈혈은 영아와 산모 모두에서 사망률을 증가시키며, WHO에 의하면 전 세계적으로 산모 사망의 40% 정도가 빈혈과 관련이 있다고 한다. 임신 빈혈의 원인은 잦은 임신, 오랜 수유기간 후 곧바로 임신, 모체의 혈액 증가, 태아의 혈액 신생, 철 섭취 부족 및 철 흡수 저해 등을 들 수 있다. 임신 중 가장 흔한 빈혈은 철 결핍에 의한 것(25~35% 정도)이고, 이는 철 섭취 부족, 철 필요량 증가, 철 흡수장애, 골수에서 적혈구의 합성능력 저하 등이 원인이다. 그 다음으로 많이 발생하는 빈혈은 엽산 결핍으로 인한 빈혈이며, 비타민 B_6, 비타민 B_{12} 결핍에 의한 빈혈도 나타날 수 있다.

임신 빈혈은 유산, 조산, 미숙아 출산, 태아질식 등을 유발하며, 헤모글로빈 농도가 정상보다 50% 이하로 감소하면 태아의 사망률이 2배로 증가한다. 임신 빈혈 시 자간전증과 신우염이 자주 발생하고, 출산시간 지연으로 진통이 약해지며 출산 후 전염병에 걸릴 가능성이 많다. 헤모글로빈의 농도에 따라 9g/dL 이상일 때를 경증 mild, 6~9g/dL를 중등도 moderate, 6g/dL 이하를 중증 severe 빈혈이라고 한다. 표 2-15는 빈혈 여부를 선별하기 위한 헤모글로빈과 헤마토크릿 수준의 기준이다.

철 결핍성 빈혈의 대부분은 엽산 결핍성 빈혈과 같이 나타나므로 철과 엽산을 같이 보충할 때 빈혈치료가 증진된다. 초임부보다는 임신 경험이 많은 임신부의 경우에 빈혈의 식사요법으로 철이 많이 함유된 식품을 섭취하고, 철의 흡수와 이용을 높이기 위해서 유기산, 비타민 C가 많은 과일과 채소, 양질의 단백질을 같이 섭취하도록 권장한다. 철 결핍성 빈혈이 심한 경우 의사의 처방에 따라 철 보충제를 복용할

표 2-15 빈혈 여부를 선별하기 위한 헤모글로빈 농도와 헤마토크릿의 기준

구 분		헤모글로빈 농도(g/dL)	헤마토크릿(%)
임신하지 않은 여성		12.0	36
임신부	초기	11.0	33
	중기	10.5	32
	말기	11.0	33

수도 있다.

연구보고에 따르면, 여러 가지 무기질이 혼합된 형태의 철 보충제보다는 단일 철 보충제의 섭취가 철의 흡수율을 더 높인 것으로 보고되었으며, 보충제로부터 흡수되는 철의 양은 임신부의 철 요구량 및 보충량에 따라서 크게 달라질 수 있다. 철의 요구량이 증가할수록 흡수율과 흡수량은 증가하지만, 철의 보충용량이 증가함에 따라 그림 2-11과 같이 철의 흡수율은 낮아지는 것으로 나타났다. 또한 지나치게 고용량의 철을 보충하는 경우 오히려 부작용을 초래할 수 있다. 하루 60mg 이상의 규칙적인 철 섭취는 장점막을 손상시키고, 30mg 이상의 철 보충도 아연의 장내 흡수를 저하시키는 부작용이 있는 것으로 보고되었다. 철 보충제의 복용은 때로는 변비, 설사 및 복통과 같은 위장장애가 따르는 것이 단점이다.

철이 풍부한 식품으로는 쇠간, 돼지간, 닭간, 생선, 조개류, 난황, 녹색 채소, 파래, 김, 다시마 등이 있다. 식사 전후에 진한 녹차나 커피는 탄닌에 의해 철이 불용성이 되기 때문에 삼가며, 변비가 따르기 쉬우므로 식이섬유가 많은 식품을 섭취한다.

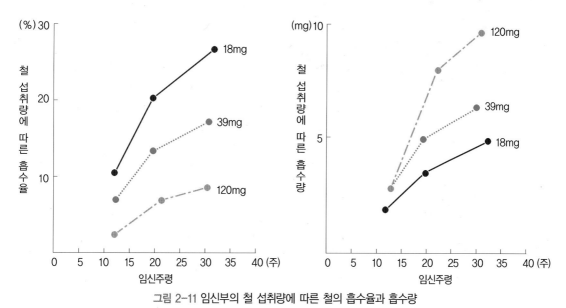

그림 2-11 임신부의 철 섭취량에 따른 철의 흡수율과 흡수량

자료: Institute of Medicine. Nutrition during pregnancy. National Academics Press, 1990

● **하루에 철을 24mg 섭취하려면?**

식품군	섭취횟수	식품 예시					
곡류	매일 3~4회	현미밥	쌀밥	감자			
고기, 생선, 달걀, 콩류	매일 4~6회	바지락	굴	새우	두부	달걀	고기
채소류	매 끼니 2~3회	시금치	상추	김치			
과일류	매일 2~3회	키위	참외	수박			
우유, 유제품	매일 2회	우유	요거트	치즈			

* 각 식품군별 권장 섭취 횟수는 식품의 1회 분량을 기준으로 섭취하는 횟수를 의미한다.

자료: 식품의약품안전처. 임산부를 위한 영양·식생활 관리, 이렇게 하세요! 2017

3) 임신당뇨병

임신당뇨병은 임신 중에 처음으로 진단된 당뇨병을 의미하며, 국내에서 발표된 임신당뇨병의 유병률은 1.7~25.4%로 보고되고 있다. 국민건강보험공단 자료에 의하면 2003년 임신당뇨병으로 진료받은 임신부는 약 2만 명이었고, 2012년에는 11만 5천 명으로 이는 총 출산 여성 수의 25.4%로, 약 5.8배 가량 급격하게 늘어났다(그림 2-12). 이렇게 급격하게 증가한 원인으로는 크게 두 가지를 예상할 수 있다. 즉

결혼 및 임신 시기가 늦어짐에 따른 임산부의 고령화로 출산 연령이 10년 전에 비해 높아지고, 출산 전 비만 인구가 늘어나면서 임신당뇨병 환자가 급격하게 증가했다는 것과 10년 전에 비해 임신 중 건강관리 시스템이 좋아지면서 임신당뇨병의 관심이 높아졌다는 것이 주요한 증가 원인으로 풀이되고 있다. 분만여성 100명당 임신 중 당뇨병 진료환자는 20대에 비해 30대에 2~3배 이상 많은 것으로 나타났다. 연령별로는 30~34세가 가장 많았으나, 분만여성 100명당 진료환자는 30~34세 11.6명, 35~39세 16.0명, 40~44세 21.4명으로 30세 이후부터 임신 중 당뇨병 환자의 발생이 급격하게 증가했다. 임신 중기가 되면 인슐린 저항성이 증가하기 시작하고 임신 후기가 되면 임신 전에 비해 인슐린 저항성이 50~70% 정도 현저히 증가한다. 이런 과정에서 임신 중에 당내응력이 감소하는 임신당뇨병gestational diabetes mellitus, GDM

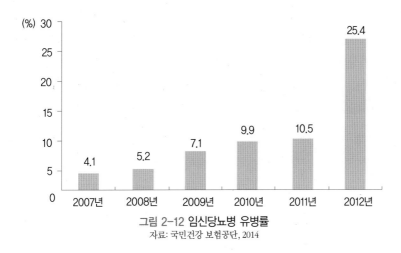

그림 2-12 임신당뇨병 유병률
자료: 국민건강 보험공단, 2014

임신당뇨병의 위험요인

- 비만, 특히 상체비만
- 임신과 임신 사이의 체중 증가
- 저체중
- 35세 이상 고령 임신
- 임신당뇨병의 가족력
- 거대아 출산 경험
- 만성 고혈압
- 전 임신에서 임신당뇨병이 있었던 경우
- 임산부의 엄마가 임신 시 당뇨병이 있었던 경우
- 식이섬유의 섭취가 낮고, 혈당지수가 높은 식사를 하는 경우

표 2-16 임신당뇨병의 문제점

산 모	태 아
• 제왕절개에 의한 출산 증가 • 임신 중 자간전증 위험 증가 • 출산 후에도 2형당뇨병, 고혈압, 비만의 위험 증가 • 차후 임신에도 임신당뇨병 위험 증가	• 사산위험 증가 • 자연 낙태 위험 증가 • 선천적 기형 • 거대아로 태어남 • 인슐린 저항성, 2형당뇨병, 고혈압, 비만의 위험 증가

환자는 대부분 출산 후 정상으로 회복되나 약 20~30%의 환자는 차후에 당뇨병으로 진행되기도 한다. 국내 임신당뇨병 여성 843명을 대상으로 한 국민건강보험공단 장기추적 연구 결과(임신당뇨병 관리의 현주소 및 개선방안 세미나 2015) 임신당뇨병 여성의 12.5%는 출산 직후 2형당뇨병으로 이환하였고, 10년에 걸쳐 추적한 결과 2형당뇨병은 출산 이후 해마다 6.8%가 지속 증가하여, 8년이 경과한 시점에서는 임신당뇨병 여성의 약 50%가 당뇨병으로 진행되는 것으로 밝혀졌다. 임신 중 당뇨병의 상태가 더욱 악화되면 표 2-16과 같이 신장장애, 자간전증 등의 문제가 나타날 수 있으며 거대아, 기형아의 출산율과 태아 사망률이 높아진다.

임신당뇨병의 관리를 위해서는 정기적인 혈당 검사와 요당 검사가 필요하며, 체중 증가량은 정상 임신부의 체중 증가량에서 10~20%를 감소시킨 양이 되도록 조절하는 것이 좋다. 임신당뇨병의 진단 알고리즘은 그림 2-13과 같다.

고령 임신의 문제점

최근 통계청 자료에 의하면(2019), 우리나라 초산부의 평균 연령이 32.2세로 임신부의 연령이 급속하게 고령화되는 추세이다. 만 35세 이상 여성이 임신을 하는 경우를 고령임신(pregnancy of advanced maternal age) 이라고 하며, 여러 가지 임신 합병증이 증가하기 때문에 고위험군에 속한다. 특히 만성고혈압, 자간전증, 임신당뇨병, 난산, 조산, 전치태반, 태반조기박리, 제왕절개율, 산후출혈, 염색체 이상아 및 기형아 출산 등의 위험이 증가한다. 여성의 사회진출이 늘어나면서 결혼이 늦어지고, 임신 시기도 이에 따라 늦춰지는 경향이 있으므로, 현재 임신 계획이 없더라도 고령임신이 예상된다면 임신 전부터 꾸준한 운동과 생활습관 개선으로 여러 가지 만성 퇴행성 질환을 예방하고, 규칙적이고 철저한 산전검사 및 관리를 받도록 하여야 한다.

그림 2-13 임신당뇨병의 진단 알고리즘
자료: 대한당뇨병학회. 2023 당뇨병 진료지침(제8판), 2023

임신당뇨병이 있는 임신부의 혈당조절 목표는 식전 혈당 <95mg/dL, 식후 1시간 후 혈당 <140mg/dL, 식후 2시간 후 혈당 <120mg/dL이다. 임신당뇨병 환자는 주산기 합병증을 감소시키기 위해 정상적인 혈당 수준을 유지할 수 있도록 식사를 계획하고, 임신 시 필요한 영양소가 충족될 수 있도록 관리하는 것이 필요하다. 일률적으로 에너지를 증가시키지 말고, 개개인의 체중변화와 케톤뇨증 등의 상태를 관찰하여 에너지를 추가시키며, 총 에너지의 50%를 탄수화물, 20%는 단백질, 30%는 지방으로 공급한다. 태아가 모체로부터 포도당을 빼앗아 사용하므로 공복 시에는 저혈당이 나타나고 케톤증이 나타날 수 있으므로 1일 3회의 식사와 2~4회의 간식, 야식 등의 형태로 식사를 배분하여 소량씩 자주 균형 있게 섭취하는 것이 좋다.

특별히 금기사항이 없다면 혈당조절을 위해 가벼운 운동을 권장한다. 식이요법과 운동요법으로 당뇨병 조절이 곤란한 경우에는 인슐린 치료를 즉시 시행한다. 임신한 당뇨병 환자는 혈당의 변화가 매우 크기 때문에 엄격한 혈당관리의 중요성과 인슐린 주사에 대한 필요성을 인식시켜야 한다.

♥ 주산기
perinatal period
임신 제28주 이후부터 출생 7일까지의 기간. 즉, 태아기에서 신생아기에 이르는 기간

4) 변비

임신 중에는 운동량 감소와 호르몬 변화 때문에 위장관 근육이 이완되어 변비가 되기 쉽다. 또한 임신 말기에는 자궁이 커지면서 대장을 누르게 되므로 변비가 생기며, 심하면 치질도 생길 수 있다. 변비 시에는 설사제와 같은 약제는 피하고 수분의 충분한 섭취, 잡곡, 식이섬유가 많은 과일, 채소, 건조 과일, 해조류, 곤약과 한천 등의 섭취를 증가시킨다. 아침은 거르지 말고 규칙적으로 섭취하며 적당한 운동과 휴식을 취하도록 한다.

임신기의 식사지도

1. 임신 초기

임신 초기인 2~3개월에는 에너지, 탄수화물, 지질, 단백질, 비타민, 무기질 등 각

입덧 시의 식사관리

입덧은 임신 2~4개월 정도에 나타나며, 메스꺼움과 구토 증세가 있고, 특히 아침에 자리에서 일어날 때 가장 심하며, 임신 중반기에 들어서면 일반적으로 증세가 사라진다. 입덧이 생기는 이유에는 생리적인 것뿐만 아니라 임신 초에 긴장과 걱정 등의 심리적인 이유도 작용한다.
입덧 시에는 다음과 같이 식사관리를 하도록 한다.

- 입덧 시에는 영양소 섭취기준에 구애를 받지 말고 기호에 맞는 것을 섭취하도록 한다.
- 입덧이 심할 때는 음식냄새를 피하고, 식사환경을 바꾸어 본다.
- 공복 시에 입덧을 가장 많이 느끼기 때문에 식사량을 줄이고 식사 횟수를 늘려 위를 비우지 않는다.
- 아침에 일어났을 때 마른 과자나 토스트, 누룽지 등 마른 곡류 제품을 먹는다.
- 구토를 유발할 수 있는 음식(기름기가 많은 음식, 맛과 향이 강한 음식, 구토를 유발했던 음식 등)을 피한다.
- 액체와 고체 음식을 분리하여 먹고, 식사 중에 수분을 많이 섭취하지 않는다.
- 입덧을 치료하기 위해 과량의 비타민 B_6를 투여*하면 효과를 보는 경우도 있다.

*상한섭취량 이하로 섭취한다.

종 영양소의 필요량이 평상시와 별 차이가 없다. 그러나 이 시기는 모체 내 생리적 변화가 일어나며, 음식의 기호가 예민하게 변화하므로 편식으로 인한 영양 장애가 발생하지 않도록 주의한다. 임신 초기는 입덧이 일어나는 시기이므로 식욕을 증진하고 변비를 예방하기 위해 신선한 채소 및 과일류를 많이 섭취하는 것이 좋다.

2. 임신 중기

임신 중기에 들어가면 입덧이 없어지고 식욕이 증가하게 된다. 임신 중기에는 적정한 체중 증가가 이루어질 수 있도록 균형 있는 식사를 섭취한다.

에너지와 단백질, 그리고 철 등을 증가시키는 것이 필요하므로 단백질과 철이 많이 함유된 붉은 살코기나 무기질 등이 풍부한 등푸른 생선과 해조류, 칼슘이 많은 뼈째 먹는 생선과 녹색 채소, 우유를 매일 추가하여 섭취하고, 단순당이나 지방의 섭취를 제한한다.

3. 임신 말기

임신 말기에는 태아의 성장속도가 빠르고, 확대된 자궁이 소화관을 압박하며, 프로게스테론의 영향으로 소화관 근육이 이완되어 소화가 잘 되지 않고, 가슴쓰림 증상이나 변비가 나타난다. 임신 말기에는 임신 중기의 식사지도 내용을 따르도록 한다.

정규 식사만으로는 증가된 영양소 필요량을 충족시키기 어려우므로 1일 3회의 식사 외에 오전 10시나 오후 3시경 간식을 계획하여 전체 식사량을 증가시킨다. 자극적인 음식이나 찬 음료를 많이 마시지 않도록 하고 설사를 조심하며, 변비예방을 위하여 식이섬유가 많은 전곡류, 채소류, 과일류를 섭취한다. 가슴쓰림 증상이 있는 경우 과식을 삼가고, 자극적인 음식을 피해 부드럽게 넘기기 쉬운 음식을 선택한다. 식후에는 바로 눕지 않는 것이 좋으며, 자간전증 예방을 위하여 칼슘을 충분히 섭취하고, 염분의 섭취는 줄이도록 한다.

TiP 임신·수유 여성은 왜 생선 섭취를 주의해야 할까요?

메틸수은 함량이 높은 다랑어류, 상어류, 새치류를 너무 많이 섭취하면 뱃속 태아의 신경계에 영향을 줄 가능성이 있다는 것이 지금까지의 연구결과로 알려진 내용이다.

임신·수유 여성이 일반어류와 참치통조림을 1회에 60g 이하로 섭취한다면 일주일에 6회까지 섭취가 가능하지만, 다랑어, 새치류 및 상어류는 1회 섭취를 권고한다.

● 임신·수유 여성의 생선 섭취 횟수

구 분	권고량(g/주)	1회제공량(g/회)	횟수(회/주)
일반어류 및 참치통조림	400	60	6
다랑어·새치류·상어류	100	60	1

● 메틸수은 함량을 기준으로 분류된 어류

분 류	어 류	메틸수은 평균 함량 (μg/g)	메틸수은 기준 (μg/g)
일반어류	갈치, 고등어, 꽁치, 광어/넙치, 대구, 멸치, 명태, 민어, 병어, 우럭, 삼치, 숭어, 전어, 조기 등	0.04	–
참치통조림	가다랑어	0.04	1.0
다랑어	참다랑어, 날개다랑어, 눈다랑어, 황다랑어, 백다랑어, 점다랑어	0.21	1.0
새치류	황새치, 돛새치, 청새치, 녹새치, 백새치, 몽치다래, 물치다래	0.52	1.0
상어류 등	칠성상어, 얼룩상어, 악상어, 청상아리, 곱상어, 귀상어, 은상어	0.27	1.0

* 메틸수은은 중금속의 일종으로 해양환경 중에 존재하는 무기형태의 수은이 미생물(혐기성세균)에 의해 유기수은인 메틸수은으로 변환될 수 있고 생물농축에 의해 인체에 영향을 줄 수 있음

자료: 식품의약품안전처. 임신·수유 여성과 어린이 대상으로 생선 안전섭취 가이드, 2017

🔍 **확대경** 임신부는 익히지 않은 음식 섭취 주의!

임신 기간에 분비가 증가된 프로게스테론은 임신부의 감염성 질환에 대한 민감도를 증가시킨다. 식품에 의한 감염성 질환 중 주요한 원인균 중 하나인 리스테리아균Listeria monosytogenes이 모체에 감염되면 리스테리아균은 태반을 통하여 태아에게 전달되어 자연유산이나 사산을 초래한다. 이러한 미생물의 감염을 막기 위해서 임신부는 조리하지 않은 날 어패류나, 개봉 후 올바르게 저장되지 않은 가공육류의 섭취도 주의하여야 한다.

보건복지부에서 제시하는 임신·수유부를 위한 식생활지침은 다음과 같다.

● **우유 제품을 매일 3회 이상 먹자.**
 – 우유를 매일 3컵 이상 마십니다.
 – 요구르트, 치즈, 뼈째 먹는 생선 등을 자주 먹습니다.

● **고기나 생선, 채소, 과일을 매일 먹자.**
 – 다양한 채소와 과일을 매일 먹습니다.
 – 생선, 살코기, 콩제품, 달걀 등 단백질 식품을 매일 1회 이상 먹습니다.

● **청결한 음식을 알맞은 양으로 먹자.**
 – 끼니는 거르지 않고 식사를 규칙적으로 합니다.
 – 음식을 만들 때는 식품을 위생적으로 다루고, 먹을 만큼만 준비합니다.
 – 살코기, 생선 등은 충분히 먹습니다.
 – 보관했던 음식은 충분히 가열한 후 먹습니다.
 – 식품을 구매하거나 외식할 때 청결한 것을 선택합니다.

● **짠 음식을 피하고, 싱겁게 먹자.**
 – 음식을 만들거나 먹을 때는 소금, 간장, 된장 등의 양념을 보다 적게 사용합니다.
 – 나트륨 섭취량을 줄이기 위해 국물은 싱겁게 만들어 적게 먹습니다.
 – 김치는 싱겁게 만들어 먹습니다.

● **술은 절대로 마시지 말자.**
 – 술은 절대로 마시지 않습니다.
 – 커피, 콜라, 녹차, 홍차, 초콜릿 등 카페인 함유식품을 적게 먹습니다.
 – 물을 충분히 마십니다.

● **활발한 신체활동을 유지하자.**
 – 임신부는 적절한 체중 증가를 위해 알맞게 먹고, 활발한 신체 활동을 규칙적으로 합니다.
 – 산후 체중조절을 위해 가벼운 운동으로 시작하여 점차 운동량을 늘려 갑니다.
 – 모유 수유는 산후 체중조절에도 도움이 됩니다.

자료: 보건복지부. 임신·수유부를 위한 식생활지침, 2009

3

수유기
영양

모유 수유는 아기의 성장·발육을 위한 많은 이점을 가지고 있고, 성인이 된 이후에도 체질이나 질병 발생
양상에 많은 영향을 미친다고 보고되고 있다. 모유 영양의 영향력을 고려하여 세계보건기구에서는 생후 2
년까지 모유 수유를 권장하고 있고, 미국 소아과학회에서도 1년 이상 모유 수유할 것을 권장하고 있다. 우
리나라에서는 70년대 이후 급격히 감소하던 모유 수유율이 최근 다시 증가하고 있기는 하지만 아직까지는
실제 모유 수유율이 저조한 실정이다. 출산 후 모체의 빠른 회복과 건강한 육아를 위해 모유 수유를 반드시
성공적으로 실천하기 위해서는 수유부의 영양관리 방법뿐만 아니라 분만 전부터 모유의 중요성을 인식시키
고 모유 수유 방법이나 수유 과정에서 발생할 수 있는 문제의 해결 방법 등에 대한 교육이 필요하다.

3
수유기
영양

수유기의 생리적 특성

1. 모유 수유의 장점

　모유는 아기의 성장·발달에 가장 이상적인 영양원이며 수유하는 동안뿐만 아니라 이유한 후에도 질환에 대한 보호 작용이 있어 오래 먹일수록 아기에게 좋다. 표 3-1에는 모유 수유의 장점이 정리되어 있다.

표 3-1 모유 수유의 장점

영아 측면	• 성장·발달에 적합한 이상적인 영양공급원이다. • 모유 중 수분(87%)은 주위환경에 따라 다양하게 변화하여 아기에게 적절한 수분 균형을 맞춰 준다. • 모유 중 단백질이나 지방은 우유보다 소화가 잘되고 배변이 용이하다. • 초유에는 갓 태어난 아기를 보호하기 위하여 면역글로불린secretory IgA과 락토페린lactoferin 이 풍부하여 항감염 작용뿐 아니라 항산화 효과도 증진시킨다. • 모유에는 항세균, 항바이러스, 항독소, 항염인자뿐 아니라 장점막을 성숙시키고 회복을 빠르게 하는 성장인자도 있다. • 모유의 올리고당은 장에서 정상 세균총을 잘 자라게 하는 프리바이오틱스prebiotics의 기능이 있다. • 뇌신경 발달에 좋다 – 망막과 신경조직의 발달을 돕는다. • 만성질환을 예방한다. • 알레르기를 예방한다. • 턱 근육과 치아발육을 촉진하고 충치를 예방하며, 말을 배울 때 정확한 발음을 돕는다. • 섭취량을 스스로 조절하여 비만이 적다.self regulation • 심리적 안정감과 정서적 발달을 증진시킨다.
모체 측면	• 산모의 자궁수축을 촉진하여 산후 회복이 빠르다. • 임신 중 체내 저장된 체지방이 유즙 생성에 이용되므로 체내 지방량 감소로 체중조절이 가능하여 산후비만이 적다. • 배란을 억제하여 자연 피임 작용을 한다. • 산모의 자신감이 증진되고, 산후우울증 등을 예방한다. • 경제적이고 간편하다. • 폐경기 전의 유방암, 난소암, 자궁암에 걸릴 확률이 적다.

▼ 락토페린
lactoferin

포유류의 모유에 있는 단백질의 일종

▼ 프리바이오틱스
prebiotics

유익균의 성장을 촉진하는 물질

2. 유선의 성장과 발달

1) 유선의 기능단위

모유는 유선mammary gland으로부터 분비되며 유선의 기능적 단위는 유포alveoli 이다. 각각의 유포는 유즙을 분비하는 분비세포secretory cells와 유두nipple까지 유즙을 운반하는 도관lactiferous duct으로 이루어져 있으며 이러한 몇 개의 유포들이 모여 소포를 이루고, 다시 소포들이 집락을 형성하여 유선엽을 이루며 15~20개의 유선엽이 모여 유방을 구성한다(그림 3-1).

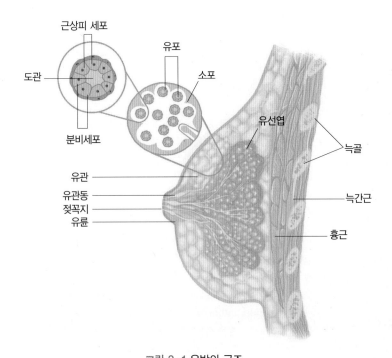

그림 3-1 유방의 구조

자료: Brown JE. Nutrition through the life cycle(7th ed.). Cengage, 2020

2) 유선의 발달

여성은 사춘기를 맞이하면서 난소의 성숙이 이루어지고 에스트로겐estrogen과 프로게스테론progesterone의 분비가 증가하며, 이 두 호르몬의 주기적 분비를 통해 여

표 3-2 유방의 발달과 수유에 기여하는 호르몬

호르몬	수유와 관련된 역할	작용 단계
에스트로겐	유관 성장	월경 시작과 더불어 유선 분화
프로게스테론	유포 발달	초경 이후와 임신 시
성장호르몬	유두 발달	유선 발달
락토겐	유포 발달	임신기
프로락틴	유포 발달과 유즙 생성 자극	임신 후반기와 이유기까지
옥시토신	유즙 분비	유즙 분비 시부터 이유기까지

자료: Brown JE. Nutrition through the life cycle(7th ed.). Cengage, 2020

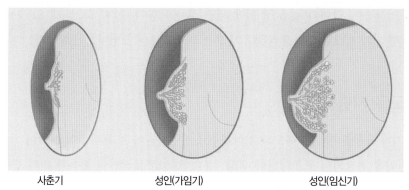

| 사춘기 | 성인(가임기) | 성인(임신기) |

그림 3-2 사춘기부터 수유기까지 유방의 발달

자료: Brown JE. Nutrition through the life cycle(7th ed.). Cengage, 2020

성의 유방은 사춘기 동안 발달하게 된다(표 3-2). 프로게스테론의 주기적 생산하에 보통 초경이 시작되고 난 후 12~18개월 이내에 유선은 소엽을 발달·증대시킨다. 유즙 분비를 위한 유관계ductal system가 먼저 발달한 후 유두의 성장과 착색이 이루어지며, 차츰 유관 주위에 결합조직과 지방조직이 증가하여 유방이 커지게 된다(그림 3-2).

3. 수유 생리

임신 중에는 에스트로겐이나 프로게스테론 등이 유선과 유관의 발육을 자극하므로 임신을 하면 유방의 무게도 2배 이상으로 증가하고, 임신 16주경부터는 유즙 생성이 가능하다. 모유는 뇌하수체 전엽에서 분비되는 프로락틴 등의 최유호르몬에 의해 생성된다. 최유호르몬은 임신 5주부터 분비가 시작되어 임신 말기에 최고도에 달하는데, 아기가 태어날 때까지 유즙 생성을 위해 준비는 하지만 임신 중에는 난소와 태반으로부터 에스트로겐과 프로게스테론이 다량 분비되어 프로락틴의 활성이 억제되므로 유즙 생성은 억제된다.

출산하게 되면 최유억제호르몬의 분비는 쇠퇴하고 최유호르몬의 분비는 증가하면서 모유의 생성과 분비가 시작된다. 그러나 분만 직후 바로 유즙이 분비되는 것이 아니라 최유억제호르몬이 완전히 억제되는 2~3일이 경과한 후 초유가 생성·분비되기 시작하며, 유아가 젖을 잘 빨게 되면 점차 유량이 증가하고, 대개 10~14일경이 되면 거의 필요한 양만큼의 모유가 분비되며 유즙의 조성이 안정화된다.

4. 모유 사출반사

아기가 유두를 빨면 수유모의 시상하부로 신경자극이 보내지고 이 자극이 뇌하수체 전엽에 전달되어 프로락틴이 생성·분비된다. 프로락틴이 혈류를 따라 근상피세포에 도달하면 모유의 생성이 증가한다. 또한 젖을 빠는 자극이 뇌하수체 후엽에 전달되면 옥시토신이 생성·분비되는데, 이 호르몬은 유포와 유관 주위에 있는 근육을 수축시켜 모유가 유관 아래쪽으로 흘러내려와 아기가 빨고 있는 유두로 나오게 한다. 이 과정을 모유의 사출반사let-down reflex라고 한다(그림 3-3). 옥시토신은 불안, 걱정, 과음, 흡연 등에 의해 일시적으로 분비가 억제될 수 있으므로 모유분비가 지속되기 위해서는 정신적인 안정과 적절한 휴식이 필요하다.

두 호르몬의 유선에서의 반응
• 프로락틴은 유즙 생성 자극
• 옥시토신은 유즙 사출 자극

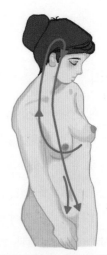

두 호르몬의 생식기계에서의 작용
• 프로락틴은 배란 억제
• 옥시토신은 자궁수축 촉진

그림 3-3 모유 사출반사
자료: Brown JE. Nutrition through the life cycle(7th ed.), Cengage, 2020

5. 수유부의 유즙 분비에 영향을 주는 인자

1) 유즙 포유량

일반적으로 영아의 포유량이 증가함에 따라 비유량도 서서히 증가해서 최고 유량에 도달하며, 점차 증가속도가 둔해지다가 분비가 정지한다.

2) 출산 횟수

초산부는 경산부에 비해 모유 분비량이 적고, 출산이 빈번해질수록 유즙 중의 질소량이 감소되며 질이 다소 저하된다.

3) 모체의 연령

수유부의 연령이 증가함에 따라 모유 분비량은 감소하며 질소량도 저하된다.

4) 식이 영향

모유 중의 에너지, 탄수화물, 단백질, 무기질, 콜레스테롤, 엽산 등의 함량은 모체의 식사섭취량에 의해 영향을 받지 않고 일정한 농도로 유지되며, 모체가 엽산이 결핍되어도 유즙은 적절한 수준을 유지한다. 요오드, 셀레늄, 망간 등의 무기질과 비타민 A, D, C, B 복합체 등의 비타민 수준은 모체의 영양 상태나 식사섭취량에 의해 영향을 받는다. 대체로 수유부가 고단백질, 고비타민식을 섭취할 때 유량이 많으며, 고지방, 고당질식을 장기간 계속 섭취할 경우 유즙의 단백질이 저하된다. 유지방은 모체의 지방, 탄수화물, 에너지 섭취에 의해 영향을 받는다. 그러나 모체가 극심한 영양불량이 아니라면 모체가 섭취한 식사량에 관계없이 유량이 분비되므로 수유부의 건강을 위해서 충분한 영양을 섭취하도록 한다.

5) 계절적인 차이

여름철의 모유 성분을 보면 단백질, 카로틴, 비타민 C 등의 영양소 함량이 겨울철
보다 많고, 겨울철에는 유당이 많은 것으로 보고되었다.

6) 주간 변동

유즙 분비량은 이른 아침에 가장 많으며, 저녁으로 갈수록 감소하고, 포유 간격이
짧을수록 유량이 감소한다.

6. 모유 수유 실패 요인

모유 수유 시 타인의 시선에 대한 당혹감, 시간적 · 경제적인 제약, 가족이나 친구

그림 3-4 모유 수유 실패 요인

자료: Lawrence FA · Lawrence RM. Breastfeeding: A guide for the medical profession(8th ed.). Elsevier Philadelphia, 2016

들의 지지 부족, 모유 수유에 대한 자신감 부족, 다이어트나 건강에 대한 염려나 아픔에 대한 두려움 등은 모유 수유를 지속하기 어렵게 한다. 그림 3-4는 모유 수유가 실패하게 되는 경우들을 나타낸다.

수유기의 영양소 섭취기준

2020년 개정된 수유부의 영양소 섭취기준은 1일 모유 분비량과 모유의 에너지 밀도(780mL/일, 65kcal/100mL)를 기준으로 모유에 함유된 영양소의 함량, 모유 분비를 위해 요구되는 영양소 함량과 이용 효율 등을 고려하고 개인 변이계수를 반영하여 설정되었다.

1. 에너지

수유부의 에너지 필요추정량에 대한 부가량은 수유 기간 중 에너지 소비량의 변화, 모유 분비에 요구되는 에너지 및 모체에 저장된 지방조직에서 동원되는 에너지로부터 추정된다.

수유부의 에너지 소비량은 일반 여성과 별다른 차이가 없다고 보고되므로 수유부의 에너지 필요추정량은 비수유 여성의 에너지 필요추정량에 모유로 방출되는 에너지를 더하고, 저장 지방조직으로부터 동원되는 잉여 에너지를 빼는 방법으로 수유부의 에너지 필요량을 계산하였다. 즉, 수유부의 에너지 필요추정량 부가량은 모유 분비량(780mL/일)과 모유의 에너지 함량(65kcal/100mL)을 적용하고, 임신 기간 동안 모체에 저장된 잉여 지방에서 동원될 수 있는 에너지(170kcal)를 추정하여 산출되었다(표 3-3).

표 3-3 수유부의 에너지 필요추정량

구분	에너지 필요추정량
비수유부(19~49세)	1,900~2,000kcal/일
수유기 부가량	모유방출 에너지-잉여에너지 동원=부가량 510(kcal/일)-170(kcal/일)=+340kcal/일

자료: 보건복지부 · 한국영양학회. 2020 한국인 영양소 섭취기준, 2020

2. 단백질

2020 한국인 영양소 섭취기준에 의한 단백질의 평균필요량은 질소 균형 자료에 근거하여 설정되었다. 수유부의 단백질 평균필요량은 비수유부와 다르지 않은 질소평형 유지 필요량에 모유 생산에 필요한 단백질은 모유 분비량에 비례해 증가한다는 이론에 기초해 요인가산법으로 추정, 산출하였다. 모유 분비량은 영아의 실제 섭취량보다는 많으며 섭취량의 변이가 큰 만큼 최대 모유 섭취량을 분비량의 기준으로 하여 780mL/일로 하였다. 모유 중 단백질 함량은 국제적인 자료인 12.2g/L으로 하고, 식이 단백질이 유즙 단백질로 전환되는 효율은 47%를 적용하였으며, 개인 변이 계수 12.5%를 적용하여 2020 한국인 영양소 섭취기준에서는 한국인 수유 여성의 단백질 평균필요량과 권장섭취량의 부가량을 각각 20g/일과 25g/일로 제시하고 있다 (표 3-4).

표 3-4 수유부의 단백질 섭취기준

수유기 부가 단백질 필요량	(12.2g/L × 0.78 L/일) ÷ 0.47 = 20.2g/일(약 20g/일)
수유기 부가 단백질 권장섭취량	20.2g/일 × 1.25 = 25.2g/일(약 25g/일)

자료: 보건복지부 · 한국영양학회. 2020 한국인 영양소 섭취기준, 2020

3. 탄수화물

수유부의 탄수화물은 동일 연령 가임기 여성의 에너지 적정비율인 55~65% 정도로 섭취할 것을 권장한다. 수유기의 탄수화물 평균필요량은 수유부의 두뇌에서 사용되는 포도당 양과 모유로 분비되는 포도당 양을 합하여 설정하였다. 모체의 포도당 필요량 100g에 하루에 모유로 분비되는 양 60g을 더하여 160g이 필요하며, 권장섭취량은 가산치 60g에 변이계수를 15%를 적용하여 80g을 설정하고, 비임신 여성의 권장섭취량(130g)에 80g을 더하여 210g/일로 설정하였다. 2020 한국인 영양소 섭취기준에서는 총 당류의 섭취기준은 생애주기별로 제정되어 있지 않으므로 총 에너지 섭취의 10~20% 이내로 섭취할 것을 권장하며, 식이섬유도 건강상의 이점을 고려하여 임신부와 마찬가지로 비임신 여성의 충분섭취량인 20g에 5g을 부가하여 25g의 식이섬유 섭취를 수유부의 충분섭취량으로 설정하였다.

4. 지 질

수유부의 총 지방 에너지 적정비율, 필수지방산, 포화지방산, 트랜스 지방산, 콜레스테롤의 영양소 섭취기준이 따로 정해져 있지는 않고, 비수유 여성의 권장 섭취 비율로 섭취할 것을 권장한다. 수유부의 경우 총 지방의 섭취비율(15~30%)이 비수유부와 같더라도 수유로 인해 추가되는 에너지에 비례적으로 섭취량이 부가되므로 지방 섭취량이 부가되는 결과를 가져온다.

5. 비타민

1) 지용성 비타민

수유부의 비타민 A 평균필요량은 수유부의 모유 분비량과 모유로 분비되는 비타민 A 함량을 감안하여 부가량을 산정하여 설정하였고, 권장섭취량은 평균필요량에 변이계수 20%를 적용한 부가량을 산정하여 설정하였다. 수유부의 비타민 A 권장섭취량은 성인 여성의 비타민 A 권장섭취량인 650μg RAE/일에 490μg RAE/일을 부가한 1,140μg RAE/일이다(표 3-5).

비타민 D는 적절한 골격의 형성과 무기질의 균형에 필수적이지만, 모유에는 비타민 D가 매우 소량 함유되어 있다. 현재 신생아에서 비타민 D 결핍 여부나 정도에 대한 연구가 미비한 실정이지만, 2015 한국인 영양소 섭취기준에서 성인의 충분섭취량이 상향 조정된 후, 추후 연구결과가 부족하여 수유부의 경우 부가량 없이 동일 연령의 성인 여성과 동일하게 비타민 D 충분섭취량이 설정되었다.

수유기에는 비타민 E가 모유 중으로 분비되므로 비임신 여성보다 필요량이 증가한다. 모유로 분비되는 비타민 E의 양은 2.3~4.0mg α-TE/일(평균 약 3.0mg α-TE/일)로, 수유부의 1일 충분섭취량은 비수유 성인 여성의 충분섭취량에 3.0mg을 가산하여 15mg α-TE/일로 설정되었다.

수유부의 비타민 K 섭취량은 모유의 비타민 K 농도와 유의적인 상관관계가 없는 것으로 보고되고 있고, 수유부의 비타민 K 요구량이 증가한다는 근거가 불충분하여 비수유 성인 여성과 동일한 기준으로 충분섭취량이 설정되었다.

표 3-5 수유부의 지용성 비타민 섭취기준

구 분	비타민 A(µg RAE/일)	비타민 D(µg/일)	비타민 E(mg α-TE/일)	비타민 K(µg/일)
	권장섭취량	충분섭취량	충분섭취량	충분섭취량
비수유부(19~49세)	650	10	12	65
수유부	+490	+0	+3	+0

자료: 보건복지부 · 한국영양학회. 2020 한국인 영양소 섭취기준, 2020

2) 수용성 비타민

수유부의 티아민 평균필요량은 비임신 성인 여성의 평균필요량(0.9mg/일)에 모유로 분비되는 티아민의 평균 함량과 모체의 에너지 이용 증가에 따른 증가량(0.3mg/일)을 부가하여 설정되었고, 티아민의 권장섭취량은 평균필요량에 변이계수 10%를 적용하여 0.4mg/일을 추가한 1.5mg/일이다(표 3-6).

수유부의 리보플라빈 평균필요량은 비임신 성인 여성의 평균필요량(1.0mg/일)에 1일 모유 분비량과 모유로 분비되는 리보플라빈의 평균 함량과 모유 생산에 리보플라빈의 이용 효율을 고려하여 0.4mg/일을 부가하여 설정하였고, 리보플라빈의 권장섭취량은 평균필요량에 변이계수 10%를 적용한 1.7mg/일이다.

표 3-6 수유부의 수용성 비타민 권장섭취량

구 분	티아민 (mg/일)	리보플라빈 (mg/일)	니아신 (mg NE/일)	비타민 B6 (mg/일)	엽산 (µg DFE/일)	비타민 B12 (µg/일)	비타민 C (mg/일)
비수유부(19~49세)	1.1	1.2	14	1.4	400	2.4	100
수유부	+0.4	+0.5	+3	+0.8	+150	+0.4	+40

자료: 보건복지부 · 한국영양학회. 2020 한국인 영양소 섭취기준, 2020

수유부의 니아신 평균필요량은 비임신 성인 여성의 평균필요량에 모유로 분비되는 평균 니아신 함량과 모체의 에너지 이용 증가에 따른 증가량을 부가하여 설정되었고, 권장섭취량은 평균필요량에 변이계수 15%를 적용하여 비임신 여성에 비해 3mg NE/일을 부가한 17mg NE/일이다.

단백질 요구량이 증가하는 수유 기간 중에는 비타민 B_6 섭취량도 증가되어야 한다. 그러나 수유부의 비타민 B_6 섭취량과 유즙 내의 비타민 B_6 수준과는 유의적인 상관관계가 없으므로 비수유 성인 여성의 필요량과 모유 생성에 필요한 양, 부가 단백질 필요량에 따른 비타민 B_6 필요량으로부터 산정하여 평균필요량을 산정하고 변이계수를 적용하여 권장섭취량 2.2mg/일이 설정되었다.

수유부는 모유로 엽산을 분비하기 때문에 비수유 여성보다 필요량이 증가한다. 엽산의 영양소 섭취기준은 비수유 여성의 필요량에 모유로 분비되는 양(65 μg/일)과 생체 이용률(식품 중 엽산 흡수율 50%) 등을 추산하고 변이계수를 고려하여 550 μg DFE/일을 권장섭취량으로 설정하였다.

비타민 B_{12}는 체내 저장량보다 현재의 섭취량이 모유의 비타민 B_{12} 농도에 더 영향을 주는 것으로 알려져 있다. 평균필요량은 모유의 비타민 B_{12} 농도와 수유부의 평균 모유 분비량을 이용하여 0.3 μg/일로 설정하였고, 변이계수 10%를 적용하여 비임신 여성의 권장섭취량에 0.4 μg/일을 부가하여 2.8 μg/일로 권장섭취량을 설정하였다. 모유에는 비타민 C(4~6mg/dL)가 매우 풍부하게 들어 있고 모유로 분비되는 비타민 C의 양이 30~45mg/일로 추산되므로 수유부의 권장섭취량은 비수유 성인 여성보다 40mg/일을 부가한 140mg/일이다.

6. 무기질

수유기에는 유즙 분비를 위해 칼슘의 요구량이 크게 증대된다. 우리나라 수유부의 모유 내 평균 칼슘 함량은 약 270mg/L, 하루 평균 모유 분비량은 0.78L/일이므로 1일 평균 모유로 분비되는 칼슘량은 210.6mg/일이다. 이에 수유부의 칼슘 흡수율 65%를 적용하면 324mg/일의 칼슘이 추가로 더 필요하다. 그러나 수유부도 임신부와 마찬가지로 필요량 증가에 따른 생리적 적응현상이 일어나고, 추가 섭취에 따른 추후 긍정적인 영향에 대한 자료가 부족하여, 2020년도 영양소 섭취기준에서는 수유기에도 해당 연령에 필요한 칼슘 권장량을 그대로 섭취하도록 하고 수유에 따른 추가 부가량을 따로 제시하지 않았다(표 3-7).

수유 4주 기준 1일 모유 분비량(780mL/일)과 모유 내 철 농도(0.35mg/L)를 토대로 모유 내 철 분비량은 0.27mg/일로 추산할 수 있다. 1일 기본 손실량과 모유 분비량을 더하면 월경이 시작되지 않은 수유부의 1일 철 요구량은 1.05mg/일이다. 철 흡수율을 일반 여성과 동일하게 12%를 적용하면 수유부의 평균필요량은 8.8mg/일이 되어 월경을 하는 비임신 여성보다 필요량이 적게 되지만, 임신 수유로 인한 철 손실의 회복을 위해 수유부의 평균필요량은 가임기 일반 여성과 동일한 11mg/일로 설정되었다. 권장섭취량은 변이계수 15%를 적용하여 성인 여성과 동일하게 14mg/일로 설정되었다.

우리나라 수유부의 모유 중 평균 아연 농도와 모유 분비량, 수유부의 아연 흡수율(40%)을 고려하여 수유부의 아연 평균필요량은 4mg/일이 부가적으로 더 필요하고, 아연의 변이계수 10%를 적용하여 수유 시 5mg/일을 부가하여 권장섭취량은 13mg/일이다.

수유부의 요오드 섭취기준은 모유로 분비되는 요오드의 양을 추가하여 산출되었다. 모유 분비량과 모유의 평균 요오드 농도(175 μg/L)를 적용하면 하루에 모유로 분비되는 요오드의 양은 136.5 μg/일이므로 이를 성인 여성의 필요량에 추가하여 평균필요량으로 설정되었다. 수유부의 요오드 권장섭취량은 변이계수 20%를 적용하여 190 μg/일을 추가하여 340 μg/일이다.

표 3-7 수유부의 무기질 권장섭취량

구 분	칼슘(mg/일)	인(mg/일)	마그네슘(mg/일)	철(mg/일)	아연(mg/일)	요오드(µg/일)
비수유부(19~49세)	700	700	280	14	8	150
수유부	+0	+0	+0	+0	+5	+190

자료: 보건복지부 · 한국영양학회. 2020 한국인 영양소 섭취기준, 2020

7. 수 분

수유부의 수분 섭취는 모유를 통한 수분 손실량을 고려해야 한다. 우리나라 수유부의 모유 분비량과 모유 중 수분함량비를 적용하면 모유를 통한 수분 손실량은 약 700mL/일로 추정된다. 수유기의 수분 충분섭취량은 비수유기 20대 여자의 수분 충분섭취량 2,100mL/일에 700mL/일을 추가한 2,800mL/일로 설정되었다(표 3-8).

표 3-8 수유부의 수분 충분섭취량

구 분		음식(mL/일)	액체(mL/일)	총 수분(mL/일)
비수유부	19~29세	1,100	1,000	2,100
	30~49세	1,000	1,000	2,000
수유부		+200	+500	+700

자료: 보건복지부 · 한국영양학회. 2020 한국인 영양소 섭취기준, 2020

수유기의 영양과 건강문제

수유부는 모유 수유를 잘할 수 있도록 영양관리 및 수유 저해요인 등을 관리하는 것이 필요하다.

1. 산후 비만

산후 비만은 출산 후 6개월이 지나도록 본래의 체중으로 돌아오지 않고, 3kg 이상 체중이 증가한 상태를 보이는 경우를 말한다. 보통의 산모들은 출산 직후 5~6kg의 체중이 감소하고, 그 후 3~6개월에 걸쳐 체중이 서서히 줄어 출산 후 6~8개월이 지나면 대략 임신 전 체중으로 돌아간다. 그러나 출산 후 6개월 정도 지났을 때 60% 정도의 산모는 출산 전 체중으로 돌아가지만 나머지 40% 정도의 산모는 체중이 증가된 상태로 남아 있다고 한다. 산후 비만의 원인은 산후조리 기간 동안 산후풍을 우려하여 활동량은 적으면서, 아기와 산모 건강을 생각해 열량이 높은 음식을 과식함으로써 체지방이 축적되기 때문이다.

출산 후 산후 비만을 예방하기 위해서는 모유 수유를 하고 가능한 한 몸을 많이 움직여 신체활동을 하는 것이 좋다. 모유를 먹이면 500~1,000kcal 정도의 열량이 매일 추가로 소모되며 이 열량의 일부는 산모에게 축적되어 있던 지방이 분해되어 사용된다. 게다가 모유를 먹이면 유두 자극으로 옥시토신이 분비되어 자궁을 수축시키고 복부 근력의 탄력 회복에 도움이 되므로 최소한 6개월은 모유를 수유한다. 또한 산후 우울증도 산후 비만의 원인이 될 수 있는데 음식 섭취로 우울증을 해결하려 하지 말고 가족이나 전문가의 도움으로 우울증을 극복하도록 한다.

2. 수유부와 카페인

수유모가 과량의 카페인을 섭취할 경우 카페인은 모유로 이행되어 모유 내 카페인 농도는 모체의 혈장 농도의 50~80% 정도가 된다. 어머니의 지나친 카페인 섭취는 신생아의 체내에 카페인 축적을 유발하여 흥분 및 각성 상태를 일으킬 수 있으므로 카페인 함유 음료는 하루에 한 잔 정도로 절제하도록 한다.

3. 수유부의 알코올 섭취

수유 기간 중 소량의 알코올 섭취는 전통적으로 모유 분비를 촉진하는 것으로 알려져 왔으나 실제로는 모유 분비를 저해하고 젖의 냄새 변화를 일으킨다. 수유모가 술을 마시고 30~60분 후면 젖에 알코올이 섞여 나오고 음식을 같이 먹는 경우에는

표 3-9 모유 중 알코올의 체류 시간

(시간 : 분)

모체의 체중(신장 163cm)		알코올 섭취 직후부터 모유 중 알코올 농도가 0이 되는 데 걸리는 시간		
lb	kg	1잔	2잔	3잔
100	45.4	2:42	5:25	8:08
120	54.4	2:30	5:00	7:30
140	63.5	2:19	4:38	6:58
160	72.6	2:10	4:20	6:30
180	81.6	2:01	4:03	6:05

*1잔=5% 맥주 360mL, 11% 와인 150mL, 또는 40% 알코올 음료 45mL 섭취
자료: Ho et al. Biol Neonate 80:219-32, 2001

60~90분 만에 알코올이 모유 중에 섞여 나온다고 한다. 또한 모체가 섭취한 알코올은 모유로 쉽게 이행되어 모체의 알코올 혈액 농도와 영아의 혈액 농도가 비슷하게 증가한다. 모유를 통해 알코올에 노출된 아기는 기면증을 나타내고, 장기적으로는 아기의 성장·발육이 저해될 수 있으므로 반드시 주의하여야 한다. 표 3-9는 수유모가 알코올 섭취 후 알코올이 유즙 중에 체류되는 시간에 대한 연구 결과를 나타낸 표이며, 54kg의 수유모가 술을 한 잔만 마셔도 알코올은 모유 중에 2시간 30분 정도 체류한다고 한다.

4. 수유부와 흡연

수유부의 흡연은 프로락틴 감소로 모유 분비량을 감소시키며 아드레날린 분비를 자극하여 뇌하수체에서 분비되는 옥시토신의 분비를 억제하는 것으로 알려져 있고, 영아가 호흡기 감염도 더 잘 되고 영아 산통 및 영아 돌연사 증후군이 발병할 수 있다. 또한 흡연으로 인한 니코틴과 그 대사산물이 모유로 쉽게 이행되므로 모유 수유 중 심한 흡연은 영아에 니코틴 중독을 일으킬 수 있다. 모체의 혈중 농도보다 모유는 1.5~3배까지 농도가 높고, 니코틴의 반감기는 95분이므로 흡연 후에는 가능한 한 오래도록 수유를 지연시키는 것이 좋다. 이와 같이 흡연은 모체와 영아에게 잠재적인 부작용을 초래하므로 수유부는 흡연을 피하는 것이 좋다.

5. 수유부와 운동

운동이 모유 분비를 방해하거나 영아의 성장을 저해하지 않는다. 호기적 운동은 지방산의 이용을 향상시키고 얼마간의 에너지 섭취 제한은 프로락틴을 향상시키므로 적절한 에너지 섭취 제한과 적당한 운동은 임신 기간 중 증가된 수유부의 체중과 체지방 감소에 도움을 줄 수 있다. 그러나 수유 중 격심한 운동은 모체의 혈액 및 모유의 유산 농도를 증가시킬 수 있고, 유산은 신맛을 내기 때문에 격심한 운동 직후의 수유는 영아의 모유 수용성이 감소될 수 있으므로 유의한다. 또한 수유부는 수유로 인해 수분 필요량이 증가하기 때문에 운동 전이나 운동 중에 충분한 수분 섭취를 하도록 한다.

모유 수유 시 흔히 발생하는 문제

1. 모체측 문제

1) 모유 분비가 부족할 때

모유 영양인 경우 특별히 측정을 하지 않는 이상 수유량을 정확히 알기는 어렵다. 그러나 아기가 30분 이상 젖꼭지를 빤다거나, 수유 간격이 짧아질 때, 체중이나 발육이 부조화를 보인다거나, 깊은 잠을 못 자고 빨리 눈을 뜰 때 모유 분비의 부족 여부를 확인해 볼 필요가 있다. 수유량은 옷을 입힌 채로 수유 전과 수유 후의 체중을 측정하여 그 차이로부터 추정해 볼 수 있으며, 여러 번 반복 측정하여 평균치를 1회 수유량으로 한다(표 3-10).

수유부들이 모유 수유를 중단하는 대다수의 이유는 '젖이 부족해서'라고 생각하기 때문이라고 한다. 그러나 모체가 극심한 영양불량이 아니라면 수유모의 영양상태가 좋지 않더라도 유즙 합성을 자극하는 보상기전이 발휘되어 아기에게 영양문제가 나타나지는 않는다고 한다. 충분히 자주 수유하도록 하고, 수유부가 정신적 · 신

표 3-10 모유 분비 부족의 원인과 대책

원 인	대 책
유방을 완전히 비우지 않았을 경우	유방은 자극이 부족하면 비유능력이 점차 약해진다. 유아가 한쪽 유방을 완전히 빨지 않을 경우에도 젖을 완전히 짜내 비워야 한다.
아기에게 한쪽 유방만 수유하여 유방별 수유 간격이 달라서 모유 분비 자극이 부족하여 점차 약해진 경우	
신생아기에 너무 일찍 혼합영양으로 이행한 경우	출생 후 모유만으로 영양공급을 하는 것이 가장 완벽한 영양법이고 아무런 문제가 일어나지 않는다는 확신을 가지고, 자신의 유즙 분비 능력에 자신감과 긍지를 갖는다.
엄마가 정신적 · 육체적으로 피로하거나 불안한 경우	모체의 육체적 · 정신적 과로를 피하며 마음의 평안을 유지시켜야 한다.
엄마의 영양상태가 불량한 경우	영양소를 충분히 섭취한다. 우리나라는 수유기 금기식품이 많은데 이는 영양교육 등을 통해 시정하도록 한다.

체적·영양적으로 안정하다면 대부분 모유가 부족하지 않으므로 자신감을 가지고 편안한 마음으로 시도해 보는 노력이 필요하다.

2) 유방이 뭉치고 아픈 경우

출산 후 3~5일 됐을 때 유방에 통증이 있을 수 있는데 이를 유방울혈이라고 한다. 울혈은 조직팽창, 유방 혈액순환 증가, 생산된 유즙으로 인한 압력 때문에 발생할 수 있다. 젖이 유방에서 충분히 제거되지 않았을 때 젖이 고여 뭉치게 되므로 당기고 팽팽해지며, 그냥 두면 부종이나 심하면 유선염이 생길 수 있으므로 더욱 자주 수유하여 이를 예방하도록 한다.

3) 유선염이 의심될 때

유방이 조이고 아프며 열이 있고 발진이 있는 경우, 유방울혈이나 유두가 막힌 채 치료되지 않으면 유선염이 생길 수 있으므로 즉시 병원에서 치료를 받도록 한다.

4) 유두에 상처가 난 경우

유두에 상처가 난 경우 가장 흔한 원인은 접촉의 문제이므로, 잘 알아보아 이를 교정한다. 상처가 있는 젖은 5분 이상 빨리지 않도록 하며 연고 등은 바르지 않아야 하고, 얼음 수건 등으로 마사지하는 것도 통증을 줄이는 방법이다. 수유 후 유두에 남아 있는 유즙을 깨끗이 닦아 말린 후 다음 수유 시 젖이 잘 나오면 별 문제가 없으나, 유두 열상이 쉽게 가라앉지 않고 유두가 빨갛게 갈라지거나 수유 후 통증이 너무 심하면 병원을 찾아 치료를 받아야 한다.

5) 젖꼭지가 납작하거나 들어간 함몰 유두인 경우

젖꼭지가 납작하더라도 모유를 먹일 때 아기 입에 젖꼭지 주위의 유륜까지 들어가서 잡아 당겨져 입안에서 커다란 젖꼭지를 형성하기 때문에 아무 문제 없다. 함몰 젖꼭지는 임신 기간 동안 특별히 관심을 두고 젖꼭지 마사지를 계속하면 젖을 먹이는 데 성공할 수 있다.

6) 어머니가 약을 복용하는 경우

대부분의 약물은 모유 중으로 극소량 분비된다. 아기에게 영향을 주는 일은 거의 없으나, 일부 약이 부작용을 일으키는 경우에는 문제가 적은 약으로 바꿀 수 있다. 문제가 많은 경우에 모유를 중단하는 일은 투약보다 더 위험하다고 한다. 만일 어머니가 복용하는 약이 분명하지 않을 때에는 표 3-11에서 찾아보도록 하고, 약을 찾는 동안에는 계속 모유를 수유한다. 만약 약을 장기간 또는 다량으로 복용해야 하는 경우는 더욱 주의가 필요하고 의사나 약사와 반드시 상의해야 한다.

일반적으로 약의 효과는 모체와 영아에게 비슷하게 나타나지만 영아에게서 더 심할 수도 있다. 바리움과 같은 진정제는 영아에게 심각한 기면 또는 졸음을 유발할 수 있으며 아스피린과 같은 항응고제를 다량 복용 시 영아에게 비정상적인 출혈을 유발할 수도 있다. 많은 항생제가 수유기에 안전하다 하더라도 영아는 모체가 복용하는 항생제에 대해 알레르기 반응을 일으킬 수 있으므로 모유 수유 중 약물은 꼭 필요

표 3-11 모유 수유와 약물 복용

모유 수유가 금지된 약	항암제, 항갑상선약, 방사선 물질
모유 수유 시 부작용을 나타낼 수 있는 약	다이아제팜, 바비투레이트, 테트라사이클린, 썰폰아마이드, 클로람페니콜
모유 분비를 감소시키는 약	에스트로겐, 티아지드(이뇨제)
일반적인 양으로는 안전한 약	진통제, 항생제, 해열제, 스테로이드, 항응고제, 위산경화제, 철분제, 피임약 등

모유 수유 시 약물의 영향을 최소화하는 방법

- 작용 시간이 긴 약물과 모유 중에 잔류 기간이 긴 약물의 복용을 피한다.
- 약물의 흡수율, 최고 작용시간 등을 고려하여 약물의 농도가 최고치일 때 모유 수유를 피한다. 가능하다면 아기가 가장 길게 자기 전이나 모유 수유 직후에 복용한다.
- 진통과 분만 시 진정제를 사용하면 신생아가 그 약물로 졸리거나 무기력해질 수 있으므로 사용을 자제한다.
- 금지된 약을 복용해야 할 때에는 일시적으로 모유 수유를 중단하였다가 후에 다시 먹인다.

한 경우에만 복용하여야 하며 약물 복용 시 의사와 상의하여 결정해야 한다.

7) 수유부가 직장에 다니는 경우

아기가 출생한 후 첫 3개월 동안은 어머니 젖을 충분히 먹일 필요가 있고, 모유는 냉동실에서 3개월 정도까지 보관이 가능하므로 어머니가 직장에 출근할 때부터는 그날그날 짜 두었던 젖을 냉동 보관해 두었다가 먹일 수 있다. 유즙 분비 호르몬은 세 시간 이상 자극을 주지 않으면 분비가 되지 않아서 유즙의 양도 줄어들기 때문에 직장에 다니는 어머니의 경우 회사에 있는 동안 3~4시간 간격으로 젖을 짜는 것이 좋다. 짜 둔 젖을 아기에게 먹일 때는 열처리를 하면 유즙 중의 항감염인자를 파괴할 수 있으므로 먹이기 직전 따뜻한 물에 중탕하는 방법으로 녹여 먹이는 것이 좋다.

모유의 보관방법과 기간

구 분	실온(25℃)	냉장(4℃)	냉동(-20℃ 이하)
신선한 모유	4~6시간	2~3일	3개월 정도
냉동 상태에서 녹인 모유	보관 안 됨	24시간	재냉동은 안 됨

자료: 제일병원 모유수유 교육팀. 초보 엄마 아빠를 위한 모유수유 육아백과, 2013

모유 보관 시 주의사항

- 한 개의 저장팩에 한 번에 짠 모유만 모으는 것이 오염을 예방할 수 있다.
- 한 번에 먹을 양만큼씩 보관한다.
- 모유의 면역성분은 냉동보다 냉장 보관할 때 더 잘 유지된다.
- 냉동 보관 시 3개월이 지나면 모유의 지방성분이 분해되므로 그 기간을 넘기지 않는다.
- 냉동 시 모유의 부피가 늘어나므로 보관용기나 모유 저장팩을 꽉 채우지 않는다.
- 냉동 보관 시 오염방지를 위해 보관용기나 모유 저장팩을 꼭 밀봉한다.
- 각 저장팩마다 유축한 날짜와 시간을 기입한다.

자료: 국민건강보험공단. 안전한 출산정보가이드, 2005

TiP 냉동보관 모유의 해동 및 관리

- 냉동된 모유는 먹이기 하루 전날 밤에 냉장고에 넣어 자연해동(24시간 소요)하거나 37℃ 이하의 미지근한 물에 담가 해동한 후 따뜻한 물에 중탕하여 먹인다.
- 전자레인지는 모유 속 영양성분을 파괴하므로 적합하지 않다.
- 해동한 모유는 상온에 보관하지 않고 해동 즉시 먹이며, 해동한 모유를 저장하고 싶은 경우 냉장보관하고, 24시간 이내 먹인다. 해동한 모유는 다시 냉동하지 않는다.
- 모유를 해동하면 지방성분이 위로 떠오르게 되므로 잘 섞어서 먹이며, 수유 후 남은 것은 버린다.

자료: 보건복지부 · 한국건강증진개발원. 모유수유 성공비결, 2016

2. 영아측 문제

1) 아기에게 아구창이 난 경우

☞ 아구창 thrush
입술 · 혀의 표면, 치은 등에 백반이 생기고, 동통이 있는 구강질환

출산 시 아기가 산도를 통해 나올 때 칸디다 진균candida albicans에 감염되어 구강 내에 아구창thrush이 생길 수 있다. 아기가 이 진균을 수유모의 유방으로 옮길 수 있기 때문에 아기에게 아구창이 난 경우에는 수유모와 아기가 같이 치료를 받아야 한다.

2) 아기가 젖을 빨지 않는 경우

아기가 젖을 빨지 않는 이유는 젖을 먹다가 기분 나쁜 일이 있었거나, 어디가 아프거나, 젖 먹는 자세로 약을 먹었던 경험이 있다든지 젖이 너무 많이 또는 너무 빨

TiP 영아가 젖병을 잘 빨지 않는 경우

- 젖꼭지의 구멍이 너무 작은 경우
- 공기를 너무 마셔 위 속에 공기가 가득 차 있는 경우
- 젖이 완전히 식어버린 경우
- 젖의 분량 및 농도가 영아에게 맞지 않는 경우
- 수유하기 전에 과즙 또는 다른 액체를 주었을 경우

리 나온다든지, 혹은 젖이 잘 나오지 않아 아기가 충분한 젖을 먹지 못하거나 고무 젖꼭지를 빤 다음에 어머니의 젖꼭지를 거부하는 경우 등 다양할 수 있으므로 원인을 찾아 개선하도록 한다.

아기가 어머니 젖꼭지를 거부하는 경우에는 절대로 억지로 먹이려고 시도하지 말고 15분 정도 기다렸다가 다시 시도해 보도록 하고, 그래도 거부하면 며칠간 젖을 짜서 작은 컵으로 먹여 보도록 하며, 소변 횟수가 많이 줄고 3~4일 이상 거부가 지속되면 의사의 진찰을 받아 보도록 한다.

3) 모유를 수유하는 아기에게 황달이 있는 경우

신생아에서 첫 1주 이내에 모유 섭취 부족으로 인한 탈수나 에너지섭취 감소때문에 빌리루빈 배출이 원활치 않아 생기는 황달을 모유 수유 황달breastfeeding jaundice 또는 초기 모유 수유 황달early jaundice while breastfeeding이라고 한다. 반면 모유 수유아에서 모유 속에 함유되어 있는 지방산들이 간의 빌리루빈 대사를 방해하여 생후 2~3주에 나타나는 황달은 모유 황달breast milk jaundice 또는 후기 모유 황달late-onset jaundice이다. 젖을 먹는 아기들은 분유를 먹는 아기에 비하여 황달이 생기는 확률이 높지만 젖으로 인한 황달의 경우 대개 그 정도가 심하지 않기 때문에, 황달 색소(빌리루빈)가 16mg%가 될 때까지는 그냥 젖을 계속 먹여도 안전하다. 황달 색소가 그 이상으로 높아지면 일단 젖을 끊고 분유를 먹이는데, 그동안 어머니는 젖을 짜 내면서 다시 젖을 먹일 준비를 하고, 3~4일 후 황달이 줄어들면 젖을 먹여도 황달이 다시 생기지는 않는다.

4) 미숙아 및 저체중아인 경우

아기가 젖을 빨 수 있으면 어머니 젖을 먹인다. 그러나 아기의 빠는 힘이 약하면 젖을 짜 내서 튜브로 줄 수 있다. 연구결과에 의하면 소량이라도(15mL) 초유를 먹은 저체중 출생아는 먹지 못한 아기에 비하여 신생아실에서의 감염률이 현저하게 낮다고 하므로 초유는 반드시 먹이는 것이 좋다. 어머니 젖의 양이 충분하지 못할 때에도 어머니 젖을 먼저 다 먹이고 부족한 양을 분유로 보충하도록 한다.

수유기의 식사지도

1. 모유 수유 현황

우리나라의 모유 수유율은 1960대까지는 95% 수준이었으나, 1970년대 46~69%, 1980년대 36~50%, 1990년대 24~35%까지 계속 큰 폭으로 감소하였으며, 2001년 국민건강영양조사 결과에서는 생후 6개월까지의 모유 수유율이 9.8%로 나타났다.

생후 6개월까지 권장하는 WHO나 UNICEF의 완전 모유 수유율이 매우 저조한 실정이었으나, 유니세프 한국위원회, 대한가족보건복지협회 및 대한간호협회 등의 단체가 중심이 되어 적극적인 홍보를 진행하였다. 그 결과 2003년 모유 수유율은 25.3%이었으며, 2007~2009년 국민건강통계 결과는 31.7%였고, 2013~2015년 국민건강통계에서 생후 1개월, 6개월, 12개월 아기의 수유 형태 조사결과 완전 모유 수유율은 각각 49.3%, 44.6%, 35.4%로 나타났고, 1~3세 완전 모유 수유율은 26.3%로 나타나 모유 수유율은 차츰 증가하고 있는 추세였으나 2019~2021년 국민건강통계에서는 완전 모유 수유율이 12.4%로 감소하였다(표 3-12).

최근에는 여러 단체와 보건소, 병원 등에서 모유 수유를 촉진하기 위한 여러 가지 프로그램을 운영하고 있다. 정부에서는 국민건강증진정책인 Health Plan 2030 성과지표로 출생 후 6개월 완전 모유 수유 실천율을 77.6%를 목표로 모유 수유 확산을 위한 사업을 진행하여 모유 수유를 적극 지지하고 있다. 또한 WHO와 UNICEF는 '아기에게 친근한 병원 만들기 운동baby-friendly hospital Initiative, BFHI'을 주창하고, 모유 수유를 권장하는 병·의원과 조산원을 격려하고 인정하는 세계적인 프로그램을 통해 젖을 먹이려는 어머니들에게 모유 수유를 시작하고 계속할 수 있도록 정보

표 3-12 수유 현황

연 령	수유 경험률(%)		완전 모유 수유율 (%)*	평균 모유 수유 기간(개월)
	모 유	조제분유		
1~3세	86.4	87.6	12.4	6.6

*완전 모유 수유율: 조제분유 수유 없이 모유만 수유한 분율
자료: 보건복지부·질병관리본부. 2019~2021 국민건강통계, 2022

와 자신감과 필요한 기술을 가르쳐주는 병원을 도와주고, 그 일을 잘 하고 있는 병원을 특별히 인정해 주는 일을 하고 있다. 이는 출산의 대부분이 병원에서 이루어지고 있는 최근 상황을 고려하여 병원이 어머니 젖을 먹이도록 격려하고 지도하는 것으로 산모들의 모유 수유 의지를 높이는 데 결정적 영향을 미칠 수 있기 때문이다. 모유 수유 권장을 위해 유니세프한국위원회는 전문가들로 구성된 '아기에게 친근한 병원 만들기 위원회'를 자문기구로 두고 1993년부터 매년 모유 수유를 권장하고 실천하는 '아기에게 친근한 병원'을 임명하는 한편, 연 3~4회 '성공적인 모유 수유를 위한 의료요원 교육'을 실시하고 있다. 이와 더불어 2006년부터는 직장 여성들의 모유 수유를 돕기 위하여, 기업에 모유 수유 권장을 독려하는 '엄마에게 친근한 일터mother-friendly workplace' 캠페인을 전개하고 있다.

2. 수유부의 영양관리

수유부는 충분한 양의 질 좋은 모유를 생성하기 위해 에너지와 단백질 및 기타 영양소를 충족하는 식생활을 해야 한다. 에너지는 적절하게 섭취하여 과량의 에너지 섭취가 되지 않도록 한다. 생선, 살코기, 콩 제품, 달걀 등 양질의 단백질 식품을 매일 한 번 이상 섭취하고, 비타민, 무기질, 식이섬유를 풍부하게 함유하고 있는 다양한 채소와 과일을 매일 충분히 섭취한다.

수유부는 일상 식사 형태의 증가보다는 식사에 지장이 없는 범위 내에서 우유나 과일 등의 간식을 통해 식사만으로는 부족하기 쉬운 비타민, 무기질, 단백질, 수분 등을 보충하는 것이 좋다. 수유부의 나트륨 섭취가 모유 성분에 큰 영향을 주지는 않으나 지나치게 짜거나 단 음식은 균형 있는 식품 섭취를 저해할 수 있기 때문에 제한하는 것이 좋다. 또한 향이 강하거나 너무 맵거나, 자극적이거나 향이 강한 채소 등을 많이 먹으면 젖에서도 매운 향이 날 수 있으므로 아기가 젖을 거부하지 않을 정도로 소량씩만 섭취하도록 한다.

커피, 알코올, 니코틴 등은 모유로 분비되어 아기에게 좋지 않은 영향을 미칠 수 있으므로 가능한 한 자제하는 것이 바람직하다. 수유부는 식품을 선택할 때 모유를 통해 아기에게 전달되는 중금속이나 기타 오염물질을 피하기 위해 위생상 안전하고 청결한 식품을 선택하도록 한다.

우리나라의 수유부에게 전통적으로 제공하는 쌀밥과 미역국 위주의 식사는 단백질, 칼슘, 철, 티아민, 리보플라빈 및 비타민 C가 부족하기 쉬우므로 다양한 식품 섭취를 권한다. 1일 5식 정도의 흰밥과 미역국의 식습관은 지나친 열량 섭취로 체중을 증가시킬 우려가 있다. 건강증진과 비만 방지를 위하여 열량의 과잉 섭취에 유의하면서 생활 속에서 활동량을 늘려 임신 중 수유기를 위해 축적된 열량을 소비하도록 해야 한다. 수유부의 에너지 소비량은 일반 여성과 별 다른 차이가 없는 것으로 보고되고 있으므로 수유모 자신의 건강을 위해 음식물의 적절한 섭취와 활발한 신체 활동을 통해 임신 전의 체중으로 돌아갈 수 있도록 노력해야 한다.

모유와 환경오염물질

모유보다 덜 오염된 물질이 지구상에 존재하지 않기 때문에 젖을 먹이는 수유부가 농약, 중금속과 같은 오염에 노출되지 않도록 주의한다면, 모유를 먹이는 것은 문제 없다. 국제 암 연구소에서는 어머니 젖의 오염물질로 인해 젖을 먹은 아기의 수명은 약 3일 줄어든다고 추정했지만, 어머니 젖을 먹지 않는 아기의 수명은 70일이 줄어든다고 추정하여 어떤 경우에도 모유 수유는 가장 최선의 선택이다.

아기의 화학물질 노출을 줄이는 방법

- 흡연과 알코올 섭취를 하지 않는다.
- 이사할 때 개미를 죽이기 위해 살충제를 사용하거나 오래된 집(납이 들어 있는 페인트를 사용했을 가능성 높음)은 피한다.
- 육류나 유제품 섭취 시 지방이 많은 부분은 제거하고 동물성 지방이 적은 제품을 섭취하도록 한다. 지방 성분이 많은 낙농 제품 등의 섭취를 피하면 지방 용해성 오염물질의 농도를 줄일 수 있다.
- 곡물, 과일, 채소 등의 섭취를 늘린다. 과일이나 채소는 깨끗이 씻고 껍질을 벗겨 먹으면 껍질에 남아 있는 농약 등이 제거될 수 있다. 가능하면 비료나 농약 등을 사용하지 않고 기른 것을 먹도록 한다.
- 오염되어 있다고 알려진 물에서 잡은 황새치(참치의 일종), 상어 또는 민물고기 같은 어류는 피하도록 한다.
- 페인트, 아교, 매니큐어, 가솔린 연료의 유기용매 등에 대한 노출을 피한다.
- 드라이클리닝 후 포장 비닐을 제거하고 12~24시간 동안 통풍시킨다.
- 쓰레기를 태우지 않는다.
- 고용주는 직장에서 화학물질에 노출되지 않도록 안전한 환경을 조성해야 하며 특히 임산부, 수유모인 경우에는 각별히 주의한다.
- 퇴근할 때 옷 등에 남은 화학물질이 가족들에게 영향을 줄 수 있다.

자료: www.lalecheleague.org/ Release/contaminants.html

성공적인 모유 수유 방법

● **젖 먹이는 방법 익혀 두기**
- 아기가 태어난 직후부터 가능한 한 빨리 젖을 먹이도록 한다.
- 분만 후 아기와 초기에 접촉하고, 유방을 관리하여 초유부터 먹인다.
- 아기가 원할 때마다 원하는 만큼 먹이고, 아기 출생부터 4~6개월까지는 어머니 젖만 먹인다.

● **젖이 잘 나오게 하는 유방 마사지하기**

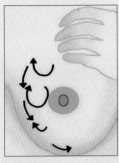
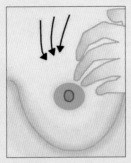
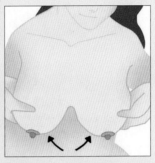

젖샘 풀기
네 개의 손가락 끝을 이용하여 작은 원을 그리면서 비빕니다. 유방의 아래쪽에서 시작하여 젖꼭지 쪽으로 이동하고 유방 전체에 적용합니다.

젖관 훑기
네 개의 손가락 끝을 이용하여 젖꼭지를 향해 위에서 아래로 가볍게 훑어줍니다.

젖 모으기
윗몸을 숙여 유방을 앞으로 처지게 한 다음 엄지손가락과 나머지 손가락으로 가슴을 잡고 흔들면서 꾹꾹 눌러줍니다.

● **편안한 자세로 모유 수유하기**

● **젖이 잘 나오게 하는 방법 모색하기**
- 젖을 자주 먹인다(하루에 적어도 8회 이상).
- 젖 먹이는 시간을 충분히 가진다.
- 한 번 젖을 먹일 때 양쪽 젖을 모두 이용한다.
- 유방 마사지를 한다.
- 우유병이나 인공 젖꼭지를 사용하지 않는다.
- 잠을 충분히 자고 휴식을 취한다.
- 수유부의 바람직한 식사 형태에 맞게 음식을 섭취한다.
- 수유 사이에 젖을 짜내어 컵이나 기구를 써서 아기에게 먹인다.

4

영아기
영양

영아기란 태어나서 1세까지를 말하며, 태아기 다음으로 성장이 왕성한 시기로 모체 내의 태반과 제대를 통한 영양으로부터 자립해서 입으로 영양을 섭취하는 신생아기(영아기 전반)와 젖에 의한 영양으로부터 젖이 아닌 다른 음식으로 이행하는 이유기(영아기 후반)로 나누어진다. 또한 신장은 1.5배, 체중은 3배까지 증가하는 시기이며, 신경세포의 분열이 활발하고 신경, 골격 및 근육이 발달하여 운동기능이 점차 발달하며 정교해진다. 이 시기는 성인에 비해 몸은 작으나 단위 체중당 체표면적이 크므로 많은 양의 영양성분이 필요한 시기로, 영양이 부족하게 되면 영양 장애를 유발하고, 영양이 과잉되면 세포수의 증가로 비만이 유발되므로 이 시기에 맞는 적절한 영양 공급이 중요하다.

4

영아기
영양

영아기의 신체적 변화 및 생리적 특성

1. 성장 · 발달

1) 체중 및 신장

영아의 체중은 성장의 가장 중요한 척도이며 영양상태 판정에 중요한 지표가 된다. 또한 체중은 재태 기간, 모성의 분만 횟수, 모체의 건강과 영양 상태와도 관계가 있다. 우리나라 1~3세의 출생 시 평균 체중은 3.21kg(2012~2014 국민건강통계 자료)로 출생 후 3~5일이 되면 출생 시보다 5~10% 정도 감소하는데, 이는 태변, 요의 배설, 폐 및 피부로부터의 수분 증발 등에 의해 생기는 일시적인 현상으로 7~10일경에는 다시 출생 시의 체중으로 회복된다. 이를 '생리적 체중 감소'

라고 한다. 보통 출생 후 3개월에 체중이 2배로 증가하며 그 이후로 증가율이 다소 완만해져서 1세가 되면 출생 시 3배 정도의 몸무게가 된다. 출생 시 체중이 적은 아기가 성장 초기에 체중 증가가 더 빠르게 나타난다. 신장은 생후 1년 동안 25~30cm가 커지며 유전, 생활환경, 영양 등에 의해 영향을 받는다.

신장과 체중의 증가는 신체 구성 비율에 영향을 주는데 체중과 신장이 증가하면서 태어날 때 몸의 1/4이던 머리의 비율이 상대적으로 감소하여 성인이 되면 1/8 정도가 되고, 영아기를 거쳐 유아기가 되면서 몸통과 다리가 차지하는 비율이 점차 증가하게 된다(그림 4-1).

생리기능에 절대적으로 필요한 뇌, 간, 신장, 심장과 같은 장기들은 발육이 일찍부터 진행되고, 체형을 만들고 있는 근육, 골격, 체지방 등의 발육은 뒤이어 일어난

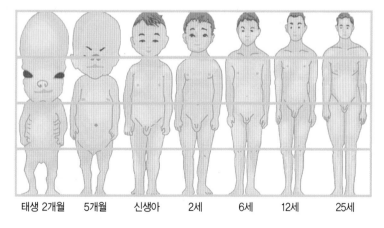

| 태생 2개월 | 5개월 | 신생아 | 2세 | 6세 | 12세 | 25세 |

그림 4-1 신체 비율 변화

다. 출생 시 뇌의 상대적 크기가 성인의 6배 이상으로 근육과 체지방이 0.5~0.6배인 반면 이미 출생 전에 상당 수준 완성되었음을 알 수 있다.

2) 두뇌 발달

두뇌 발달은 태아기와 영아기 초기에 빠르고 왕성하게 일어나 태아기 10~18주에 이미 성인과 같은 수준의 세포수를 갖게 되고 출생 시의 뇌신경 세포수는 성인이 가지고 있는 1,000억 개 이상에 달하게 되며, 생후 6개월이 되면 두뇌의 전 세포수가 최대에 이르고, 4세가 되면 왕성한 수초 형성 등의 세포 성숙 과정을 거쳐 두뇌의 90%가 형성된다고 한다. 또 두뇌의 크기 면에서도 증가가 일어나며 두뇌의 해부학적·생화학적·생리학적인 면에서도 복합적인 진화가 계속된다. 두뇌와 신경세포의 형성과 원활한 기능 수행, 신경의 미엘린myelin 침착을 위해 이 시기에 적절한 영양소의 공급이 필수적이다. 뇌는 영유아기에 급속히 자라는데, 신생아의 뇌는 135g으로 성인 뇌 중량의 10% 정도이다가 출생 후 1년이 되면 무게가 910g으로 증가하고, 3~4세에는 90% 이상이 완성되므로 그만큼 지능발달을 수반하는 두뇌의 성장이 생후 3~4세경에 거의 완성된다.

그림 4-2에서 심한 영양불량 아동의 두뇌 세포수는 정상 아동에 비해 감소되었는데 이는 뇌 세포수를 상징하는 소뇌 중의 DNA 함량이 영양 부족 시 감소되어 있

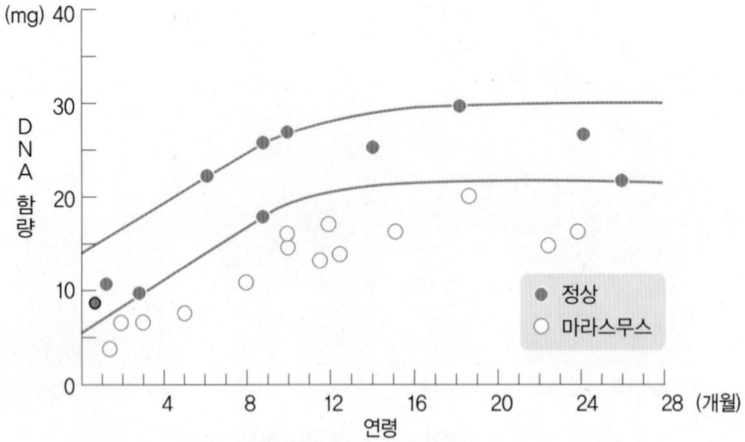

✿수초 형성
myelinization
신경세포를 싸고 있는 수초(myelin sheath)가 형성되는 과정

그림 4-2 정상아와 영양불량으로 사망한 유아의 소뇌 DNA 함량
자료: Winick M. Journal of Pediatrics 74:667-79, 1969

음을 나타낸 것이다.

3) 신체 구성 성분

신장과 체중이 증가함에 따라 체구성 성분도 변화하게 된다(그림 4-3). 체내 총 수분 함량은 신체에서 가장 많은 부분을 차지하는 성분으로 신생아일 때는 74% 정도로 어른보다 높으나, 점차 감소하여 어른 수준과 비슷한 60%에 이르게 된다. 지질 보유량은 신생아일 때 12%에서 1세 영아가 되면 23%로 증가하고, 단백질 보유량은 신생아일 때 12%에서 1세 영아가 되면 15%로 증가하며, 총 무기질은 1세가 되면 체중의 약 2.0%를 차지한다. 성별에 따라 체구성 성분의 차이가 나타나는데 체중당 남아는 여아보다 체내 단백질 축적량이 많고 여아는 남아보다 체지방 축적량이 높게 나타난다.

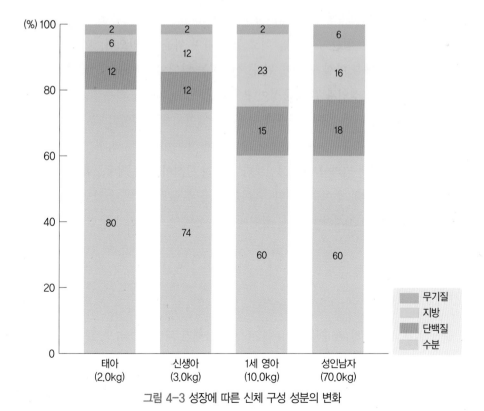

그림 4-3 성장에 따른 신체 구성 성분의 변화

4) 머리둘레와 가슴둘레

머리둘레는 생후 1년 동안 12cm 정도 커지며 생후 1년이 되면 머리둘레와 가슴둘레는 비슷해지고 몸에서 머리가 차지하는 비율이 점차 감소하게 된다. 생후 2년이 되면 머리가 성인의 2/3 정도 되며, 두뇌는 약 4살까지 발달한다. 신생아의 가슴둘레는 머리둘레보다 약간 작아 약 33cm 정도이나, 그 후로는 가슴둘레가 머리둘레보다 커진다.

2. 생리 발달

1) 구 강

신생아는 출생 후 젖을 빨고 삼키는 것만 가능하다가 생후 4개월이 되면 유즙은 삼키고 젖꼭지는 밀어내게 된다. 생후 4개월경 스푼을 이용해 미음을 먹을 수 있게 되고 7개월경부터는 입안의 음식을 혀로 돌려 가며 씹을 수 있으며, 9개월이 되면 컵을 이용하여 액체를 마실 수 있게 된다. 신생아는 타액의 분비량이 적고 산성이지만 1세가 되면 점차 성인과 같이 중성이나 약알칼리성의 타액을 하루 50~150mL 정도 분비하게 된다. 타액 아밀라아제의 함량은 신생아기에는 성인의 10% 정도로 매우 적지만, 이유가 가능한 4개월경부터 증가하여 생후 6개월~1세 사이에 성인 수준에 도달하며, 타액 리파아제는 성인보다 오히려 활성이 높아 지방소화가 구강 내에서도 비교적 활발하게 이루어진다. 치아는 출생 후 6개월에 아래 앞니가 나오고, 2년 6개월까지 모두 20개가 나온다. 월령에 따른 유치의 수는 대략 월령에서 6을 빼면 된다.

2) 위

출생 직후 신생아의 위 용량은 10~12mL이나 1세가 되면 300mL로 늘어나고, 2세에 600~700mL 정도로 증가하면서 위의 기능도 점차 성숙하게 된다(표 4-1, 표 4-2). 신생아의 위·식도 경계 부위 괄약근의 기능이 미숙하고, 식도 쪽 분문의 수축, 연동, 파동 운동 기능이 미약하여 음식물을 잘 토하게 된다(그림 4-4). 따라서 안고 젖을 먹이거나, 먹고 난 뒤에 트림을 시켜주면 역류를 줄일 수 있다. 출생 직후 위액의 pH는 약알칼리성이나 생후 24시간 이내에 위산 분비가 시작되어 강산성의 위액을 분비하며, 소화효소는 3~4세경이 되면 성인 수준으로 발달한다. 음식이 위에 머무르는 시간은 모유의 경우 2~3시간, 우유는 3~4시간, 죽은 약 4시간, 채소는 4~5시간 정도 걸린다.

위액에는 펩신pepsin, 카텝신cathepsin 및 레닛rennet 등이 존재한다. 펩신은 출산 직후 영아의 위액 속에 이미 존재하고 생후 7주에서 만 1년 사이에 2~4배로 증가하며, 레닌이 많은 것은 유즙의 단백질을 응고시켜 위에 체류 시간을 길게 하며 단백질의 소화를 돕기 위해서이다.

표 4-1 위 용적의 성장

구 분	신생아	1개월	6개월	1년	2년
위 용적(mL)	10~12	약 90	약 160	300	600~700

자료: Lebenthal et al. J Pediatr 102:1-9, 1983

표 4-2 수유횟수와 양

구 분	수유횟수	시간간격	수유량	비 고
신생아	8~12회	2~3시간	1회 50~100mL	밤에도 아기가 원할 때마다 먹일 수 있도록 함
1~4개월	4~10회	2~4시간	1회 100~200mL	수유횟수와 수유량이 규칙적으로 되도록 함

자료: 보건복지부 · 한국건강증진개발원. 모유수유 성공비결, 2016

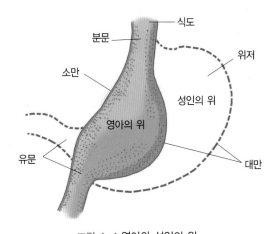

그림 4-4 영아와 성인의 위
자료: 이상일 외. 영유아영양. 교문사, 2002

▼ 분문
식도와 위가 이어지는 부분

▼ 유문
위와 십이지장이 이어지는 부분

표 4-3 출생 시 소화효소

영양소	효 소	성인 대비 백분율(%)
	수소이온	< 30
탄수화물	타액 아밀라아제	10
	췌장 아밀라아제	0
	락타아제	> 100
	수크라아제, 말타아제	100
	글루코 아밀라아제	$< 50{\sim}100$
단백질	펩신	< 10
	키모트립신	$10{\sim}60$
	카르복시펩티다제	$10{\sim}60$
	엔테로키나아제	10
	펩티다제	> 100
지 질	타액 리파아제	> 100
	췌장 리파아제	$5{\sim}10$
	담즙산	50

♥ 알파-아밀라아제
α-amylase(액화효소)
아밀로오즈 분자들의 *α*-1,4 결합을 무작위로 가수분해하여 덱스트린, 맥아당, 포도당으로 분해하는 효소

♥ 베타-아밀라아제
β-amylase(당화효소)
전분 분자의 비환원성 말단에서 순서대로 *α*-1,4 결합에서만 작용하여 맥아당 단위로 분해하는 효소

♥ 글루코 아밀라아제
gluco-amylase
아밀로오즈와 아밀로펙틴의 *α*-1,4 결합과 *α*-1,6 결합 등을 비환원성 말단에서부터 순서대로 가수분해하는 효소

♥ 카텝신 cathepsin
세포 내 과립 리소좀에 있는 단백질을 분해하는 효소인 프로테아제의 총칭

♥ 레닌 renin
응유효소로 카제인을 파라카제인으로 전환하는 엔도펩티다제로서 영아의 위액 중에 존재하는 효소

3) 장

췌장은 여러 가지 소화효소를 분비하는 장기이지만 다른 장기에 비해 발달이 늦어 영아기 후반이 되어도 성숙된 기능을 발휘하지 못한다. 소장은 영양소의 소화·흡수에 가장 중요한 장기로 장의 길이는 신장의 약 6배로 성인에 비해 길지만 음식의 장내 통과 시간은 성인보다 짧다. 또한 대장에서는 소화가 이루어지지 않으나 소장에서 충분히 소화되지 않은 영양소나 식이섬유 등이 세균에 의해 발효되어 분해된다.

(1) 탄수화물 소화

말타아제, 이소말타아제, 수크라아제, 락타아제 등 소장 내 이당류 분해효소는 일찍 발달되지만, 타액 아밀라아제가 생후 4개월에 증가하기 시작하여 6~12개월에 성인 수준에 이르고, 췌장의 아밀라아제는 생후 4~6개월에 분비되기 시작하여 6개월~2세가 되어야 완성되므로 곡류 이유식은 생후 4개월 이후에 시작하는 것이 좋다(표 4-3).

(2) 단백질 소화

단백질 소화를 위한 소장 내 트립신 농도는 성인 수준이나 키모트립신chymo trypsin과 카르복시펩티다아제carboxypeptidase의 양은 성인의 10~60%로 상당히 낮다. 그럼에도 불구하고 단백질 소화는 문제가 없지만 신생아의 장점막이 미숙하여 분자량이 큰 단백질이 미숙한 장벽을 통해 흡수되어 알레르기를 유발할 가능성이 높으므로 가능한 한 모유를 권장하며 이유를 서두르지 않는 것이 바람직하다. 신생아는 하루에 단위 체중당 1.95g의 단백질을, 생후 4개월 된 영아는 단위 체중당 3.75g의 단백질을 소화해 낼 수 있으며, 소장을 통과하는 시간은 모유는 15시간, 우유는 16시간, 일반식은 18~20시간이며 단백질 소화 능력은 2세경에 완성된다.

(3) 지방 소화

영아는 지방 소화를 위한 췌장 리파아제의 함량이 적고 담즙산이 적어 3개월 때 성인의 33%, 4~6개월 때는 40%, 1~2세에서는 76%의 지방 분해 능력을 가지나 구강 리파아제의 기능이 활발하여 이를 보완한다. 또한 모유는 우유보다 유화가 더 잘되어 있고 모유에는 췌장 리파아제와 유사한 담즙산염 자극 리파아제가 있어 우유 지방에 비해 지방 흡수가 잘된다.

4) 콩 팥

신생아의 콩팥은 네프론 수는 성인과 같지만 크기는 작으며 기능에 많은 차이가 있어, 콩팥의 혈류 속도와 사구체 여과율이 저하되고 세뇨관 기능도 미숙하여 나트륨 배설이 많고 포도당이나 탄산염의 재흡수 기능이 떨어진다. 또한 요희석 능력은 성인과 비슷한 반면, 요농축 능력은 성인의 반밖에 되지 않아 쉽게 탈수 현상이 일어난다. 그러므로 신생아와 영아에게 콩팥에 부담을 주는 영양소(단백질, 나트륨, 칼륨, 염소, 인)를 줄 때는 주의해야 한다. 따라서 콩팥 기능이 미숙한 신생아, 영유아에게는 조제유보다 용질 부하량이 낮은 모유가 가장 합리적인 영양원이 된다.

신생아는 방광 용적이 75mL 정도로 작고, 생후 3일까지는 소변 횟수가 많지 않으며, 생후 5~7일 이후부터 1일 6회 이상의 소변을 보게 된다. 이유기에는 15~20회로 300~500mL의 소변을 보게 된다.

> ✔ 담즙산염 자극 리파아제
> bile salt stimulated lipase
> 분만 26~36주 수유부의 유즙 내에 존재하는 소화효소로서, 유즙 지방의 30~40%를 가수분해시키는 신생아에 있어 보충적인 소화 리파아제
>
> ✔ 요희석 능력
> 몸 안의 수분의 양이 많을 때 소변을 묽게 만들어 수분의 배출을 원활하게 하는 능력
>
> ✔ 요농축 능력
> 몸 안의 수분의 양이 감소되어 있을 때 소변을 진하게 하여 수분의 소량만 배출하고 수분을 보존하는 능력
>
> ✔ 용질 부하량
> 여러 가지 영양 물질 등이 대사된 후 신장에 도달되어 배출되어야 할 용질의 양

하루 배뇨 횟수와 배뇨량

월 령	배뇨 횟수(회)	배뇨량(mL)
1~2일	2~6	18~45
3~10일	6~20	100~300
10일~2개월	10~20	250~450
2개월~1세	10~20	400~500

자료: 최진호 외. 생애주기영양학. 교문사, 2008

5) 간

간은 출생 시 150g, 1세에 300g, 성인이 되면 1,500g으로 어릴수록 체중에 비해 간이 크며, 8세가 되면 간의 구조가 성인처럼 된다. 영아는 담즙의 분비가 어른의 50%에 불과하고, 연령이 낮은 영아일수록 간의 기능이 미숙하고 불완전하여 약간의 장애만 있어도 간 기능이 쉽게 떨어지고 중독 증상도 쉽게 일어나므로 세심한 주의가 필요하다.

6) 호 흡

영아기의 호흡은 복식호흡으로 30~40회/분 정도이고, 생후 1주 동안은 불규칙하며 폐 전체에 공기가 채워지려면 2~3일이 걸린다. 유아기가 되면 흉식호흡이 주가 되며, 호흡수는 20~30회/분, 1회 호흡량은 125~175mL 정도이다.

신생아의 생리적 황달

신생아기에는 자궁 밖의 생활을 위한 대사적 적응의 하나로 적혈구 내의 태아형 헤모글로빈이 성인형 헤모글로빈으로 바뀌게 되는데, 이때 태아형 헤모글로빈을 함유한 오래된 적혈구가 분해되면서 많은 양의 빌리루빈이 생성된다. 그러나 신생아기는 아직 간 기능이 미숙한 상태이므로 빌리루빈을 처리하지 못하여 조직과 혈액 중에 빌리루빈이 축적된다. 이로 인해 보통 생후 2~3일경에 눈의 흰자위와 얼굴색이 노랗게 변하는데 이것을 '신생아의 생리적 황달'이라 하며 생후 7~10일 정도가 지나면 자연적으로 증상이 없어지게 된다.

7) 분변

(1) 태변

태변은 흑갈색이며 냄새가 별로 나지 않는 변으로 출생 후 시작하여 3~4일경에 끝나는 것이 보통이며, 이는 태아기에 생긴 장벽에서 떨어진 상피를 비롯해서 출생 시 입으로 들어간 양수의 잔사 및 소량의 혈액 등으로 형성된다.

(2) 모유 영양아의 변

모유 영양아의 변은 보통 황금색이며 장내의 산화 작용 때문에 녹색을 나타내는 경우도 있다. 하루의 배변 횟수는 모유 영양아가 인공 영양아보다 많으며(3~5회) 변 속에는 비피더스균이 많다.

(3) 인공 영양아의 변

인공 영양아의 변은 보통 담황색으로 변의 냄새가 심하게 나고, 변 속의 세균은 주로 대장균이며, 모유 영양아의 변에 비해 수분이 적으며 약간 굳고 고형변이 되기 쉽다.

유아 변의 일반적 성상

성 상	모유 영양아	인공 영양아
빛 깔	난황색~녹색	담황색
냄 새	산취	부패취
액 성	산성	약알칼리성
배변횟수	3~5회/일*	1~2회/일
세 균	비피더스균	대장균
경 도	부드럽다	단단하다
형 태	연고상	고형상

*생후 2~3주는 3~6회/일

3. 섭식운동 발달

식사와 관련된 행동, 즉 섭식운동은 음식물을 찾는 행위, 입으로 가져가는 행위, 그리고 삼킴운동으로 이루어진다(표 4-4).

1) 출생 시~3개월

신생아의 입 주변과 볼을 건드리면 자극이 있는 쪽을 향해 고개를 돌려 입을 벌리며 빨려고 하는 뿌리반사가 일어난다. 신생아는 엄마의 젖을 코로 냄새를 맡아 찾을 수 있으며, 모로반사, 빨기반사, 연하반사가 있어 모유를 먹을 수 있다. 또한 구강구조는 혀 운동이 젖꼭지를 빠는 데 알맞게 되어 있어 누운 상태로 모유나 우유를 먹을 수 있다. 생후 한 달이면 눈을 맞추고 3개월이면 물체의 움직임을 눈으로 쫓을 수 있으며, 젖이나 젖병이 음식을 주는 것임을 알 수 있다.

2) 4~6개월

4개월이 되면 젖꼭지를 빨기에 적절한 혀내밀기반사가 사라지고 혀 운동도 상하운동에서 전후방 운동으로 바뀌어 숟가락을 이용하여 이유를 하기에 적절해진다.

6개월이면 씹기 패턴이 시작되고 치아가 아랫니 두 개가 나오기 시작하면서 으깬 부드러운 음식을 삼킬 수 있다. 숟가락을 알아보고 숟가락이 오면 입을 벌리기도 하며, 손바닥을 이용한 잡기가 가능하므로 음식을 손에 쥐고 입에 넣을 수 있다.

3) 7~9개월

7개월에는 혼자서 앉은 자세로 젖병을 빨 수 있다. 8개월에는 숟가락 쥐기가 가능하며, 혀를 돌려가며 씹는 운동이 나타나기 시작하여 반고형식을 먹을 수 있다. 아직 섭식 기술이 완전하지 않아 기도 폐색이나 이물 흡입으로 인한 위험이 있으므로 주의한다. 눈에 보이는 물체를 손바닥으로 잡아 입으로 가져가는 행동도 할 수 있어 잘 녹는 과자를 손에 쥐어 주어도 좋다.

4) 10~12개월

입술과 턱의 운동이 강해지면서 컵으로 음식을 줄 수도 있고 또 부드러운 고형식을 주어도 무방한 시기가 된다. 혀로 돌려 씹기가 가능하여 음식의 이동이 가능하다. 식사 시간에 숟가락을 입으로 가져가기는 하나 흉내만 낼 뿐 아직 혼자 먹기는 어렵다.

표 4-4 영아의 발달에 따른 음식물의 섭취

월 령	행동발달	섭식운동의 발달	섭취가능식품	심리발달
출생 ~3개월	• 엎어 놓아도 질식하지 않도록 머리를 좌우로 돌릴 수 있는 정도의 방어적 운동을 한다. • 고개를 쳐들 수 있다.	• 뿌리반사 • 모로반사 • 빨기반사 • 연하반사 • 혀내밀기반사	• 젖이나 젖병으로만 가능하다. • 모유, 조제유	• 좋고 싫음의 표현을 한다.
4~6 개월	• 목을 가눈다. • 도와주면 앉는다. • 큰 물체를 잡고, 주먹과 장난감을 빤다.	• 혀내밀기반사가 소실된다. • 혀의 상하 운동이 전후방 운동으로 전환된다. • 숟가락을 잡는다.	• 이유를 시작한다. • 숟가락으로 먹인다. • 미음류(곡류, 거른 야채, 과일즙 등), 유동식	• 좋고 싫음의 표현이 더욱 진행된다. • 5개월부터 낯가림이 뚜렷해진다.
7~9 개월	• 혼자 앉는다. • 뒤집고 긴다. • 작은 물체를 손으로 잡기 시작한다.	• 음식을 몇 분간 입안에 넣고 있을 수 있다. • 혀 운동이 다양해진다. • 씹는 운동이 시작된다.	• 숟가락으로 잘 받아 먹는다, 젖병을 들고 혼자 먹을 수 있다. • 죽류, 부드러운 고형식(푹 삶은 육류)	
10~12 개월	• 일어선다. • 작은 물체를 손가락으로 잡는다.	• 입술과 턱의 운동이 강화된다. • 혀 운동과 씹는 운동이 조화를 이룬다.	• 숟가락과 컵으로 스스로 먹게 된다. • 좀 더 강한 고형식	

반사의 종류와 반응 상태

반사종류	반응상태
뿌리반사rooting reflex	아기의 볼을 쓰다듬을 때 아기는 쓰다듬는 볼 쪽으로 입을 벌린다.
모로반사moro reflex	바람이 불거나, 큰 소리가 나거나, 머리 또는 몸의 위치가 갑자기 변할 때 손과 발을 빼고 벌렸다가 다시 오므린다.
빨기반사sucking reflex	젖꼭지나 손가락을 입안에 넣으면 혀와 뺨을 이용하여 빤다.
연하반사tongue swalling reflex	젖을 입안에 떨어뜨리면 삼킴운동이 유발된다.
혀내밀기반사tongue extrusion reflex	젖꼭지를 대면 빨기 위해 혀를 밖으로 내민다.

영아의 영양관리

1. 영아의 영양소 섭취기준

영아는 단위 체중당 체표면적이 크므로 많은 양의 영양성분이 필요하다. 영아의 영양섭취기준은 0~5개월에는 모유로부터 섭취하는 양을 바람직한 수준으로 제시하였고, 6~11개월에는 모유의 섭취와 이유보충식을 통한 섭취를 같이 고려하였다. 이때 평균 모유량은 0~5개월에서 780mL/일, 6~11개월에서 600mL/일로 하였다.

영아의 영양특성

- 영아는 체격에 비해 체표면적이 넓어 열 손실이 크기 때문에 단위 체중당 영양소의 필요량이 성인보다 크다.
- 새로운 조직의 합성과 체액의 부피가 증가하므로 수분 필요량이 높다.

1) 에너지

영아는 단위 체중당 에너지 필요량이 가장 높은 시기이다. 이는 단위 체중당 체표면적이 크므로 이에 따라서 열 손실이 증가하고, 성장을 위한 에너지가 많으며, 어른에 비해 활동적이므로 활동에 필요한 에너지가 많기 때문이다. 단위 체중당 체표면적이 증가함에 따라 총 에너지 필요량은 증가한다. 생후 초기에는 대부분 성장·발달을 위해 이용되다가 그 이후 성장속도가 감소함에 따라 신체활동에 주로 쓰이게 된다.

영아의 에너지 필요량은 신체 크기, 활동량, 성장속도 등에 따라 달라진다. 영아의 에너지 필요추정량은 영아의 에너지 소비량에 성장에 따르는 에너지 축적량을 더하여 산출하였다. 영아의 에너지 소모 요인과 그에 따른 에너지 필요량은 그림 4-5와 같다.

영아의 에너지 필요추정량은 영아의 체중인 0~5개월의 5.5kg, 6~11개월의 8.4kg을 적용하여 각각 500kcal, 600kcal으로 산출하였다(표 4-5).

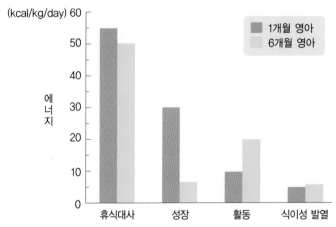

그림 4-5 영아의 에너지 소모 요인과 그에 따른 에너지 필요량

자료: Michaelsen et al. Feeding and Nutrition and Infants and Young Childrens. WHO Regional Publication, European Series No 87, 2003

표 4-5 영아의 에너지 필요추정량

월 령	신장(cm)	체중(kg)	BMI(kg/m²)	에너지(kcal/일)
0~5개월	58.3	5.5	16.2	500
6~11개월	70.3	8.4	17.0	600

자료: 보건복지부 · 한국영양학회. 2020 한국인 영양소 섭취기준, 2020

3대 영양소로부터 유도되는 에너지 비율

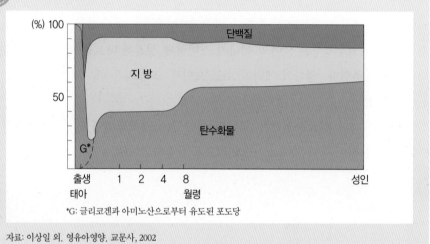

*G: 글리코겐과 아미노산으로부터 유도된 포도당

자료: 이상일 외. 영유아영양. 교문사, 2002

2) 탄수화물

영아기에는 총 에너지의 약 60%를 두뇌에서 사용하므로 포도당 요구량은 체중당 성인에 비해 4배 정도 높다. 영아가 요구하는 탄수화물 섭취의 최저 수준은 분명하지 않으나 생후 1년간은 모유로부터 섭취하는 탄수화물 양이 가장 바람직한 탄수화물 수준이라고 간주되고 있다.

모유의 유당 함량은 모체의 영양 상태와 음식 섭취에 관계없이 일정한 수준을 유지하며, 모유의 유당 함량은 평균 74g/L이므로, 0~5개월 영아는 모유 섭취를 기준으로 충분섭취량을 60g으로 정하고, 6~11개월 영아는 모유와 이유식을 통한 추정치를 더하여 충분섭취량을 90g으로 정하였다(표 4-6). 모유에는 식이섬유를 포함

표 4-6 영아의 탄수화물 충분섭취량

월 령	체중(kg)	모유량(mL/일)	탄수화물(g/일)
0~5개월	5.5	780	60
6~11개월	8.4	600	90

자료: 보건복지부 · 한국영양학회. 2020 한국인 영양소 섭취기준, 2020

하고 있지 않아 모유를 섭취하는 0~5개월 영아의 식이섬유 충분섭취량은 설정하지 않았고, 이유식을 통한 식이섬유 공급량이 증가할 것으로 예상되는 6~11개월 영아의 경우 이론적 근거가 명확하지 않아 충분섭취량을 설정하지 않았다.

3) 단백질

영아기 동안 단위 체중당 단백질 필요량은 일생 중에서 가장 높은데, 이는 영아의 성장과정에서 일어나는 체조직 합성과 체단백질 축적 및 효소 · 면역 기능 증가, 체내 단백질 합성, 호르몬 생성 및 기타 중요한 체내 물질의 합성 등에 단백질이 이용되기 때문이다. 0~5개월 영아의 단백질 충분섭취량은 기준 체중 5.5kg에 적용하여 10g, 6~11개월 영아의 권장섭취량은 기준 체중 8.4kg을 적용하면 15g이다(표 4-7).

표 4-7 영아의 단백질 섭취기준

월 령	체중(kg)	충분섭취량(g/일)	권장섭취량(g/일)
0~5개월	5.5	10	-
6~11개월	8.4	-	15

자료: 보건복지부 · 한국영양학회. 2020 한국인 영양소 섭취기준, 2020

4) 지 질

지질은 농축된 열량원으로 영아기의 급성장에 필요한 에너지를 공급하며, 영아에게는 가장 에너지 밀도가 높은 영양소이다. 필수지방산인 리놀레산과 리놀렌산이 중요하며 특히 리놀레산은 정상적인 성장 및 피부염 예방에 필수적인 물질로 최소 필요량은 총 열량의 1% 정도이나 적정 섭취량은 4~5%이다. 오메가-6계 지방산 함

표 4-8 영아의 지질 충분섭취량

월 령	체중(kg)	지질(g/일)	리놀레산(g/일)	알파-리놀렌산(g/일)	DHA(mg/일)
0~5개월	5.5	25	5	0.6	200
6~11개월	8.4	25	7	0.8	300

자료: 보건복지부 · 한국영양학회. 2020 한국인 영양소 섭취기준, 2020

량을 적게 섭취한 영아는 피부가 마르고 두터워지며, 성장이 좋지 않으므로 리놀레산을 50mg/100kcal 이상 섭취해야 한다. DHA는 영아의 두뇌와 시신경 발달에 필수적인 성분으로 모유의 DHA 함량을 적용하여 산출하였다.

0~5개월 영아의 지질 충분섭취량은 모유 섭취량을 780mL/일, 모유의 지질 농도인 32g/L를 적용하여 25g/일로 정하였으며, 이때 지방 에너지비가 45%가 된다. 6~11개월 영아의 경우도 모유(600mL/일)와 이유보충식에 함유된 지방량(5.6g/일)을 고려하여 25g/일로 정하였다. 리놀레산의 경우 0~5개월 영아의 충분섭취량은 5g, 6~11개월 영아는 7g/일로, 알파-리놀렌산의 경우 0~5개월 영아의 충분섭취량은 0.6g/일, 6~11개월 영아는 0.8g/일로, DHA의 경우 0~5개월 영아의 충분섭취량은 200mg/일, 6~11개월 영아는 300mg/일로 설정하였다(표 4-8).

5) 비타민

영아의 1일 평균 모유 섭취량(780mL)과 모유 내 해당 비타민 함량을 토대로 비타민의 섭취기준이 표 4-9와 표 4-10과 같이 설정되었다.

(1) 지용성 비타민

비타민 A는 건강한 어머니의 모유로 자란 영아에서 결핍이 발견되지 않았으므로 정상 모유에서 분비되는 비타민 A의 양을 기준으로 하여 1일 충분섭취량을 정하였는데, 0~5개월 영아는 350 μg RAE/일, 6~11개월 영아는 보충식을 통한 섭취량 자료가 미흡하여 0~5개월 영아의 충분섭취량에 기준 체중을 적용하여 450 μg RAE/일로 정하였다.

0~11개월의 영아들은 모유에는 비타민 D 함량이 낮고 햇빛으로부터 비타민 D를

표 4-9 영아의 지용성 비타민 충분섭취량

월 령	비타민 A(µg RAE/일)	비타민 D(µg/일)	비타민 E(mg α-TE/일)	비타민 K(µg/일)
0~5개월	350	5	3	4
6~11개월	450	5	4	6

자료: 보건복지부 · 한국영양학회. 2020 한국인 영양소 섭취기준, 2020

충분히 얻지 못하기 때문에 구루병 예방을 위해 비타민 D를 음식으로 섭취해야 하므로 5µg/일을 충분섭취량으로 설정하였다. 6~11개월 영아의 경우 비타민 D가 풍부하게 들어 있는 달걀, 버섯 등을 어린이의 발육에 맞게 조리하여 주는 것이 바람직하고, 이와 더불어 일광욕과 같이 햇볕을 쬐게 하는 것도 중요하다.

비타민 E는 모유수유를 하는 영아의 평균 비타민 E 섭취량을 기준으로 0~5개월 영아의 충분섭취량은 3mg α-TE/일, 6~11개월은 4mg α-TE/일로 설정하였다. 비타민 K는 태반을 거의 통과하지 못하므로 비타민 K 부족으로 출생 시 신생아 출혈성 질환의 위험성을 증가시킬 수 있다. 비타민 K의 충분섭취량을 0~5개월 영아는 4µg/일, 6~11개월 영아에서는 6µg/일을 설정하였다.

(2) 수용성 비타민

영아에게는 모유가 가장 적합한 영양 공급원으로 모유 섭취량(평균 780mL)을 근거로 티아민 충분섭취량은 모유 내 함량을 기준으로 0~5개월 영아의 경우 0.2mg/일, 6~11개월 영아는 0.3mg/일로 정하였다. 리보플라빈 충분섭취량은 0~5개월은 0.3mg/일, 6~11개월 영아는 0.4mg/일로 정하였다.

모유 1L에는 1.8mg 정도의 니아신과 210mg의 트립토판이 함유되어 있어 영양이 좋은 모체는 모유를 통해 영아의 니아신 필요량을 충족시켜 줄 수 있다. 이를 근거로 설정한 0~5개월 영아의 니아신 충분섭취량은 2mg NE/일, 6~11개월은 3mg NE/일이다.

영아기는 단위 체중당 단백질 필요량이 큰 시기이므로 성장기에 적절한 단백질 대사가 이루어지도록 비타민 B_6의 충분한 섭취가 매우 중요하다. 모유로 공급되는 비타민 B_6 농도가 0.2mg/L이면 모유 영양아의 성장과 영양상태를 유지할 수 있음을 고려하여, 0~5개월 영아의 경우 충분섭취량을 0.1mg/일, 6~11개월 영아는

표 4-10 영아의 수용성 비타민 충분섭취량

월 령	티아민 (mg/일)	리보플라빈 (mg/일)	니아신 (mg NE/일)	비타민 B$_6$ (mg/일)	엽산 (μg DFE/일)	비타민 B$_{12}$ (μg/일)	비타민 C (mg/일)
0~5개월	0.2	0.3	2	0.1	65	0.3	40
6~11개월	0.3	0.4	3	0.3	90	0.5	55

자료: 보건복지부 · 한국영양학회. 2020 한국인 영양소 섭취기준, 2020

0.3mg/일로 설정하였다.

비타민 B$_{12}$는 수유부의 평균 모유 분비량과 모유 내 비타민 B$_{12}$ 농도를 이용하여 0~5개월 영아의 충분섭취량 0.3 μg/일을 설정하였고, 6~11개월 영아는 0.5 μg/일로 설정하였다.

비타민 C의 경우 모유 중 비타민 C 함량(40~60mg/L)을 근거로, 0~5개월 모유 영양아의 비타민 C 충분섭취량은 40mg/일로 설정하였고, 6~11개월 영아는 이유보충식 섭취를 고려하여 55mg/일로 설정하였다. 영아의 괴혈병 예방을 위한 비타민 C 섭취량은 7~12mg/일인데 모유에는 비타민 C의 함량이 매우 높기 때문에 모유 섭취만으로도 괴혈병을 예방할 수 있으며 새로운 조직 형성이 왕성한 영유아는 더욱 많은 양이 공급되어야 한다.

6) 무기질

(1) 칼 슘

영유아의 골격은 급격히 성장하므로 칼슘 필요량과 흡수율이 상당히 높다. 영아기의 칼슘 섭취는 골격 형성뿐 아니라 최대 골질량peak bone mass 형성에도 중요한

표 4-11 영아의 무기질 충분섭취량

월 령	칼슘(mg/일)	인(mg/일)	마그네슘(mg/일)	철(mg/일)	아연(mg/일)
0~5개월	250	100	25	0.3	2
6~11개월	300	300	55	6*	3*

* 권장섭취량
자료: 보건복지부 · 한국영양학회. 2020 한국인 영양소 섭취기준, 2020

역할을 한다. 모유 내 칼슘 함량은 270mg/L로 1일 평균 모유 섭취량인 780mL를 적용한 모유의 평균 칼슘 섭취량을 기준으로, 영아의 1일 칼슘 충분섭취량은 0~5개월에서 250mg, 6~11개월에서 300mg으로 설정하였다(표 4-11).

(2) 철

건강한 영아는 상당량의 철을 체내에 보유하고 있으며, 생후 6~8주까지는 산소가 풍부하여 적혈구의 생성이 태내 환경보다 감소하고 그 이후부터는 급격히 적혈구 합성이 증가하며, 생후 5개월까지는 다른 철의 공급 없이 모유만으로도 필요량을 충족시킬 수 있다. 그러나 5개월이 지나면 저장량을 거의 다 소모하게 되어 이 시기에 모유만으로 철을 섭취하면 철 결핍 및 철 결핍성 빈혈에 걸릴 위험이 크게 증가하므로 농축강화된 곡류, 난황, 녹색 채소, 육류 등의 이유식을 통해 철을 공급해 줄 것을 권장한다. 또한 적당량의 철을 외부에서 공급받지 않으면 1년 후에는 헤모글로빈 함량이 정상 이하로 떨어지게 되어 철 결핍증이 발생하기 쉽다.

0~5개월 영아의 1일 철 섭취기준은 모유의 철 농도(0.35mg/L)와 모유 섭취량을 기준으로 0.3mg/일을 충분섭취량으로 정하였으며, 6~11개월 영아는 기본적 철 손실량과 헤모글로빈 양 증가, 조직철 증가, 저장철 증가를 위해서 철 공급량이 이루어져야 하는 시기로 6mg/일을 권장섭취량으로 설정하였다.

(3) 아 연

모유의 아연 농도는 수유 기간이 경과할수록 감소하며, 모유의 평균 아연 농도(2.2mg/L)와 모유 섭취량을 기준으로 2mg/일을 0~5개월 영아의 충분섭취량으로 정하였다. 영아 후반기에는 간에 저장된 아연이 거의 소모되므로 6~11개월 영아에게는 3mg/일을 권장하며, 아연을 많이 함유한 육류, 치즈, 달걀, 견과류, 전곡 등을 이용한 이유식을 충분히 섭취하도록 한다.

7) 수 분

영아는 호흡수 증가와 신체 크기에 비해 체표면적이 크기 때문에 증발되는 수분의 양이 많고 새로운 조직 합성과 체액의 부피 증가로 더 많은 양의 수분이 필요하며,

표 4-12 영아의 수분 충분섭취량

월 령	음식(mL/일)	액체(mL/일)	총 수분(mL/일)
0~5개월	–	700*	700
6~11개월	300**	500*	800

* 모유를 통한 수분
** 이유 보충식을 통한 수분

자료: 보건복지부 · 한국영양학회. 2020 한국인 영양소 섭취기준, 2020

체내의 수분은 피부와 호흡기를 통한 불감 증발과 소변 및 대변에 의해 손실된다. 생후 1개월 된 영아의 불감성 수분 손실량insensible water loss은 하루에 210mL 정도이며, 1세에는 500mL에 달한다. 영아의 경우는 불감성 수분 손실량이 많고 어른에 비해 신장의 요농축 능력이 떨어지기 때문에 고온, 열, 구토, 설사 시 나타나기 쉬운 불균형과 탈수에 유의해야 한다. 증발에 의한 수분 손실은 발열과 주위 온도의 상승에 따라 증가하며, 습기가 많은 환경에서는 호흡기를 통한 수분 손실이 감소한다.

영아의 수분 충분섭취량은 모유 중 수분 함량 87%를 적용하여 0~5개월에 700mL/일, 6~11개월에 800mL/일로 설정하였다(표 4-12). 영아는 주로 모유나 조제유를 통해 수분 공급이 이루어지며, 고형 음식을 먹일 경우에는 추가로 수분을 공급해 주어야 한다. 특히, 고형 음식에 단백질, 식염, 칼륨 함량이 높은 경우와 구토, 잦은 설사, 고열 등으로 수분이 많이 손실되면 별도로 수분을 보충해 주어야 한다.

2. 모유 영양과 인공 영양

유즙을 통한 영아의 영양공급 방법은 모유 영양, 인공 영양, 혼합 영양으로 나눈다.

1) 모유 영양

모유는 신생아와 영아의 정상적인 성장 · 발달을 위해 필요한 모든 영양소를 알맞게 함유하고 있으며, 소화와 흡수가 용이한 형태로 들어 있다. 초유, 이행유, 성숙유로 수유가 진행됨에 따라 영양소 및 생리적인 성분 등의 조성이 변한다(표 4-13).

표 4-13 모유, 조제유, 우유의 영양성분 함량 (단위: 100mL당)

항 목	모유		조제유	우유
	초 유	성숙유		
에너지(kcal)	52	67	60~75	66
단백질(g)	2.3	1.3	1.2~1.95	3.2
지질(g)	1.9	4.2	2.1~4.2	3.9
당질(g)	6.2	7	4.6~9.1	4.6
비타민 A(μg RE)	189	60	39~117	35
비타민 D(μg)	-	0.01	0.65~1.63	0.08
비타민 E(mg α-TE)	0.8	0.34	1.16	0.09
비타민 C(mg)	4.4	3.8	5.2	1.8
티아민(mg)	1.5	14	44	40
리보플라빈(mg)	25	35	87	140
니아신(mg NE)	75	150	593	100
비타민 B$_6$(mg)	12	18	35	40
엽산(μg DFE)	-	8.5	13.0	0.6
비타민 B$_{12}$(μg)	0.2	0.05	0.27	-
칼슘(mg)	35	35	59	120
철(mg)	0.03	76	325~975	60
아연(mg)	0.4	0.3	0.3	0.4

자료: Morgan JB · Dickerson JWT. Nutrition in early life. John Wiley & Sons, 2003

❖ 조제유

우유나 대두를 이용하여 아기의 성장에 알맞게 영양소를 가감하여 만든 식품. 분말과 액상의 형태로 공급되고 있어 분말조제유 또는 액상조제유라고 하고 일반적으로 널리 사용되고 있는 분유는 분말조제유이다.

(1) 모유의 성분

① 초 유

출산 후 2~3일부터 1주일간 분비되는 묽고 노란색을 띠는 모유를 초유colostrum라 하며, 다른 시기의 모유에 비해 단백질 함량은 높고 지방과 유당의 함량이 낮으며 에너지 함량은 낮고, 비타민 A(β-카로틴), E 등의 지용성 비타민과 나트륨, 칼륨, 염소 등의 무기질이 다량 함유되어 있다. 또한 질병 감염과 알레르기 발생을 예방하는 면역글로불린과 식균작용을 하는 대식세포, 장을 튼튼하게 하는 비피더스 증식인자 및 황달의 원인인 태변 속 빌리루빈bilirubin의 배설을 도와주는 성분들이 함유되어 있다.

② 이행유

출산 후 1~2주 사이에 분비되는 모유로 초유에 비해 단백질, 지용성 비타민, 면역글로불린의 함량이 낮아지고, 지방과 유당 및 수용성 비타민의 함량이 높아진다.

③ 성숙유

이행유 분비 이후의 모유로 성분 변화가 거의 일정해지는 시기이나 4~6개월 정도가 지나면 일부 영양소의 감소가 나타나므로 이유식을 통한 보충이 필요하다.

◆ 단백질

모유 내 단백질 함량은 초유, 이행유, 성숙유에 달라 100mL당 0.8~1.0g이다. 초유에는 약 2%의 단백질이 함유되어 있으나 성숙유에는 0.8~1.0% 정도로 감소한다. 단백질은 모유 내 질소량의 75%를 차지하고 있으며 크게 카제인과 유청단백질whey protein로 구분되며, 카제인은 모유 내 총 단백질의 40%를 차지하고 유청에 비해 페닐알라닌과 티로신의 함량이 많다. 유청단백질에는 락토페린(총 단백질의 23%), α-락트알부민(22%), 면역글로불린(19%), 혈청알부민(5%) 등이 있으며 신생아와

표 4-14 모유와 우유의 아미노산 성분 (단위: mg/100mL)

아미노산	모유	우유
히스티딘	26	76
아이소루신	51	161
루신	99	294
라이신	66	232
메티오닌+시스틴	39	97
페닐알라닌+티로신	82	290
트레오닌	43	132
트립토판	15	31
발린	57	193
총 함량	478	1506

영아의 면역에 주된 기능을 발휘하고 있어 그 중요성이 강조되고 있다.

한편, 수유 기간이 경과함에 따라 총 질소 함량, 즉 단백질이 감소하는데 유청단백질의 감소가 가장 큰 요인이다. 또한, 모유에는 필수아미노산과 비필수아미노산이 골고루 들어 있으며, 우유에 비해 중추신경계와 망막의 신경전달물질로 작용하는 타우린의 함량은 높은 반면, 대사능력이 미숙하여 중추신경계에 해로울 수 있는 페닐알라닌과 티로신의 함량은 낮다(표 4-14).

◆ 지 질

모유의 지질은 모유가 지닌 총 열량의 40~50%를 공급하며, 모유의 평균 지질 함량은 수유부의 식사 섭취량, 영양상태 등에 의해 변화가 가장 심하게 나타나는 영양소 중의 하나이다.

모유에서 지질이 차지하는 비율은 성숙유로 진행될수록 증가하고, 모유에 함유된 지질의 약 95% 이상이 중성지방으로 되어 있으며 소량의 인지질, 콜레스테롤, 모노글리세리드monoglyceride, 올리고글리세리드oligoglyceride, 스테롤에스테르 sterolester, 당지질, 그리고 유리 지방산 등 소화되기 쉬운 형태로 되어 있다. 모유의 총 지질 함량은 우유와 비슷하나 지방산 조성은 크게 차이가 난다(표 4-15). 즉, 필

표 4-15 모유의 지질 함량   (단위: 100mL당)

지방산	모유(성숙유)	우 유
포화지방산(g)	1.8	2.1
단일불포화지방산(g)	1.6	0.9
다불포화지방산(g)	0.5	0.1
콜레스테롤(mg)	16	11

영아에게 모유의 높은 콜레스테롤 함량이 좋은 이유

첫째, 콜레스테롤은 급속히 자라는 중추신경계의 미엘린 합성에 필요하다.

둘째, 콜레스테롤을 분해하는 데 필요한 효소의 생성을 촉진한다.

수지방산인 리놀레산의 함량은 모유가 우유보다 많으며, 짧은 사슬의 포화지방산은 모유에 적고 두뇌 발달과 시각 기능에 중요한 역할을 하는 오메가-3계 불포화지방산인 DHA는 많이 들어 있다.

◆ 당 질

모유에 함유된 당질의 약 90%는 유당lactose이다. 유당은 장내 환경을 산성화하여 유아의 장내에 존재하는 바람직하지 않은 세균의 성장을 억제하고 장내 비피더스균의 번식 촉진과 뇌신경에 중요한 갈락토오스를 얻을 수 있으며 칼슘, 인, 마그네슘과 기타 무기질의 흡수를 돕는다. 모유의 유당 함량은 7%로 우유보다 많이 함유되어 있으며 모체의 영양상태에 관계없이 모유 내에 일정한 수준을 유지한다.

모유는 유당 이외에 포도당, 갈락토오스, 글루코사민, 올리고당이 함유되어 있으며 전분 분해효소인 아밀라아제가 들어 있어 포도당 중합체나 전분의 소화에 도움을 준다.

◆ 비타민

모유의 지용성 및 수용성 비타민의 함량은 유전적인 요인이나 식사나 약제의 사용에 따라 차이가 많다. 모유의 비타민 A 농도는 모체가 섭취한 식사 내용에 따라 영향을 받으며, 초유에서 성숙유로 수유 기간이 경과함에 따라 감소한다.

모유 중 비타민 D의 함량은 적고(0.63~1.25 μg), 영아는 일광에 노출되는 시간이 제한되기 쉬우므로 구루병의 위험이 없다고 보고된 2.38 μg/일을 섭취하기 위해서는 이유식을 통한 비타민 D의 보충이 필요하다.

모유 내 비타민 E는 대부분 α-토코페롤로서 존재하며 성숙유에 비해 초유에 약 2~3배 정도 높게 들어 있어 영아의 필요량을 충족시켜 주기에 충분하다.

비타민 K는 소장에서 합성되지만, 신생아의 장은 무균상태이며 모유 내 비타민 K 함량은 낮으므로 신생아의 출혈성 질환을 방지하기 위하여 출생 직후 비타민 K의 보충이 필요하다.

모유의 비타민 B$_{12}$ 수준은 수유부의 식사 내용에 영향을 많이 받아 개인에 따라 차이가 크므로 동물성 식품이 주 급원인 비타민 B$_{12}$ 섭취는 수유부가 채식주의자인 경우 문제가 된다.

◆ 무기질

모유 내에 존재하는 무기질 함량은 초유에서 성숙유로 경과됨에 따라 그 함량이 감소한다. 유즙 중에 철, 구리, 망간은 소량만이 존재하는데, 이들 무기질은 정상 적혈구 합성을 위해 필요한 영양소이므로 영아가 너무 오랜 기간 동안 모유만을 섭취하면 빈혈이 될 수 있다.

모유와 우유의 영양소 중 가장 큰 차이가 나는 것이 무기질 함량이다. 우유에는 모유보다 인은 6배, 칼슘은 4배, 총 무기질량은 3배가량 더 많이 함유되어 있다. 그러나 무기질을 다량 함유한 우유는 기능이 미숙한 영아의 콩팥에 지나친 부담을 주게 된다. 또한 모유 내 무기질의 체내 이용률은 상당히 높아서 효과적으로 흡수되어 모유의 칼슘 흡수율은 67%, 철의 흡수율은 50~70%이며, 특히 수유 후 처음 3개월간은 50% 이상의 철이 흡수되므로 모유를 먹일 것을 권장한다.

◆ 면역성분

모유에는 여러 면역물질이 함유되어 있어 병에 대한 저항성을 높여 준다(그림 4-6). 또한 모유 영양아의 질병 발생률과 사망률이 인공 영양아에 비해 낮다고 보고되고 있다. 특히 설사와 같은 소화기관의 질병과 감기, 기관지염, 폐렴 등 호흡계 질병으로부터 보호해 주는 역할을 한다.

임신 전의 영양상태와 임신 기간 동안의 체중 증가율이 모유의 면역물질 함량에 영향을 주었으며, 특히 모체의 영양상태와 가장 밀접한 관계가 있는 면역물질은 면역글로불린 A^{IgA}로 나타났다(표 4-16).

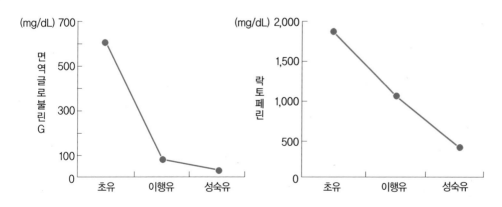

그림 4-6 수유 기간에 따른 면역성분의 변화

표 4-16 모유의 항감염성 인자들

항감염성 인자	면역기능
비피더스 인자bifidus factor	인체에 유리한 비피더스 세균의 성장을 자극하고 다른 유해한 장내 세균의 생존을 막는다.
IgA, IgM, IgE, IgD, IgG	점막과 내장의 세균 침입을 막는 면역항체들이다.
항포도상구균antistaphylococcus 인자	체계적인 포도상구균성 감염을 방해한다.
락토페린lactoferrin	철과 결합하여 세균의 증식을 막는다.
보체complement C2, C1	세균을 식균작용에 잘 반응하도록 한다.
락토페록시다아제lactoperoxidase (유즙에 들어 있는 과산화효소)	연쇄상구균속streptococcus과 장의 세균을 죽인다.
인터페론interferon	세포 내 바이러스성 복제를 방해한다.
리소자임lysozyme	세포벽의 파괴를 통하여 세균을 용해한다.
비타민 B_{12}와 결합된 단백질	세균 성장에 필요한 B_{12}의 이용을 방해한다.
림프구lymphocyte	IgA분비 합성 및 기타 중요한 역할을 한다.

자료: Worthington Roberts BS · Williams SR, Nutrition in pregnancy and lactation, McGraw-Hill, 1997

🔍 확대경 **적정한 모유 수유 기간**

다른 영양 공급 없이 모유만으로 영양이 충분한 기간은 보통 4개월 정도이고, 그 이후에는 적절한 이유식으로 부족한 영양을 공급해 주어야 한다. 그러함에도 '언제까지 젖을 물리느냐'는 학자나 기관마다 의견 차이가 많다. 젖을 떼어도 무방한 시기를 생후 6개월, 9개월, 1년 또는 2년 등으로 달리 권장하고 있다. 영양적인 문제가 없도록 영양을 보충해가면서 가능한 한 오래 젖을 물리는 것이 심리발달에 좋으나, 엄마의 건강과 사회생활 등을 고려하면 너무 이를 고집하는 데도 문제가 있으므로 적어도 이가 나기 시작하는 6개월까지는 젖을 물리는 것을 권장한다.

2) 인공 영양

인공 영양은 모유량이 부족하거나 안 나오는 경우, 엄마나 아기의 건강, 직업, 유두함몰 등의 이유로 모유 수유가 불가능할 경우에 모유 이외의 영양식품으로 제공하는 것이다. 전지분유를 모유 성분에 가깝도록 만드는 조제유는 원유 또는 유가공품을 주원료로 우유의 탄수화물 중 모유에 비해 함량이 낮은 유당, 올리고당, 설탕 등을 첨가하고, 단백질 중 카세인 함량은 낮추고 유청단백질(알부민, 글로불린, 면역글로불린, 락토페린 등)과 시스틴 및 타우린을 첨가한다. 또한 포화지방산의 일부를 제거하고 대신 리놀레산, DHA 등의 불포화지방산을 추가하며, 과량의 칼슘, 인, 나트륨, 염소 등을 줄이고 대신 부족한 철, 아연, 구리 등의 무기질과 비타민 A, B군, C, D 등을 첨가하여 분말과 액체의 형태로 제조하여 공급한다. 조제유는 모유 성분과 유사하도록 우유를 주원료로 한 조제유가 대부분이지만, 우유 알레르기를 나타내는 영아의 경우는 두유를 원료로 한 것이나 단백질을 아미노산으로 가수분해해서 제조한 특수 조제유를 이용해야 한다(표 4-17).

표 4-17 특수 조제유의 종류

종 류	특 징	대 상
대두단백질 조제유	대두단백질에 메티오닌을 첨가	우유를 소화시키기 어려운 영아(우유 알레르기, 갈락토오스혈증 등)
유당불내증 조제유	유당을 덱스트린으로 대체	유당 소화가 어려운 영아
단백질가수분해 조제유	단백질을 아미노산으로 분해	우유나 두유 모두 알레르기가 있는 영아
페닐케톤뇨증 조제유	페닐알라닌이 함유되어 있지 않고 티로신을 강화	페닐케톤뇨증을 가진 영아
저항원성 조제유	100% 완전 가수분해 된 단백질을 사용하여 식품알레르기 반응을 차단	유단백 알레르기를 가진 영아
미숙아 조제유	성장에 필요한 단백질, 무기질, 비타민 등의 영양소를 보충하고 지방의 흡수를 위하여 MCT를 증가	미숙아, 저체중아인 영아

★ MCT
medium chain triglyceride
중간사슬중성지방으로 탄소 수가 8~12개로 구성된 지방산이 담즙의 도움 없이 소화·흡수가 가능한 지방

3) 혼합 영양

혼합 영양은 모유 분비량이 부족하거나, 수유부가 사회활동을 할 때, 수유부가 질환이 있을 때 모유와 우유를 1회씩 교대로 수유하거나 모유를 먹인 후 부족량을 우유로 대치시키는 방법이다. 모유의 수유 횟수가 1일 3회 미만이면 분비량이 감소하므로 자극을 주거나, 수유를 할 수 없을 때는 모유를 짜버린다.

- **콩팥의 부담**: 권장 농도보다 진한 조제유는 전해질 등 삼투압에 관련된 물질의 농도도 높아 삼투압이 올라가게 된다. 신생아/영아가 처리할 수 있는 삼투압은 최대 700mOsm/L로서 성인의 1/2에 지나지 않아, 콩팥에 부담을 주게 된다.

- **탈수의 위험성**: 조제유의 농도가 높으면, 더 많은 양의 수분이 소변으로 함께 배설되어 탈수가 일어날 수 있다. 수분은 인체의 생리기능 수행에 가장 중요한 위치를 차지하고 있어, 탈수는 대사를 포함한 여러 생리기능에 큰 지장을 초래한다.

- **설사의 원인**: 과다 공급된 지방이 충분히 소화되지 못하여 냄새가 심한 지방변을 보기도 하고, 소화되지 못한 탄수화물은 장내 삼투압을 올리거나 발효하여 설사를 초래하기도 한다.

- **대사의 부담**: 효소 활성이 미숙한 신생아 또는 영아에게 다량의 단백질 공급은 간에 부담을 줄 뿐 아니라 변비, 탈수를 동반한 발열과 같은 부작용도 발생할 수 있다.

3. 미숙아 영양

WHO에서 미숙아premature infant는 재태 기간을 근거로 37주 미만에 태어난 신생아이고, 저체중아low birth weight infant는 재태기간에 상관없이 출생 시 체중이 2.5kg 미만인 신생아로, 출생 시 체중이 1.5kg 미만인 신생아를 극소체중아라고 정의하였다. 국민건강통계(2015)에 나타난 2012~2014년의 출생 시 체중분포에서 2.5kg 미만인 저체중아 분율은 5.4%였다.

의학의 발달로 미숙아의 생존율이 높아지면서 영아 사망률이 감소하고 있으나 미숙아 출생은 해마다 늘고 있어 미숙아의 영양관리가 매우 중요한 문제로 대두되기 시작하였다. 미숙아 출산의 원인이 될 수 있는 가능한 요소들로는 임신부의 고령화, 과다한 체중, 흡연, 인종적 요인, 사회적 위치 등이 있다.

1) 미숙아의 생리적 특성

미숙아는 몸통에 비해 머리가 비교적 크고 사지가 짧다. 피부는 성숙아보다 얇고 붉은 기가 강하고 주름이 많은데, 이는 피하지방이 모자라고 근육조직이 제대로 발달하지 못했기 때문이다. 등과 사지의 안쪽에 솜털이 많고, 머리카락은 짧고 드물게

나 있다. 체표면적이 정상아보다 넓고, 땀샘이 덜 발달되어 있어 체온 조절이 잘 안되며, 입으로 빨거나 삼키는 동작을 제대로 하지 못한다. 또 위의 용량이 부족하고 소화·흡수 기능도 미숙하고 면역 기능이 불완전하여 감염의 위험이 높고 호흡장애가 나타날 수 있다.

미숙아는 성숙아보다 체수분의 비율이 크며, 생후 첫 5~6일 동안 출생 시 체중의 5~15%, 크게는 20%까지 감소하고, 출생 시 체중으로 돌아오는 데는 2~3주일 정도가 걸린다. 출생 시 체중으로 회복 후 영양공급이 충분하고 다른 문제가 없는 경우, 하루 20~30g 정도의 체중이 증가한다.

2) 미숙아의 영양관리

(1) 미숙아 영양의 특징

미숙아 및 저체중아의 영양공급은 자궁에서의 성장과 유사하게 1일 평균 15~20g 성장하도록 에너지와 영양소를 공급하도록 하고 있다. 그러나, 모체로부터 충분한 철, 칼슘, 인, 비타민 등을 받지 못하고 태어났기 때문에 체내 저장량이 부족, 위장관의 미숙, 질병, 소화효소의 부족으로 영양소의 소화 흡수가 잘 되지 않는 문제점을 가지고 있다.

(2) 미숙아의 영양기준량

① 에너지

미숙아의 에너지 필요량은 스트레스, 질병, 성장속도 등에 의해 영향을 받으며 신생아의 상태나 활동 등에 따라 달라진다. 에너지 필요량을 유지시키기 위해서는 하루에 단위 체중당 50kcal가 필요하나 성장을 위해서는 하루에 단위 체중당 약 120kcal(105~130kcal)가 필요하다.

② 단백질

미숙아에 있어 단백질은 다른 영양소에 비해서 체중당 필요량이 상당히 높아서 1일 단위 체중당 3.5~4.0g을 권장하며 모든 필수아미노산과 타우린 및 시스틴의 충분한 공급이 필요하다. 그런데 미숙아에게 과량의 단백질을 투여하면 콩팥에서 용질 부하의 부담을 견디지 못해 오히려 해로울 수 있으므로 단백질의 양뿐만 아니라 질적인 면도 고려해야 한다.

③ 지질

미숙아는 췌장 리파아제 및 담즙의 분비가 낮아서 지질의 소화·흡수 능력이 저하되어 있으므로 소화되기 쉬운 MCT를 첨가한 미숙아용 조제유를 공급한다. 또한 필수지방산인 리놀레산은 총 열량의 3~5%, 레놀렌산은 1%가 되도록 공급하며 아라키돈산과 DHA 등은 중추신경계의 발달에 중요한 공급원이다.

④ 비타민

미숙아는 지질의 흡수가 잘 되지 않아 비타민 E의 흡수 및 이용률이 감소하고, 지질 급원으로 PUFA를 권장하기 때문에 비타민 E의 필요량이 높아진다.

⑤ 무기질

미숙아의 경우에는 칼슘의 흡수가 충분하지 않기 때문에 골감소증osteopenia이나 구루병이 나타나기 쉬우므로 골격의 성장 및 석회화를 위해서 칼슘이 필요하다. 미숙아의 칼슘 권장량은 1일 단위 체중당 200mg이다. 그러므로 미숙아를 위한 조제유에 칼슘을 첨가하면 태아기와 같은 속도로 뼈 성장이 이루어질 수 있다.

출생 시에는 미숙아의 체내 철 저장량이 성숙아에 비해 제한되어 있으며 특히 출생 후의 빠른 성장 기간 동안 철 결핍이 나타날 수 있으므로 철 보충제나 철 강화 조제유를 공급하도록 권장하나 오히려 과량의 철 투여는 비타민 E의 대사를 방해한다. 그러므로 생후 2주부터 장관 급식 시 가능할 때 철을 공급하는 것이 바람직하며, 이때의 양은 1일 단위 체중당 2~3mg 정도가 적당하다.

(3) 미숙아의 영양공급 방법

① 정맥영양

미숙아는 위장관이 미숙하고, 소화효소를 비롯한 호르몬의 불균형, 장운동 기능의 저하로 출생 직후 장관으로 모든 영양 필요량을 공급하는 것이 불가능 하여 정맥영양이 필수적인 경우가 많다(표 4-18). 1차적으로 말초정맥을 이용하고 장기간 유지해야 할 경우 중심정맥영양을 실시한다.

표 4-18 미숙아 정맥영양의 수액과 주 영양소 공급 가이드라인

구 분	목표량(per kg/day)
수액(mL)	
체중 < 1.5kg	160~180
체중 > 1.5kg	140~160
에너지(kcal)	110~120
단백질(g)	1.5~4.0
지질(g)	3~4
탄수화물(g)	11.5~18.0

자료: Koletzko et al. J Pediatr Gastroenterol Nutr 41(Supp12):S1~87, 2005

② 장관영양

24~32주 사이의 태아의 장에는 소화효소, 위산, 락타아제가 소량이지만 분비되기 때문에, 조기에 출산한 미숙아의 경우도 장관영양의 진행이 가능하다. 장관영양이 장기간 이루어지지 않으면 위장관의 위축이 초래될 수 있다. 일반적으로 미숙아들에게 5~25ml/kg/일 정도 소량의 모유 또는 조제유로 장관영양을 주는 것을 최소 경관 수유Minimal enternal feeding, MEF라 하는데, 여러 연구를 통하여 MEF가 미숙아의 빠른 체중 증가와, 수유 곤란 발생 저하, 장의 기능과 구조적 성숙 촉진, 재원기간 감소의 효과 등을 보인 것으로 보고되었다. 빠는 힘이 부족하거나 호흡곤란, 구역, 패혈증, 중추신경계 저하 등이 있는 경우는 외부 직경이 0.05cm로 끝이 둥글고 양면에 구멍이 있는 플라스틱 튜브를 위 내로 삽입하여 영양액이 중력에 의하여 흘러 들어가도록 한다.

③ 경구영양

경구영양은 흡입과 삼킴, 식도운동 및 위장관 비움 등이 잘 조화되는 34주 정도가 되어야 가능하다. 미숙아에게 가장 좋은 영양은 모유이지만, 미숙아의 성장에 필요한 영양소가 부족한 부분이 있어, 최근에는 모유에 부족한 영양을 보충하거나 미숙아용 특수 조제유를 사용하기도 한다.

◆ 모유 수유

모유 수유는 조제유에 비하여 미숙아의 감염과 알레르기, 괴사성 장염의 발생을 낮추는 장점이 있는 것으로 알려져 있다. 그러나, 미숙아의 경우 모유만으로는 높은 영양요구량을 충족 시키기에 부족한 면이 있다. 이러한 제한점을 극복하기 위하여 최근에는 수유 시에 모유에 부족한 성분들을 보충하여 제공하는 모유강화제를 사용하고 있다.

미숙아에게 모유 수유지침으로 신선하거나 48시간 이내에 유축하여 냉장 또는 냉동한 모유를 이용하여 출생 첫 날부터 MEF를 시작하고, 종합적인 상태를 잘 관찰하여 점진적으로 증량하고, 수유량이 100mL/kg/일 이상이 되면 모유강화제의 보충을 시작한다. 미숙아의 성장은 체중은 15g/일, 신장은 1cm/주를 이상적으로 보고, 체중이 1.8~2.0kg 정도가 될 때까지 또는 직접 수유에 도달하는 시점까지 모유강화제를 지속하도록 권장하고 있다.

◆ 미숙아용 특수 조제유

미숙아용 조제유는 일반 조제유에 비하여 유당의 양을 줄이는 대신 저중합 포도당 polymer의 양을 늘리고 지방성분으로는 MCT를 첨가하여 지방의 소화흡수를 용이하게 하며, 단백질의 함량을 늘이고 필수지방산과 무기질을 균형있게 배합해 미숙아 영양기준에 부합하도록 제조된다.

이유기의 영양

1. 이유의 필요성

생후 5~6개월 후부터는 영아의 성장 및 발달에 필요한 에너지와 영양소를 모유만으로는 충족시키기 어려우므로 영아의 식생활을 점차 성인의 식사형태로 대체하는 것을 이유weaning라 한다. 이유는 영양소 공급, 소화기능 발달 및 섭식능력 습득, 올바른 식습관 확립, 지적 · 정서적 발달, 치근 발달에 도움을 준다.

2. 이유의 진행시기

이유는 생후 5~6개월 또는 체중이 출생 시 체중의 2배(6~7kg)가 되는 시기에 하는 것을 권장하며, 모유 영양아는 1일 수유 횟수가 8회 이상으로 증가되어 수유 간격이 3시간 이내로 짧아지는 때가 적당하며, 인공 영양아는 1일 섭취하는 우유의 양이 1,000mL를 넘을 때가 적당하다. 이유 시작이 너무 빠른 경우(생후 4개월 이전)에는 모유 분비량 감소, 알레르기 질환, 설사, 비만 등이 야기될 수 있으며, 반면에 이유 시작이 너무 늦은 경우에는 성장지연, 영양결핍, 면역기능 저하 등을 일으킬 수 있다.

3. 이유 지연의 문제점

일반적으로 이유 개시는 5~6개월이며 출생 시 체중의 2배 정도 되었을 때가 좋다. 그러나 발육이 좋고 먹겠다는 의욕이 있을 때, 젖을 먹고 있으나 체중 증가가 잘되지 않는 경우에는 한 달가량 먼저 이유해도 좋다. 반대로 이유가 너무 늦어지면 체중 증가 저하로 빈혈이 생기거나 근력 발달이 나빠지며, 젖 이외의 것을 싫어하고 영양실조의 원인이 될 수 있다. 또한 병에 대한 저항력, 치유력이 약해지며, 잘 울고 정신적으로 의존하려는 경향이 강해지는 문제가 생길 수 있다.

이유 시기	문제점
너무 이른 경우	• 모유 분비량의 감소 • 대사기능의 미숙에 의한 설사 • 장벽의 미숙에 의한 알레르기 질환의 발생 • 삼킴운동 미숙과 위식도 역류에 의한 호흡기 증상의 발생 • 지방세포 수의 증가에 의한 비만
너무 늦은 경우	• 성장부진 • 면역기능 저하 • 영양결핍(미량 영양소의 부족) • 편식

4. 이유식의 종류

1) 가정 이유식

영아 개개인의 발달 정도와 적응 정도 및 기호도에 따라 개별적으로 준비가 가능하며 경제적이고 올바른 식습관 형성에 기초가 된다는 장점이 있다. 이유식 조리 시 다양하고 신선한 재료로 위생적이면서 단순한 맛으로 조리해야 하며, 지나친 염분의 사용은 삼가야 한다. 또한 조리된 이유식을 한 번에 먹을 양만큼씩 포장하여 냉동 보관하였다가 꺼내어 완전히 가열한 뒤 적절한 온도로 제공해야 한다.

2) 시판 이유식

영양소를 균형 있게 공급할 수 있는 장점이 있고 대부분 분말 형태이며 호상이나 액상 형태 등 다양한 형태로 시판 이유식도 제조, 판매되고 있다.

5. 이유식의 단계

이유기를 영양공급의 변화와 대사 및 섭식운동 발달 등을 근거로 초기, 중기, 후기, 완료기로 구분한다.

1) 이유 초기(생후 5~6개월 이유도입기; 꿀꺽기)

이유를 시작하는 시기로 영양 보충보다는 모유나 조제유 이외의 새로운 음식에 적응하는 시기이다. 이 시기는 영아가 맛을 알아가는 시기이므로 여러 가지 재료를 혼합하지 말고 한 가지씩 재료의 맛을 알 수 있도록 이유식을 준비한다. 곡물을 주로 하는 이유식이 적당하며, 하루 한 번 입자가 고운 죽(암죽), 삶아서 으깬 감자나

이유 초기 이유식 농도

이유 초기에는 유동식(미음, 채소즙, 과일즙)의 형태로 제공한다.

곡류
- 10배 미음
- 곱게 갈은 형태로 스프 정도의 묽기로 제공

어육류
- 육수 또는 곱게 갈아서 제공
- 살코기를 골라 곱게 갈아서 볶고 다시 도마에 다져 끓는 죽에 넣어 덩어리로 뭉침이 없도록 제공

채소류
- 즙 또는 곱게 갈아서 제공

과일류
- 즙 또는 곱게 갈아서 제공

자료: 보건복지부 · 한국건강증진개발원. 영양만점 단계별 이유식, 2016

흰 살 생선, 곱게 다진 고기, 달걀노른자, 곱게 간 과일 등 씹지 않고 삼킬 수 있는 미음과 같은 유동식과 반유동식을 숟가락을 이용해서 제공해야 한다.

2) 이유 중기(생후 7~8개월 반고형식기; 오물오물기)

턱과 혀 운동 발달 및 치아 생성으로 조금 덩어리가 있는 형태도 넘길 수 있어 묽은 죽, 으깬 죽, 으깬 생선, 달걀 등의 반고형식(연식)을 하루 두 번 제공한다. 거의 대부분 식품을 먹을 수 있으며 점차로 수유 횟수를 줄이고 이유식 후 모유나 조제유를 수유해야 한다. 이 시기의 음식으로 잣죽, 알찜, 연두부, 플레인 요구르트 등이 있다.

TiP 이유 중기 이유식 농도

이유 중기에는 반고형식(부드러운 죽의 형태)으로 제공한다.

	곡류 • 7배 죽 • 혀로 으깰 수 있을 정도로 제공
	어육류 • 0.3cm 정도 크기로 잘게 썰어 조리 • 고기 덩어리짐이 없어지는 정도로 제공
	채소류 • 0.3cm 정도 크기로 잘게 썰어 조리
	과일류 • 0.3cm 정도 크기로 잘게 썰어 제공

자료: 보건복지부 · 한국건강증진개발원. 영양만점 단계별 이유식, 2016

3) 이유 후기(생후 9~11개월 고형식기; 냠냠기)

구강과 소화기관의 기능 성숙으로 된죽, 진밥, 잘게 썬 채소, 다진 고기 등 다양한 식품의 고형식을 하루 세 번 제공하며, 이 시기의 이유식은 영양의 주공급원이 되고 모유나 조제유의 수유는 줄어서 이유식이 차지하는 비중이 높아지는 시기이다. 또한 혼자 숟가락과 컵을 사용하도록 해주는 것이 바람직하다.

이유 후기 이유식 농도

이유 후기에는 고형식(무른밥)의 형태로 제공한다.

곡류
- 5배 죽
- 쌀알 입자가 퍼지지 않을 정도로 제공

어육류
- 0.5cm 정도 크기로 잘게 썰어 조리

채소류
- 0.5cm 정도 크기로 잘게 썰어 조리

과일류
- 0.5cm 정도 크기로 잘게 썰어 제공
- 주스(컵)로 제공 가능

자료: 보건복지부 · 한국건강증진개발원. 영양만점 단계별 이유식, 2016

4) 이유 완료기(생후 12개월 이후~15개월 성인식기; 아삭아삭기)

소화효소의 활성 증가와 유치의 대부분이 생성되어 어른과 같이 하루 세 끼 고형식을 먹고 오전과 오후에 간식을 제공하는 일반 성인식으로 전환되는 시기이다. 모유는 취침 시에 주고, 생우유는 하루 2컵을 권장한다. 또한 자극성이 강한 식재료와 단 식품은 피하고, 조리법도 소화하기 쉬운 상태의 것을 응용하며, 자극성 있는 향신료의 사용을 피한다. 땅콩, 엿, 컵 젤리 등과 같이 기도가 막힐 수 있는 식품은 그대로 주어서는 안 되고 잘게 갈아서 제공해야 된다. 이유 단계에 따른 수유와 이유식의 공급 횟수는 표 4-19와 같다.

TiP 이유 완료기 이유식 농도

이유 완료기에는 어른 밥에 가까우나 약간 진밥의 형태로 제공한다.

	곡류 • 2배 밥 • 쌀알 입자가 퍼지지 않을 정도로 제공
	어육류 • 0.7~1cm 정도 크기로 잘게 썰어 조리
	채소류 • 0.7~1cm 정도 크기로 잘게 썰어 조리
	과일류 • 0.7~1cm 정도 크기로 잘게 썰어 제공 • 주스(컵)로 제공 가능

자료: 보건복지부 · 한국건강증진개발원. 영양만점 단계별 이유식, 2016

표 4-19 이유 단계에 따른 수유와 이유식의 공급 횟수

구 분		초기(이유도입기) 5~6개월	중기(반고형식기) 7~8개월	후기(고형식기) 9~11개월	이유 완료기(성인식기) 12~15개월
수유 (모유 또는 조제유)	횟 수	4~6회	3~5회	2~3회	2회
	양	800~1,000mL (1회 160~200mL)	700~800mL (1회 160~240mL)	600~800mL	400~600mL
	시간간격	4~6시간 낮 시간	5~6시간 낮 시간	아침, 점심, 저녁	오전, 오후
이유식	횟수(주식/간식)	0회/1회	2회/1회	3회/1회	3회/2회
	1회 섭취 분량	30~80g	70~100g	100~150g	120~180g
비 고		· 아직까지 수유가 주 된 영양공급원인 것 에 주의함	· 이유식 비율을 점차 늘려감 · 수유시간 사이사이에 이유식과 간식 제공함	· 수유시간 사이사이에 이유식과 간식 제공함	· 성인 일반식의 횟수 에 맞추도록 노력함

자료: 보건복지부 · 한국건강증진개발원. 모유수유 성공비결, 2016

6. 시판되는 이유식의 종류와 성분

시판되는 이유식에는 한 종류의 식품으로 구성된 단일이유식과 여러 종류의 식품을 함께 사용한 복합이유식이 있다. 단일이유식은 개별식품에 의한 문제점을 쉽게 찾을 수 있고 또 맛의 경험을 골고루 쌓을 수 있는 장점이 있으나, 영양소의 공급은 다양하지 못한 단점이 있다. 복합이유식은 영양소의 공급 측면에서 큰 장점을 갖고 있지만, 다양한 식품의 맛 경험이 어렵고 식품에 의한 문제점이 발견되었을 때 원인을 찾기 어려운 단점이 있다. 일반적으로 이유 초기단계에는 우유, 곡류, 과일, 채소 정도의 국한된 재료를 사용하고 차츰 곡류, 과일, 채소 등의 종류도 많아지고 쇠고기, 생선 등의 식품의 범위를 확대해 이유 단계별로 상품화하여 제공되고 있다.

영아기 영양과 건강문제

1. 영양부족과 성장장애

성장장애는 영양학적·신체적·사회적·심리적 요인으로 발생하며, 그중에서도 영양학적 요인이 가장 큰 비중을 차지한다. 개발도상국이나 빈곤한 가정의 경우 에너지와 단백질, 철이나 아연 등의 미량무기질 결핍이 흔히 발생한다. 젖을 충분히 빨지 못하거나 긴 수유 간격, 엄마의 질병 또는 나쁜 영양상태로 인한 모유 분비의 부족, 스트레스, 흡연, 음주 등 신체적 요인이나 가정불화, 부모의 사랑이 부족한 경우 등 사회·심리적인 요인에 의해서도 성장이 부진해진다.

2. 젖병 치아우식증

젖병 치아우식증baby bottle tooth decay, BBTD은 우유병 증후군이라고도 부르며, 아기가 누운 채로 젖병을 물고 잠을 자는 경우 잠자는 동안 타액의 분비가 감소되어 치아 표면에 존재하는 박테리아의 작용이 활발해져 박테리아가 당분이 들어 있는 액체와 작용하여 산이 형성되고 이것이 영아의 새로난 치아의 에나멜 층을 파괴시켜 치아에 손상을 일으킨다. 그러므로 젖병을 입에 문 채 잠들지 않도록 하는 것이 중요하다.

3. 빈 혈

영아기에 이유가 늦어짐으로써 생후 6개월에서 3세 사이에 급격한 성장에 따른 체내 철 고갈 및 우유만 먹어 식사로부터 충분한 철 공급이 되지 않을 경우 철 결핍성 빈혈이 나타나게 된다. 그러므로 살코기, 소간, 달걀노른자, 말린 과일, 종자류 등 철 급원식품과 철의 흡수를 돕는 비타민 C가 풍부한 채소나 과일을 함께 먹는 것이 좋다.

4. 설 사

　영유아는 어른에 비해 설사가 자주 일어나며, 설사 시 변으로의 수분 손실을 증가시켜 탈수를 가져온다. 설사가 심해지면 젖 주는 것을 몇 차례 줄이고 탈수를 방지하기 위해 묽은 포도당액, 보리차, 끓인 물을 계속해서 조금씩 먹여 수분을 공급하고, 나트륨, 칼륨 등을 보충해 주어야 한다. 그러나 주스나 젖산음료는 설사를 악화시킬 수 있으므로 피한다. 설사 후 유즙 공급 시 모유 영양을 하는 경우 젖 먹는 분량을 줄이기 위해서 젖을 주기 전에 먼저 물을 몇 순가락 먹이고 젖을 빨려야 하며, 조제유의 경우는 농도를 1/2로 희석하여 먹이다 경과를 보면서 농도를 점차 늘려 원래의 농도로 증가시킨다.

5. 선천성 대사장애

　선천성 대사장애는 태어날 때부터 영양소 대사에 필요한 여러 가지 효소가 없거나 문제가 발생하여 신체에 필요한 물질은 생산되지 못하고 중간 대사산물이 축적되어 생리적 기능이 원활하게 이루어지지 않아 뇌나 신체의 손상을 일으키는 질병이다. 우리나라 영아에게도 선천성 갑상샘 기능 저하증, 페닐케톤뇨증 phenylketonurea, PKU, 단풍시럽뇨증maple syrup urine disease, 호모시스틴뇨증 homocystinuria, 히스티딘뇨증histidinuria, 갈락토오스혈증galactosemia, 당원병 glycogen storage disease 등이 있는 것으로 보고된 바 있다. 선천성 대사장애는 출산

TiP **설사 시의 식품 선택**

설사는 묽은 변이 평소보다 자주 나오는 경우로 흔히 바이러스에 의한 감염으로 발생하고 또 일과성인 경우가 대부분이다. 탈수가 되지 않도록 전해질이 적당히 포함된 수분을 공급하고 지방이 적은 쌀 미음 또는 죽 정도가 설사의 초기에 적당한 식품이다. 심하지 않은 설사에서는 이 정도의 식품관리로 빨리 회복될 수 있고 또 정상적인 식사를 할 수 있게 된다. 심하거나 점차 진행되는 설사의 경우에는 우선 우유와 같은 동물 젖은 잠시 피하는 것이 좋다. 동물 젖에는 유당이 많이 함유되어 있고, 설사 시에는 이를 분해하는 효소인 락타아제가 장벽에서 소모되어, 소화되지 못한 유당이 설사를 더욱 심하게 할 수 있기 때문이다.

전에 양수 검사를 하거나 출생 후 3~6일경에 발꿈치에서 혈액을 채혈하여 진단할
수 있다. 선천성 갑상샘 기능 저하증은 선천적인 갑상샘자극호르몬의 결핍으로 발
생하는 질환으로 갑상샘호르몬을 투여하여 치료하고, 아미노산 대사장애는 단백질
을 완전히 가수분해하여 장애요인이 되는 아미노산을 제거하여 만든 특수 조제유를
먹여야 한다.

페닐케톤뇨증은 페닐알라닌 히드록시라제phenylalanine hydroxylase가 결핍되어
페닐알라닌이 티로신으로 대사되지 못해 체내에 쌓임으로써 중추신경계에 영향을
미쳐 정신질환까지 유발할 수 있는 질병으로, 이런 질병을 가진 영아에게는 페닐알
라닌이 제거된 특수 조제유를 주어야 한다.

6. 식품 알레르기

식품 알레르기는 단백질이나 큰 펩티드가 소장에서 흡수되어 인체의 면역 체계에
의해 항원으로 인식될 때 발생한다. 영아의 소화기관은 아직 미숙하므로 이러한 알
레르기가 쉽게 발생할 수 있으며 습진이나 비염, 두드러기, 호흡곤란, 기침, 구토,
설사 등의 증상을 나타낸다.

영아기에 가장 흔히 알레르기를 유발하는 식품은 우유이며, 그 외 달걀, 땅콩, 밀,
대두, 생선, 토마토, 감귤류, 복숭아 등도 알레르기의 원인으로 작용할 수 있다. 또
한 영아가 알레르기의 원인이 되는 식품을 직접 섭취하지 않더라도, 수유부가 섭취
한 식품성분이 모유로 분비되어 영아에게 알레르기를 유발할 수 있다. 영아에게 우
유 알레르기가 있는 경우에는 일반 우유 대신 모유나 대두단백질 조제유, 단백질 가
수분해 조제유로 바꾸어 먹여야 하며, 달걀, 우유, 땅콩, 대두, 밀 등 알레르기 유발
물질로 잘 알려진 식품은 2~3세가 될 때까지 주지 않는 것이 좋다.

서둘러 이유식을 시작하는 경우에도 알레르기가 나타날 수 있으므로 이유식의 시
작은 5~6개월 정도부터가 적당하며, 처음 먹기 시작하는 음식은 한 숟가락씩 신중
하게 주면서 영아의 상태를 지켜보도록 한다. 특히 알레르기에 대한 가족력이 있는
영아에게는 모유를 충분한 기간 동안 먹이도록 하고, 알레르기를 잘 일으키는 식품
은 가능한 한 늦게 이유식에 첨가해 주는 것이 좋다.

어느 특정한 식품이 알레르기를 일으키는 것으로 진단되면 원인이 된 식품은 일단 제한해야 하며, 일정 시간이 지난 후에 다시 조금씩 첨가하면서 경과를 관찰하고 이상이 없으면 양을 차츰 늘려 나간다. 또한 식품을 위생적으로 다루며 신선한 재료를 사용하는 것이 중요하다.

Tip 식품 알레르기 유발물질 표시 대상 식품

식품의약품안전처는 한국인에게 알레르기를 유발할 수 있는 알레르기 유발물질로 21가지를 지정하고 있다.

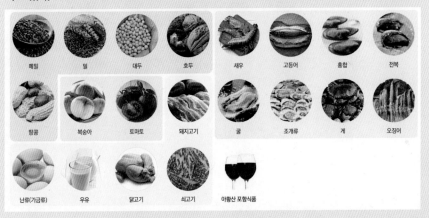

메밀	밀	대두	호두	새우	고등어	홍합	전복
땅콩	복숭아	토마토	돼지고기	굴	조개류	게	오징어
난류(가금류)	우유	닭고기	쇠고기	아황산 포함식품			

식품알레르기의 가장 근본적인 예방은 원인식품을 제한하는 것으로 다른 식품에 소량 함유되어 있거나, 가공처리 되어 있다 하더라도 모두 제한하는 것을 원칙으로 한다. 따라서, 가공식품을 선택할 때도 꼼꼼하게 살피고 구입하여야 한다.

자료: 식품의약품안전처. 알아두면 힘이 되는 식품 알레르기 표시 바로알기, 2016

5

유아기 영양

유아기는 보통 영아기 이후 만 1세에서 취학 전 아동 시기를 말한다. 이 시기에는 출생 후 급속한 성장기인 첫 해에 비해 성장속도가 완만해지지만 지속적인 성장이 이루어지며, 독립성·환경에 대한 탐색·언어 기술·자율성의 증가와 함께 운동 근육 기술의 급속한 증가가 이루어지면서 학습과 탐구 및 사회활동이 시작되고 신체활동량이 증가하므로 영아기보다 감소하기는 하지만 에너지 및 영양소의 필요량은 많다. 체격이 작은 성인 수준으로 필요량이 많은데 비해 유아의 소화·흡수 능력은 아직 미숙하다. 새로운 섭식 기술의 발달과 독립성이 증가하는 시기로 새로운 음식을 받아들이는 학습, 먹는 기술의 발달, 건강한 음식에 대한 선호 등을 통해 식습관이 형성되는 시기이다. 이러한 식생활은 유아의 신체적 성장과 발달, 정서적·지적 발달에 영향을 줄 뿐만 아니라 장차 좋은 체격이나 튼튼한 체질, 올바른 식습관도 모두 이 시기에 형성된다. 그러므로 유아의 식사를 계획할 때는 발육 정도에 맞추어 양과 질을 고려한 균형 잡힌 식사를 제공할 수 있도록 하고, 인지 발달 단계에 맞는 식사교육도 이루어져야 한다.

5

유아기
영양

유아기의 생리적 특성

1. 유아기의 신체 발달

1) 신장과 체중의 성장

출생 후 12개월이면 출생 시 체중의 약 3배, 신장은 약 1.5배까지 증가하지만 1~5세 사이에는 성장속도가 서서히 둔화된다(그림 5-1). 신장은 약 4세가 되면 출생 시 신장의 2배가 되며, 체중은 1년에 약 2~3kg 정도씩 증가한다. 이러한 성장률의 감소는 식욕과 음식 섭취의 감소를 동반하게 되는데 이는 일반적인 성장과 발달의 일부분이다. 그러나 유아기는 영아기의 폭발적인 성장과 사춘기의 급성장기 사이에서 느리지만 꾸준히 성장하는 기간이므로 일정한 균형을 유지하며 성

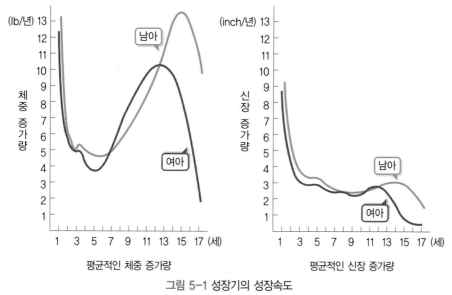

그림 5-1 성장기의 성장속도

자료: Byrd-Bredbenner et al. Wardlaw's Perspectives in Nutrition (11th ed.), McGraw-Hill, 2019

장하는 것이 중요하다. 그러므로 유아의 신체 성장을 관찰함에 있어 일정 기간 사이의 성장을 정확히 측정하는 것이 중요하고 갑작스런 성장의 변화는 영양불균형이나 질병 발생의 가능성이 있음을 의미한다.

2) 성장곡선

유아의 성장속도는 영양에 의해 민감하게 영향을 받으므로 유아의 성장 패턴은 영양상태를 평가하는 데 이용될 수 있고, 정상적으로 성장·발달하고 있는지를 알기 위해서는 주기적인 측정과 정확한 신체계측이 중요하다. 그림 5-2와 그림 5-3은 성별로 출생 시부터 35개월까지 우리나라의 건강한 아동들의 성장을 알아볼 수 있도록 질병관리본부와 대한소아과학회에서 제시한 한국 소아의 연령별, 체중과 신장 백분위수 성장곡선growth chart(2017)이다. 2017 소아청소년 성장도표는 2007 성장도표가 현 소아청소년의 신체 발육 상태를 평가하기에 적절한지 검토하고 3세 미만의 경우 모유수유아의 표준치로 활용이 가능하도록 모유수유아만을 포함하여 산출한 「WHO Growth Standards」를 적용하였다. 이러한 차트를 이용하면 같은 연령의 어린이와 비교 시 개개인의 성장속도를 백분위percentile로 알아볼 수 있고, 성장이

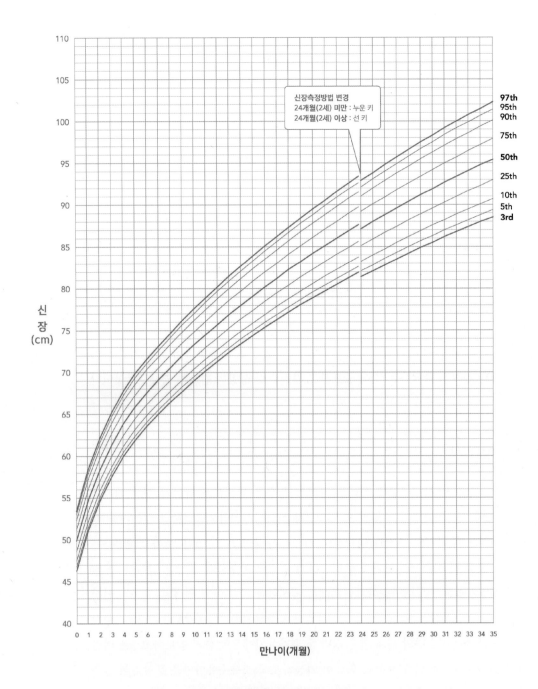

그림 5-2a 남아의 연령별 신장 백분위수 성장곡선, 3세 미만(0~35개월)
자료: 질병관리본부·대한소아과학회, 2017 소아청소년 성장도표, 2017

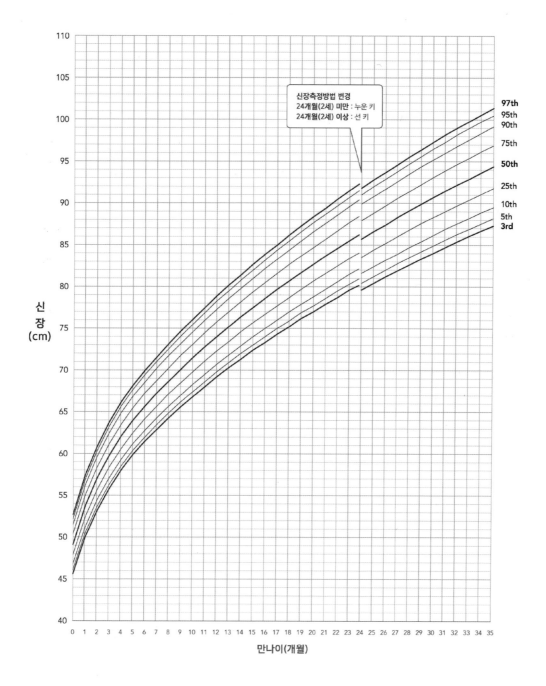

신장측정방법 변경
24개월(2세) 미만 : 누운 키
24개월(2세) 이상 : 선 키

그림 5-2b 여아의 연령별 신장 백분위수 성장곡선, 3세 미만(0~35개월)
자료: 질병관리본부 · 대한소아과학회. 2017 소아청소년 성장도표, 2017

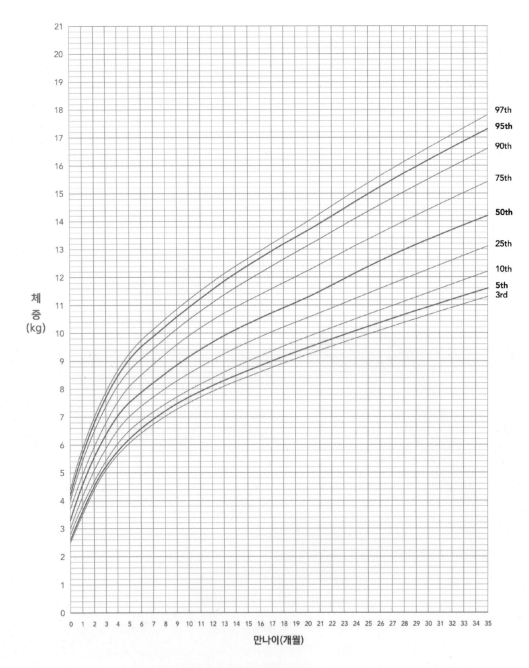

그림 5-3a 남아의 연령별 체중 백분위수 성장곡선, 3세 미만(0~35개월)
자료: 질병관리본부 · 대한소아과학회. 2017 소아청소년 성장도표, 2017

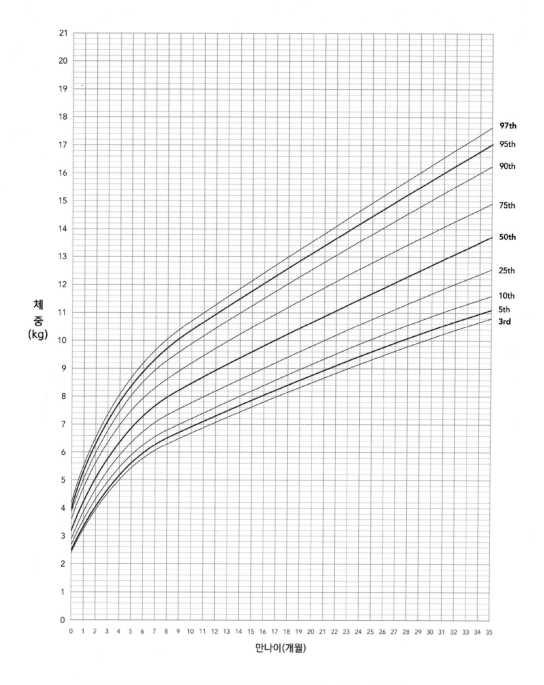

그림 5-3b 여아의 연령별 체중 백분위수 성장곡선, 3세 미만(0~35개월)
자료: 질병관리본부·대한소아과학회. 2017 소아청소년 성장도표, 2017

정상적으로 꾸준히 이루어지고 있는지 정상 성장패턴과 비정상 성장패턴을 구분할 수 있으며, 비정상 체격에 주의를 기울이기 위해서도 사용할 수 있다. 즉, 성장곡선을 이용할 때에는 먼저 성별을 구분하고 가로축의 연령과 세로축의 신장 또는 체중을 대입하여 교차점을 확인하면 된다. 신장의 경우 교차점의 위치가 3백분위수 곡선보다 아래쪽에 있으면 또래에 비해 저신장, 체중의 경우 5백분위수 곡선보다 아래에 있으면 저체중으로 선별한다(표 5-1). 연령에 따른 신장의 꾸준한 성장은 어린이의 식사가 장기적으로 적절하다는 지표가 될 수 있고, 신장에 대한 체중은 최근의 영양섭취에 대한 지표가 될 수 있다. 또한 시간의 흐름에 따라 계속 측정했을 때 개개인의 백분위수 성장곡선을 유지하면 꾸준히 성장하는 것이며, 단기간에 성장경로를 이탈하여 정상적인 성장으로부터 멀어지면 영양불량과 관련된 성장장애를 의심해 볼 수 있다.

표 5-1 2017 소아청소년 성장도표 선별 기준

구 분	0~2세		2~18세	
	성장도표	선별 기준	성장도표	선별 기준
저신장	연령별 신장	3백분위수 미만	연령별 신장	3백분위수 미만
저체중	연령별 체중	5백분위수 미만	연령별 체중	5백분위수 미만
과체중	신장별 체중	95백분위수 이상	연령별 체질량지수	85백분위수 이상이면서 95백분위수 미만
비만	–	–	연령별 체질량지수	95백분위수 이상

자료: 질병관리본부·대한소아과학회. 2017 소아청소년 성장도표, 2017

3) 신체 구성 및 기타 조직

연령이 증가함에 따라 유아의 골격, 근육, 뼈, 간 등은 신장이나 체중의 성장패턴과 비슷하게 발달한다. 점차적으로 체지방과 수분은 감소하고, 근육량은 연령 증가와 함께 증가하여 성장함에 따라 점점 날씬해진다. 골격은 지속적으로 발육하는 시기이므로 단백질 섭취 부족은 정상적인 골격 성장을 저해한다. 그러나 과량의 단백질 섭취는 칼슘의 보유를 방해할 수 있으므로 주의해야 한다.

뇌의 무게는 2세 말경에 성인의 50%, 4세경이면 75%, 6~8세경이면 거의 90%에 이른다. 림프조직들은 학동기에 빨리 발달하고 사춘기에 퇴화하기 시작하며, 생식 기관들은 사춘기가 될 때까지 빠른 성장을 시작하지 않는다. 만 2~3세에 걸쳐 20개의 유치가 거의 다 생겨 어른이 먹는 것과 같은 것을 먹을 수는 있으나 아직 어른과 똑같지는 않으므로 먹기 좋게 조리해 준다든지 싱겁게 간을 해주는 배려가 필요하다. 소화기계는 유아기에 빨리 발달하기 시작하며 취학 직전까지 기능적으로 차츰 성숙해져서 성장기 유아의 증가하는 영양필요량 충족을 돕는다. 비뇨기계도 2~3세경이면 수분 균형을 유지할 수 있을 정도로 성숙된다.

2. 유아기의 인지 발달

유아기 동안 유아는 정신적 발달이 현저해지고, 지능 및 정서 발달은 뚜렷해져서 사용하는 언어의 수도 늘고 사회성도 증가하며, 또래 집단과의 관계도 많아지고 운동근육의 발달도 강화된다.

1세 전후 유아는 음식을 손으로 집어먹으려고 하는 것에서부터 자립성을 보이기 시작한다. 만 2세가 되면 두 손을 동시에 사용할 수 있으며, 3~5세 유아는 식사속도가 빨라지고 사회성이 발달한다. 사회성이 발달하면서 부모, 보호자, 형제자매, 또래 집단에 대한 모방이 이루어지며 가족의 식습관을 포함해 문화적 관습에 대해 학습하기 시작하는 시기이기도 하다. 유아의 식품 기호도는 무엇보다 부모의 태도 및 식습관이 커다란 영향을 미치는데, 부모가 싫어하는 식품은 자주 접하게 되지 않을 뿐만 아니라 부모가 좋아하는 식품을 함께 즐기려는 경향이 많기 때문이다. 식사시간은 유아들에게 새로운 언어와 사회적 기술, 긍정적인 자기 이미지를 개발하는 연습의 기회를 제공하므로 부모와 보호자들은 유아들이 건강한 식습관을 배울 수 있도록 올바른 식습관의 모델이 되어야 한다.

유아기의 영양소 섭취기준

1. 에너지

유아의 에너지 필요추정량은 성장, 활동량, 기초대사율, 식품의 특이동적 작용과 배설에 의해 손실되는 에너지 등을 고려해서 결정해야 된다. 2020 한국인 영양소 섭취기준에서 유아의 에너지 필요추정량은 에너지 소비량에 성장에 필요한 추가필요량을 합산하여 산출하였으며, 유아의 성장에 필요한 에너지 필요량은 남녀 모두 20kcal/일로 책정되었다. 1~2세까지의 유아는 영아에 적용한 산출방식과 마찬가지

TIP 유아의 에너지 필요추정량 산출 공식

연령(세)	총 에너지 소비량(A)	성장에 필요한 추가필요량(B)	산출식	에너지 필요 추정량(kcal/일)
1~2	89kcal/kg/일×체중(kg) −100kcal/일	20kcal/일	A+B	900
3~5	남자: 88.5−61.9×연령(세)+PA× [26.7×체중(kg)+903×신장(m)] 여자: 135.3−30.8×연령(세)+PA× [10.0×체중(kg)+934×신장(m)]	20kcal/일	남자(A+B)와 여자(A+B)의 평균값	1,400

* 신체활동수준에 따른 신체활동계수(PA)
남자 PA = 1.0(비활동적), 1.13(저활동적), 1.26(활동적), 1.42(매우 활동적)
여자 PA = 1.0(비활동적), 1.16(저활동적), 1.31(활동적), 1.56(매우 활동적)
자료: 보건복지부 · 한국영양학회. 2020 한국인 영양소 섭취기준, 2020

표 5-2 유아의 에너지 필요추정량

연령(세)	체중(kg)	신장(cm)	에너지 필요추정량(kcal/일)
1~2	11.7	85.8	900
3~5	17.6	105.4	1,400

자료: 보건복지부 · 한국영양학회. 2020 한국인 영양소 섭취기준, 2020

로 신체활동수준을 적용하지 않았으나, 3~5세 유아는 신체활동수준 별로 에너지 필요추정량을 달리 계산하였으며, 이 때 신체활동 수준은 '저활동적' 수준을 기본으로 적용하였다. 그 결과 1~2세 900kcal/일, 3~5세 1,400kcal/일을 에너지 필요추정량으로 설정되었다(표 5-2). 유아의 필요량을 충족시킬 수 있는 적당한 에너지 섭취는 단백질 절약 효과를 가지고 있어 단백질이 에너지보다는 성장과 조직 복구에 사용될 수 있다.

2. 단백질

유아에게 단백질은 성장에 따른 새로운 조직의 합성과 조직의 유지를 위해 중요하지만 유아의 체중 및 성장속도에 따라 필요량은 다르다. 유아의 단백질 평균필요량은 질소 평형을 위한 단백질 필요량에 이용효율을 적용하고 성장에 필요한 부가량을 추가한 뒤 이를 연령별 기준 체중과 곱하여 산출하였다. 이 때, 질소평형 유지

유아의 단백질 섭취기준 산출 공식

단백질 평균필요량 = [(질소평형 유지에 필요한 단백질 양)/이용효율+성장에 필요한 양]×체중(kg)
단백질 권장필요량 [(질소평형 유지에 필요한 단백질 양)/이용효율+성장에 필요한 양]×체중(kg)×1.25
(예) 1~2세 단백질 평균필요량: [(0.66g/kg/일)/0.7+0.19g/kg]×11.7kg=13g/일≒15g/일 단백질 권장섭취량: [(0.66g/kg/일)/0.7+0.19g/kg]×11.7kg×1.25=16g/일≒20g/일

자료: 보건복지부 · 한국영양학회. 2020 한국인 영양소 섭취기준, 2020

표 5-3 유아의 단백질 섭취기준

연령(세)	체중(kg)	평균필요량(g/일)	권장섭취량(g/일)
1~2	11.7	15	20
3~5	17.6	20	25

자료: 보건복지부 · 한국영양학회. 2020 한국인 영양소 섭취기준, 2020

에 필요한 기본량은 성인과 동일한 0.66g/kg/일을 적용하되, 연령에 따른 이용효율의 편차를 적용하였으며, 연령 구간별 성장에 필요한 단백질 양은 FAO/WHO/UNU가 제시한 근거를 바탕으로 추가되었다. 또한 권장섭취량은 평균필요량에 변이계수 12.5%를 적용하여 산출하였다. 1~2세 유아의 단백질 권장섭취량은 20g/일이고, 3~5세 유아의 단백질 권장섭취량은 25g/일이다(표 5-3).

3. 탄수화물

성장기 탄수화물의 평균필요량은 두뇌에서 사용되는 포도당을 기준으로 하며 유아에서는 성인과 같은 양으로 평균필요량 100g/일, 권장섭취량은 변이계수 15%를 적용하여 130g/일로 설정되었다. 2020 한국인 영양소 섭취기준에서는 유아의 식사에서 탄수화물이 차지하는 적정 섭취비율을 총 에너지의 55~65%로 권장하고 있다. 빈열량식품empty calorie food보다는 복합당질을 중심으로 섭취하여 비타민이나 식이섬유 같은 기타 영양소도 공급할 수 있도록 고려하는 것이 바람직하다. 2018년 국민건강통계에 의하면, 우리나라 1~2세와 3~5세 유아의 탄수화물 에너지 섭취비율은 각각 63.3%, 62.8%로 권장 범위 내에서 섭취하고 있는 것으로 보인다.

충분한 식이섬유 섭취는 변비나 비만 등의 예방에 도움이 되기는 하지만 유아의 식단에서 식이섬유가 너무 많이 들어 있는 식품은 위가 작은 유아의 소화에 부담을 줄 수 있다. 또한 식이섬유가 많은 음식은 부피는 크면서 에너지 밀도가 낮은 경향이 있으므로 신체크기에 비해 영양소 요구량이 높은 유아기 식사의 에너지 밀도를 감소시켜 영양불량을 초래할 수 있기 때문에 주의가 필요하다. 2020 한국인 영양소 섭취기준에서는 식이섬유의 충분섭취량으로 1~2세 유아는 15g/일, 3~5세 유아는

표 5-4 유아의 탄수화물 섭취기준

연령(세)	탄수화물(g/일)		식이섬유(g/일)
	권장섭취량		충분섭취량
1~2	130		15
3~5	130		20

자료: 보건복지부 · 한국영양학회. 2020 한국인 영양소 섭취기준, 2020

표 5-5 생애주기별 에너지적정비율

영양소		에너지적정비율(%)		
		1~2세	3~18세	19세 이상
탄수화물		55~65	55~65	55~65
단백질		7~20	7~20	7~20
지질	지 방	20~35	15~30	15~30
	포화지방산	–	8 미만	7 미만
	트랜스지방산	–	1 미만	1 미만
	콜레스테롤	–	–	300mg/일 미만

자료: 보건복지부·한국영양학회. 2020 한국인 영양소 섭취기준, 2020

20g/일로 설정하였다(표 5-4). 표 5-5에는 2020 한국인 영양소 섭취기준에서 설정된 1~2세, 3~18세, 19세 이상에서의 에너지적정비율이 제시되어 있다.

4. 지 질

지질은 식사량이 적은 유아의 성장을 위해 필요한 농축된 열량 공급원이며, 필수지방산과 지용성 비타민의 공급을 위해 중요하다. 2020 한국인 영양소 섭취기준에서 지방 에너지 섭취비율은 1~2세 유아에서 20~35%, 3~5세 유아에서 15~30%로 권장하고 있다. 포화지방산 및 트랜스지방산의 에너지 섭취비율은 3~5세 유아에서만 각각 8% 미만, 1% 미만으로 설정되어 있다. 한편 유아기 리놀레산 및 알파-리놀렌산의 충분섭취량은 2013년부터 2017년까지의 국민건강영양조사의 평균섭취량을 토대로 설정되었다(표 5-6). 2018년 국민건강통계에 의하면, 우리나라 1~2세와 3~5

표 5-6 유아의 지질 섭취기준

연령(세)	지방	포화지방산	트랜스지방산	리놀레산(g/일)	알파-리놀렌산(g/일)
	에너지적정비율(%)			충분섭취량	
1~2	20~35	–	–	4.5	0.6
3~5	15~30	8 미만	1 미만	7.0	0.9

자료: 보건복지부·한국영양학회. 2020 한국인 영양소 섭취기준, 2020

세 유아의 지방 에너지 섭취 비율은 각각 22.8%, 23.3%로 권장 범위 내에서 섭취하고 있는 것으로 보인다.

5. 비타민

비타민은 정상적인 생리작용 및 영양소의 대사과정에 필수적인 영양소로서 대부분 체내에서 합성되지 않고 식품으로부터 공급받아야 한다. 어떤 식품도 신체에 필수적인 비타민 종류를 골고루 함유하고 있지는 않으므로 다양한 식품을 선택하여 적절한 양을 섭취하는 것이 매우 중요하다. 비타민은 열량 및 열량 영양소 등의 섭취량에 따라 그 필요량이 결정되며, 유아의 비타민 평균필요량은 성인의 평균필요량에 연령별 대사체중과 성장계수를 적용한 F값을 곱하여 산출된다.

1) 지용성 비타민

성장과 상피조직 및 시력 유지에 필수적인 비타민 A의 권장섭취량은 1~2세 250 μg RAE/일, 3~5세 300 μg RAE/일이다. 칼슘과 인의 흡수를 조절하여 뼈 형성에 중요한 역할을 담당하는 비타민 D의 충분섭취량은 1~5세에서 동일하게 5μg/일이다. 근육의 발달, 생식, 세포막 중 불포화지방산의 산화를 방지하는 항산화제 역할을 하는 비타민 E의 충분섭취량은 1~2세에서 5mg α-TE/일, 3~5세에서 6mg α-TE/일이다(표 5-7).

혈액응고에 필요한 프로트롬빈을 합성하는 데 필요한 비타민 K는 거의 모든 식품에 함유되어 있고 장내 세균에 의해 합성되기도 한다. 그러나 장기간 항생물질 투여를 한다거나 지방 흡수 불량 등이 있을 경우에는 비타민 K 결핍이 발생할 수도

표 5-7 유아의 지용성 비타민 섭취기준

연령(세)	비타민 A(μg RAE/일)	비타민 D(μg/일)	비타민 E(mg α-TE/일)	비타민 K(μg/일)
	권장섭취량	충분섭취량	충분섭취량	충분섭취량
1~2	250	5	5	25
3~5	300	5	6	30

자료: 보건복지부 · 한국영양학회. 2020 한국인 영양소 섭취기준, 2020

있으므로 주의해야 한다. 유아를 위한 비타민 K 필요량에 대한 근거자료는 부족한 실정이며, 2020 한국인 영양소 섭취기준에서는 비타민 K의 충분섭취량으로 1~2세에서 25 μg/일, 3~5세에서 30 μg/일을 설정하고 있다.

2) 수용성 비타민

포도당 대사에 관여하여 에너지 생산의 중심적 역할을 담당하는 티아민의 권장섭취량은 1~2세 0.4mg/일, 3~5세 0.5mg/일로 설정되었으며, 열량 영양소 대사에서 중요한 역할을 담당하는 리보플라빈의 권장섭취량은 1~2세에서 0.5mg/일, 3~5세에서 0.6mg/일로 설정되었다. 영양소 대사, 스테로이드 합성, 피부건강 등에 관여하는 니아신은 체내에서 필수아미노산인 트립토판으로부터 60:1의 비율로 니아신으로 전환되기도 한다. 니아신의 권장섭취량은 1~2세에서 6mg NE/일, 3~5세에서 7mg NE/일이다(표 5-8).

비타민 B_6는 아미노산 대사의 보조효소, 헤모글로빈의 합성, 항체 생성, 전해질의 균형 조절 등에 관여한다. 비타민 B_6는 아미노산의 대사에 관여하므로 단백질 섭취량에 비례하여 책정되며 1~2세의 권장섭취량은 0.6mg/일이고, 3~5세의 권장섭취량은 0.7mg/일이다.

엽산은 세포의 분열과 성장에 필수적이며, 단백질 대사에 관여하여 핵산을 합성하고 헤모글로빈의 형성에도 관여한다. 녹색채소 잎에 많이 함유되어 있고 간, 콩 등에도 함유되어 있으나, 열과 빛에 약해 조리법이나 보관상태에 따라 그 함량이 크게 달라지므로 식품 관리 및 조리에 유의해야 한다. 엽산의 권장섭취량은 1~2세에서 150μg DFE/일이고, 3~5세에서 180μg DFE/일이다.

표 5-8 유아의 수용성 비타민 권장섭취량

연령(세)	티아민 (mg/일)	리보플라빈 (mg/일)	니아신 (mg NE/일)	비타민 B_6 (mg/일)	엽산 (μg DFE/일)	비타민 B_{12} (μg/일)	비타민 C (mg/일)
1~2	0.4	0.5	6	0.6	150	0.9	40
3~5	0.5	0.6	7	0.7	180	1.1	45

자료: 보건복지부·한국영양학회. 2020 한국인 영양소 섭취기준, 2020

비타민 C는 유아의 새로운 조직 형성, 콜라겐 형성이나 전염성 질환에 대한 면역기능을 위해 중요하다. 비타민 C의 권장섭취량은 1~2세에서 40mg/일, 3~5세에서 45mg/일로 설정되었다.

6. 무기질

칼슘은 골격과 치아를 형성하고, 혈액 응고, 근육수축과 이완, 심장 박동, 신경흥분 전달, 효소의 활성화 등 매우 기초적이면서도 중요한 생리적인 기능을 수행하는 무기질이다. 칼슘의 권장섭취량은 1~2세에서 500mg/일이고, 3~5세에서 600mg/일이다 (표 5-9).

나트륨의 충분섭취량은 1~2세 유아에서 810mg/일, 3~5세 유아에서 1,000mg/일로 설정되었다. 나트륨은 체내 항상성 및 생리 기능에 필수적인 요소이며, 신경 전도와 근육수축에도 관여하고 있다. 이와 같이 나트륨은 생명현상에 필수적이지만 나트륨의 과잉 섭취는 고혈압을 포함한 여러 만성질환의 위험을 증가시킨다. 이에 2020 한국인 영양소 섭취기준에서는 만성질환 위험감소를 위한 섭취량Chronic Disease Risk Reduction intake, CDRR을 설정하였으며, 1~2세에서는 1,200mg/일, 3~5세에서는 1,600mg/일로 설정되었다. 2013~2017년 국민건강영양조사를 통해 살펴본 결과 우리나라 1~2세의 40.7%, 3~5세의 53.1%가 만성질환 위험감소를 위한 섭취기준 이상으로 섭취하고 있었다.

철은 체내 산소 공급을 위해 필요한 헤모글로빈의 합성에 필수적이다. 성장기 유아들은 성장에 따른 혈액량 및 조직 증가량 등에 따라 철의 필요량이 증가한다. 철의 권장섭취량은 1~2세에서 6mg/일, 3~5세에서 7mg/일로 설정되었다. 아연은 많은 효

표 5-9 유아의 무기질 권장섭취량

연령(세)	칼슘(mg/일)	인(mg/일)	마그네슘(mg/일)	철(mg/일)	아연(mg/일)
1~2	500	450	70	6	3
3~5	600	550	110	7	4

자료: 보건복지부·한국영양학회. 2020 한국인 영양소 섭취기준, 2020

소의 구성요소로 작용하며, 단백질 합성, 성장호르몬의 활성, 면역 기능, 미각 등 다양한 생체 기능에 관여한다. 권장섭취량은 1~2세 3mg/일, 3~5세 4mg/일이다.

7. 수 분

어릴수록 수분 교환속도가 빠르고 체중 kg당 수분 필요량이 많기 때문에 수분 균형이 잘 되지 않아 탈수를 경험하기 쉬우므로 성장기 유아에서 수분 섭취에 대한 특별한 관심이 필요하다. 2020 한국인 영양소 섭취기준에서는 1~5세 유아를 위한 수분의 충분섭취량 설정을 위하여 에너지 필요추정량에 1.075mL/kcal를 적용하여 제시하였다. 수분의 충분섭취량은 음식과 액체를 통한 공급량으로 구성되게 되는데, 음식을 통한 수분 섭취량은 단위체중당 음식 수분 계수인 23.5mL/kg을 적용하여 산출하고, 수분 충분섭취량에서 음식을 통한 수분 섭취량을 뺀 값을 액체 수분 섭취량으로 간주하여 설정하였다(표 5-10).

표 5-10 유아의 수분 충분섭취량

연령(세)	음식(mL/일)	액체(mL/일)	총 수분(mL/일)
1~2	300	700	1,000
3~5	400	1,100	1,500

자료: 보건복지부 · 한국영양학회. 2020 한국인 영양소 섭취기준, 2020

유아기의 영양과 건강문제

1. 유아기의 영양 섭취 실태

2018년 국민건강통계에 의하면, 유아의 영양소 섭취량은 영양소 섭취기준과 비교해 볼 때 칼슘과 칼륨을 제외한 대부분의 영양소가 영양소 섭취기준 이상이었다. 그림 5-4에서 볼 수 있듯이 칼슘은 1~2세에서 권장섭취량 대비 90.5%, 3~5세에서

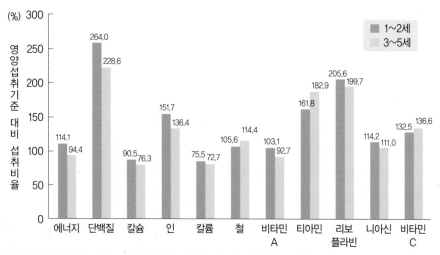

그림 5-4 유아에서 영양소별 영양섭취기준에 대한 영양소의 섭취비율
자료: 보건복지부 · 질병관리본부. 2018 국민건강통계, 2019

76.3%를 섭취하고 있고, 칼륨도 1~2세 유아에서 충분섭취량 대비 75.5%, 3~5세 유아에서 72.7%로 섭취가 부족한 상태이다. 반면 단백질은 1~2세 유아에서 권장섭취량 대비 264.0%, 3~5세 유아에서 228.6%를 섭취하고 있어 단백질의 과다 섭취가 우려되는 실정이다.

칼륨은 세포 내 주요 양이온으로서 수분과 전해질의 평형 유지, 산염기 평형 유지, 근육의 수축과 이완작용, 탄수화물 대사와 단백질 합성에 관여하는 중요한 영양소이다. 칼륨이 부족하면 식욕 감퇴, 근육경련, 어지럼증, 무감각, 변비, 불규칙한 심장박동 등의 증상이 나타날 수 있다. 또한 혈압은 체내 칼륨 함량과 반비례한다는 보고도 있는데, 칼륨은 세동맥 확장, 교감신경의 흥분 완화, 레닌 분비 감소, 수분과 나트륨의 배설 촉진을 통해 혈압을 저하시키는 일을 한다. 칼륨은 특히 직접적인 감압작용보다 나트륨의 혈압상승에 대해 길항작용을 함으로써 혈압을 저하시키는 작용이 더 강하다. 고혈압 인구도 증가하고 있는 추세이면서 우리나라처럼 나트륨의 섭취가 많은 나라에서 칼륨은 더욱 더 섭취가 강조되는 영양소라 할 수 있다. 또한 짠맛에 대한 기호는 5세 이전에 형성된다는 연구도 보고되고 있으므로 이들 영양소 섭취에 대한 세심한 배려가 필요하다.

2. 유아기의 영양과 건강문제

1) 소아 비만

2012년도 국민건강통계(2013)에 의하면, 2~5세 유아의 과체중 및 비만 유병률이 12.6%로 나타났다(그림 5-5). 비만이란 지방세포의 수가 증가하거나 크기가 커져 피하층과 체조직에 과도한 양의 지방이 축적되어 있는 상태를 의미한다.

1세 미만의 영아기, 5~6세 그리고 사춘기는 소아 비만이 가장 많이 나타나는 연령이다. 성장이 왕성한 시기에 발생하는 비만의 경우 주로 지방세포의 수가 증가하고, 그 이후에는 주로 지방세포의 크기가 커진다. 그러나 일단 증가된 지방세포의 수는 표 5-11과 같이 줄어들지 않으므로, 세포 수가 증가하는 시기에 발생한 소아 비만은 성인 비만으로 이행될 가능성이 높고, 소아 비만의 발병 연령이 높을수록 성인 비만으로 지속되기 쉽다.

일반적으로 영아의 비만은 대부분 생후 1년 정도 경과하면서 보통의 체형이 되며 2세까지는 약간 비만하더라도 활발하게 잘 움직이면서 차차 비만의 경향이 없어지면 걱정할 필요는 없다. 특별한 증상이 없고 단지 뚱뚱하다는 것뿐인 단순성 비만은 문제가 아니지만 장기간에 걸쳐 비만 상태가 지속될 경우 소아라 할지라도 고혈압이나 이상지질혈증, 지방간, 동맥경화, 관절염, 당뇨병 등의 만성질환이 조기에 발병하며, 관절 등의 정형외과적 문제를 일으킬 수도 있다. 또한 비만에 의해 신체 활동이 활발하지 못하게 되면, 또다시 비만도를 더욱 높이는 악순환이 초래될 수도 있으므로 표준체중에 가깝게 유지하려는 노력이 필요하다.

표 5-11 소아 비만과 성인 비만의 지방세포 크기와 총 지방세포 수

구 분	지방세포의 크기(μg 지방/세포)	총 지방세포 수($\times 10^9$)
정상아	0.66 ± 0.06	26 ± 6.8
비만아	0.90 ± 0.05	85 ± 6.9
비만 성인	0.98 ± 0.14	62 ± 4.2
감량 시	0.45 ± 0.05	62 ± 5.3

자료: 송병춘·맹원재. 현대인의 식생활과 건강. 건국대학교 출판부, 2000

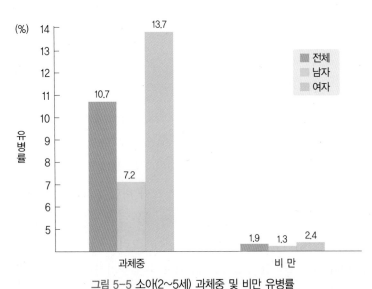

그림 5-5 소아(2~5세) 과체중 및 비만 유병률

*과체중: 2007년 소아청소년 성장도표 연령별 체질량지수 기준 85백분위수 이상 95백분위수 미만이면서 체질량지수 25 미만
*비만: 2007년 소아청소년 성장도표 연령별 체질량지수 기준 95백분위수 이상 또는 체질량지수 25 이상
자료: 보건복지부·질병관리본부. 2012 국민건강통계, 2013

▼ 행동수정요법
비만의 원인이 되는 잘못된 식행동이나 생활습관을 고치는 방법

비만아의 치료는 비만도를 줄이기 위해 식사요법과 아울러 운동요법 및 행동수정요법을 병행하는 것이 바람직하다. 경도 비만아는 체중을 줄이기 위해 적극적으로 섭취를 제한할 필요는 없다. 유아의 경우 성인과는 달리 점점 키가 자라기 때문에 무리하게 체중을 줄이지 않고 현상 유지만 해도 비만의 정도를 가볍게 할 수 있다. 식사요법을 하는 경우에는 성장 단계에 맞는 체중을 유지하는 정도로 목표를 설정하도록 한다. 단기간에 효과를 올리려고 지나치게 엄격한 식사제한을 하면 유아는 견디지 못하고 실패하게 되므로 처음에는 완만하게 현재 체중을 유지하는 정도로 시작하고 차차 장기적으로 제한을 늘려 가는 것이 좋다. 체중조절을 위한 열량 섭취는 평상시의 섭취량을 고려하고 키에 맞는 연령의 열량 섭취를 기초로 하여 결정한다. 유아는 발육기에 있으므로 당질의 제한에 그치고, 단백질이나 지방, 무기질, 비타민 등의 영양소는 부족하지 않도록 섭취한다. 그러나 단백질과 지방도 필요 이상으로 많이 섭취하는 것은 바람직하지 않으므로 필요량 수준까지 줄이도록 한다. 식사조절 시 유아가 좋아하는 음식을 무조건 제외시키거나 식습관을 심하게 변화시키는 것보다는 현재의 식사형태를 수정하거나 대체하도록 하는 것이 더 바람직하다. 또한 비만 예방을 위해 편식하지 않도록 다양한 식품을 접하도록 해야 한다. 비만과

TiP **소아 비만의 판정기준**

● **비만도**

성, 연령, 신장별 체중 50백분위수를 표준체중(2017년 한국 소아청소년 성장도표 사용)으로 비만도를 계산하여, 20% 이상을 비만으로 판정하고, 이 중에서 20~30% 미만은 경도 비만, 30~50% 미만은 중등도 비만, 50% 이상은 고도 비만으로 분류한다.

비만도(%)=(측정 체중−표준체중)/표준체중×100

● **체질량지수**

체질량지수는 체지방량과 유의한 상관관계가 있고 비만의 이차적인 합병증의 지표가 되는 혈압, 혈청 지질, 혈청 단백질, 사망률과 밀접한 상관관계가 있으므로 체질량지수를 고위험군의 확인과 정확한 평가가 요구되는 비만아의 판정에 이용한다. 2세 이상의 모든 소아·청소년은 2017년 한국 소아청소년 성장도표를 기준으로 성별, 연령별 체질량지수 백분위수를 이용하여 체질량지수 95백분위수 이상은 비만으로 진단하고, 85~95백분위수 미만은 과체중으로 분류한다.

자료: 대한비만학회. 소아청소년 비만(3판), 2019

관련된 편식의 문제로는 우유를 너무 많이 마시는 경우와 채소를 안 먹고 육류 섭취가 과다한 경우, 단 음식을 너무 많이 먹는 경우 등이 해당된다. 편식은 자아의식이 생기는 유아기부터 형성되며 학동기를 거치면서 고정되는 경향이 있으므로, 유아기부터 편식하지 않는 습관을 가지도록 하는 것이 중요하다. 유아에서 체질량지수에 따른 체중 목표는 그림 5-6에 제시하였다.

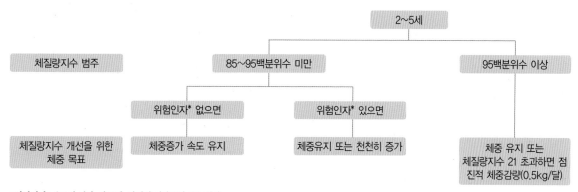

* 위험인자: 부모의 비만, 가족력, 현재의 생활습관으로 평가

그림 5-6 유아기 아동에서 체질량지수에 따른 체중 목표
자료: 대한비만학회. 소아청소년 비만(3판), 2019

2) 성장장애

아이가 또래의 아이들에 비하여 성장상태가 낮고 성장속도가 지나치게 늦은 경우 성장장애Failure to Thrive를 평가해 볼 필요가 있다. 성장장애는 영아나 유아에서 신체적 성장이 같은 성, 연령에 비하여 작은 경우이며, 이후에는 성장부진growth failure으로 나타난다. 성장장애의 판정은 정확한 계측으로 얻어진 신장과 체중을 가지고 표준 성장곡선을 이용한다. 신장이 연령별 신장의 3백분위수 미만인 경우 저신장, 체중이 연령별 체중의 5백분위수 미만인 경우 저체중으로 판정할 수 있다. 그러나 성장장애의 판정 시에는 질병의 여부와 함께 의학적이고 종합적인 평가가 필요하며, 유전적으로 작은 키인 경우나 미숙아, 체질적으로 마른 경우 등과 잘 구별되어야 한다.

성장장애의 30%정도는 기질적 병변이 원인이고, 70%는 정신사회적 원인에서 유래되는 비기질적 병변이 원인이다. 기질적 성장장애의 가장 주된 의학적인 원인으로는 만성설사, 흡수불량 등의 위장관질환, 뇌성마비, 소두증, 질식 등의 신경계적 문제, 심장질환, 폐질환 그리고 내분비계질환 등이 있다. 비기질적인 성장부전은 부적절한 음식 섭취, 경제적 이유 혹은 스트레스 등으로 인한 영양소의 불충분한 섭취 및 보유로 인하여 일어난다. 성장장애의 주요 발생 기전은 첫째, 영양섭취가 부족한 경우, 둘째, 설사나 구토의 증상으로 에너지의 손실이 증가하는 경우, 셋째, 대사성 질환, 발열, 외상, 만성 감염 등으로 에너지 요구량이 증가하는 경우로 나눌 수 있다.

영유아기는 인지, 언어, 사회, 운동 기능이 급격히 발달하는 시기이므로 심각한 성장장애는 비가역적 발달 지연을 초래할 수 있다. 따라서 조기진단과 원인 교정, 따라잡기 성장을 위한 충분한 영양공급이 매우 중요하다. 성장장애 영양치료의 목표는 첫째, 체중의 정상화, 둘째, 영양결핍의 교정, 셋째, 성장과 발달 따라잡기, 넷째, 적절한 영양소의 섭취와 올바른 식사습관의 확립이다. 성장부전아의 영양치료를 위해서는 식사조사를 통한 영양섭취 상태와 식습관에 대한 평가를 실시한다. 식사일기나 식사관찰, 보호자 면담 등을 통하여 열량과 영양소 섭취량을 분석하여 성장에 적절한 섭취를 하였는지를 평가하고, 식사력 및 식사습관 등을 구체적으로 조사한다. 모유영양과 인공영양의 여부, 이유식의 시작 시기, 좋아하는 식품과 싫어하는 식품, 식품 알레르기의 유무, 구토와 설사의 여부, 가족의 식사형태 등을 세심하게 조사한다.

심한 영양불량 상태인 경우 탈수교정과 함께 서서히 영양섭취를 안정화시킨다. 일단 아이의 상태가 안정화되면 정상 요구량보다 많은 양의 열량과 단백질을 공급하여 따라잡기 성장이 가능하도록 한다. 따라잡기 성장을 위해 필요한 열량은 실제 체중이 아닌 표준 체중을 근거로 하며, 한번에 먹을 수 있는 양이 많지 않으므로 세끼 식사와 2~3회의 간식을 제공한다. 경우에 따라 고열량 보충제를 사용할 수 있고, 복합 비타민과 특수 영양소를 보충할 수도 있다.

3) 식욕부진

2~3세경이 되면 성장속도의 감소에 따라 영양적 요구가 감소하면서 식욕이 다소 감소한다. 유아는 끼니마다 선택하는 음식의 종류와 양의 기복이 크지만 그들에게 필요한 섭취량의 자율적 조절이 가능하고 실제로 에너지 균형을 유지하는 것으로 보인다고 보고되고 있다. 따라서 성장곡선을 따라 꾸준한 성장이 일어나고 있다면 얼마간의 식욕 변동은 정상적인 상태라 할 수 있다.

식욕부진이 일어나기 가장 쉬운 시기는 이유기와 4세 전후의 시기로, 식사 중에 간섭을 하는 경우, 과잉보호, 강제로 먹일 경우, 빈번한 간식 섭취, 운동부족, 욕구불만, 단조로운 식단, 질환 등이 원인이 되어 발생할 수 있다. 식욕부진을 예방하기 위해서는 식사 분위기를 즐겁게 조성하고, 식사 중에는 간섭을 자제하며, 식단을 다양화하고, 너무 많은 간식을 제공하지 않도록 하며, 운동을 충분히 하는 것이 좋다. 다양한 식재료와 조리법을 활용하거나 색채나 모양, 크기, 냄새, 온도, 조리법, 담는 그릇 등에 변화를 주고, 때로는 집 밖에서 식사를 하거나 또래의 친구들과 함께 식사하도록 하는 것도 식욕부진 해소에 도움이 된다.

4) 편 식

편식이란 어떤 종류의 식품만 좋아하고 다른 식품은 거부하는 경우를 말하며, 편식을 하면 식사내용이 영양적으로 균형을 잃기 쉽다. 이로 인해 영양상태가 불량해지면 허약해지고 피로를 빨리 느끼게 되며, 또래의 아이들보다 성장 발육이 늦어진다거나 병에 대한 저항력이 떨어지고, 신경질적이며 자기중심적인 성격이 될 수도 있다.

편식의 원인은 새로운 식품의 맛과 냄새, 혀의 촉각 등에 익숙하지 않은 경우, 먹는 일을 강요당하거나 구토, 복통 등 불쾌한 경험을 한 경우, 동물에 대한 동정심 등 심리적 요인으로 편식하는 경우도 있고, 이유기 때 다양한 음식을 제공받지 못하여 다양한 맛을 배울 기회가 없었다거나 이유 방법이 잘못되었을 때, 식단 구성이 잘못되었을 때, 불규칙한 간식 습관이 있을 때, 부모 또는 가족 중에 편식하는 사람이 있을 때, 또는 식사 중에 간섭이 너무 심하거나 어른들의 과잉보호로 아이에게 지나치게 관심을 보일 때 편식 습관이 나타날 수 있다. 한번 편식하는 버릇이 생기면 이것을 교정하는 일이 쉽지 않다. 따라서 부모는 조급하게 생각하지 말고 긴 시간에 걸쳐 끈기 있게 노력하는 것이 중요하다.

5) 아토피 피부염

최근 아토피 피부염으로 고통받는 인구가 급증하고 있어 사회·경제적으로 큰 문제가 되고 있다. 2018년 국민건강통계에 의하면, 1~11세 아동의 아토피 피부염 유병률은 10.6%로 나타났다(그림 5-7).

아토피 피부염은 만성 재발성 피부염으로 피부 건조증과 심한 소양증을 주 증세로 하는 피부병이다. 아직까지 아토피 피부염의 명확한 발생 기전은 밝혀지지 않았으나 유전적 요인, 환경적 요인, 알레르기 반응, 피부장벽 이상 등 다양한 요인에 의하여 발생하는 것으로 추정된다. 유전적으로는 부모 양쪽 모두가 아토피 질환의 가족력이 있을 경우 자녀의 발병률은 81%, 부모 중 한쪽에서 아토피 질환의 가족력이 있을 경우 자녀의 발병률은 56%로 가족력에 따른 감수성이 큰 편이다. 환경적 요인으로는 흡인 항원(알레르기성 질환의 원인이 되는 실내와 실외 항원, 특히 일상생활에서 흔히 접하는 집먼지, 진드기, 곰팡이, 동물의 털 등)에의 노출 증가, 식품 알레

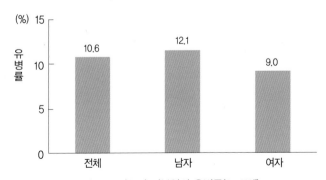

그림 5-7 아토피 피부염의 유병률(1~11세)

자료: 보건복지부·질병관리본부, 2018 국민건강통계, 2019

TiP 아토피 피부염 환자 관리수칙

- 피부는 늘 깨끗하고 촉촉하게 유지하도록 관리하여 주시기 바랍니다.
- 적정한 온도와 습도를 유지하는 환경을 만들어 주시기 바랍니다.
- 면소재의 옷을 입히고 손톱을 짧게 깎아 주시기 바랍니다.
- 정확한 진단을 통해 원인 물질을 찾아 피해주시기 바랍니다.
- 모유를 수유하시고 이유식은 6개월 이후에 시작하는 것이 좋습니다.
- 집 안에서 애완동물을 기르지 않는 것이 좋습니다.
- 전문의의 진료에 따른 약물 요법은 환자에게 도움이 됩니다.
- 심한 스트레스나 급격한 온도 변화는 아토피 피부염을 악화시킬 수 있으므로 주의해야 합니다.
- 과학적으로 검증되지 않은 치료법은 전문의와 먼저 상담한 뒤에 결정하여야 합니다.
- 아토피 피부염의 올바른 치료와 예방으로 소아천식과 알레르기 비염을 예방할 수 있습니다.

자료: 대한소아알레르기 호흡기학회 소아아토피피부염 연구회, 2005

르기(40~60%: 달걀, 우유, 콩은 3대 항원) 및 식생활 습관 변화 등이 중요 요인으로 추정되고 있다. 일반적으로 아토피 피부염은 음식물이나 흡인성 물질에 대한 알레르기 반응으로 발생하는 아토피 질환으로 천식이나 알레르기 비염으로 진행하는 알레르기 행진의 첫 신호이기도 하다.

아토피 피부염의 치료법으로는 주로 회피요법(원인/악화 인자 회피)과 피부보습(피부를 촉촉하게 관리) 및 약물치료(가려움증과 염증의 치료) 방법이 이용된다. 이 중에서도 식생활 습관은 다른 요인들에 비해 수정 가능한 요인으로 그 중요성이 점차 부각되고 있으며, 특히 나이가 어리거나 일반적인 치료에 잘 반응하지 않을수록 식품과 관련성이 많아 적절한 맞춤형 영양관리가 필수적이다. 특정 음식물과 관계된 급성 반응을 파악하기 위해서는 병력, 증상과 함께 구체적인 식습관(식사일기)을 적는 습관을 갖는 것이 필요하다. 음식제한은 아토피성 피부염에서 중요한 부분을 차지하나 개인차를 고려하여 성장기 유아에게 적절한 영양섭취가 이루어질 수 있도록 주의하여야 하며, 제한하는 식품에 함유된 영양소가 함유된 대체식품을 이용하여 식단을 구성하도록 한다.

6) 소아 천식

2018년 국민건강통계에 의하면, 1~11세 아동의 천식 유병률은 2.3%로 나타났다(그림 5-8). 천식의 발생원인은 실내 먼지, 진드기, 화석연료 사용 등에 의한 매연과 환경오염, 환경기후 변화로 인한 오존에의 노출, 꽃가루 등의 분포 변화, 식생활의 변화로 인한 가공식품이나 식품첨가물, 보존제 등에 대한 노출과 비만, 지역에 국한되지 않은 전 세계에서 생산된 새로운 식품에 대한 노출 기회 확대 등 매우 다양하며, 체질적으로 부모나 형제가 알레르기 질환을 가진 경우 발생빈도가 높다. 그러므로 가족 중 천식, 아토피 피부염, 알레르기 비염, 결막염, 식품 알레르기 등 알레르기 질환이 있거나, 아토피 피부염 등의 병력을 가지고 있던 아동들은 세심한 주의가 필요하다.

천식은 2주 이상 반복되는 기침 증상이 있거나, 야간에 기침이 심해지거나, 뛰거나 운동 후 기침이 심해지거나, 찬 음식·찬바람에 노출된 뒤 기침이 심해지거나, 특정한 음식이나 환경 등에 노출된 뒤 기침증상이 반복되어 나타나거나, 들숨보다 날숨이 평소보다 길어지고 힘들어지는 등의 특징적 증상을 나타낸다.

천식의 치료방법 중 가장 일반적인 것은 원인에 대한 치료로서 천식의 증상을 악화시키는 요인이나 악화 원인이 될 만한 항원(알레르겐)에의 노출을 막기 위해 특

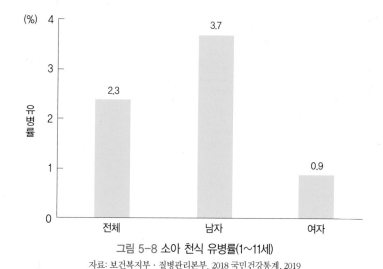

그림 5-8 소아 천식 유병률(1~11세)

자료: 보건복지부·질병관리본부. 2018 국민건강통계, 2019

정 환경, 식품 등에 대한 회피요법이다. 두 번째는 증상에 대한 치료로서 증상의 중증도와 급성도를 나누어 증상에 따라 약물요법과 산소치료와 스테로이드, 에피네프린, 인공호흡장치 등의 대증요법을 병행한다. 그리고 천식의 경우 증상이 호전되더라도 겉으로 드러나지 않게 기관지 세포와 주위 조직에서 만성적으로 염증이 진행될 수 있으므로 지속적인 조절치료가 시행되어야 한다. 또한 특정 알레르겐이 원인인 경우 이에 대한 회피가 천식의 예방에 도움을 줄 수 있으므로 정확한 검사를 통해 적절한 예방 대책을 세우는 것이 필요하다. 회피가 용이하지 않은 경우나 다른 치료에 반응하지 않는 경우에는 원인 물질을 이용한 면역요법이나 탈감작 요법 등이 시도되고 있다. 그러나 무분별한 정보와 잘못된 시도로 환자의 상태를 악화시키거나 영양결핍 등을 초래하는 경우도 있으므로 잘못된 지식을 맹신하지 않는 것이 매우 중요하다.

7) 충치

2~4세 유아의 경우 다섯 명 중 한 명은 영구치나 유치에 충치를 가지고 있다고 한다. 주요 원인은 우유병이나 과일 주스병을 하루 종일 사용하거나 입에 물고 자는 습관 때문이다. 유아들의 유치는 발육기의 성장뿐만 아니라 성격 형성이나 영구치가 나는 방법에도 영향을 미치는 등 한평생의 건강까지 좌우하게 되므로 중대한 관심을 가질 필요가 있다.

충치는 치질, 음식물, 세균의 세 가지 조건이 모두 갖추어질 때 생긴다. 이 중에 뮤탄스라는 세균은 평상시 우리의 입속에 존재하는 것으로 이것을 완전히 없앨 수는 없으며 세균의 번식을 억제하는 방법밖에 없다. 이 세균이 좋아하는 당분을 제한하거나, 입속에 당분이 오래도록 치아 주변에 부착되는 것을 방지하기 위해 음식물을 먹은 후에는 물로 양치질하거나 이를 닦아 치아를 깨끗이 해야 세균의 번식을 막을 수 있다. 또한 세균에 대한 저항력을 높이기 위해 튼튼한 치질의 이를 만드는 것이 중요하며, 이를 위해 양질의 단백질, 칼슘을 비롯해 모든 영양소를 균형 있게 섭취해야 한다. 그리고 간식을 고를 때는 되도록 당분이 적은 것을 고르고, 치아에 달라붙기 쉬운 것, 찌꺼기가 나오는 것은 피하는 것이 바람직하다. 간식으로는 당근이나 사과같이 식이섬유가 풍부하고 씹어 먹는 음식들을 선택하는 것이 좋다.

8) 빈 혈

빈혈이란 혈액 속의 적혈구 수 및 헤모글로빈 양이 정상치에 비해 감소하고 있는 상태를 말한다. 유아에서 철 결핍성 빈혈의 판정 기준치는 1세 이상 2세 미만 유아에서 헤모글로빈 농도 11.0g/dL, 헤마토크릿 33%이며, 2세 이상 5세 미만 유아에서 헤모글로빈 농도 11.2g/dL, 헤마토크릿 34%이다. 편식이나 불규칙적인 식생활에 의해 철 섭취가 만성적으로 부족한 식사와 빠른 성장은 유아, 특히 9~18개월 된 유아에게 철 결핍이라는 위험한 상태에 빠뜨릴 수 있으며 인지 발달 지체와 행동 장애를 야기할 수 있으므로, 철 결핍을 예방하기 위해 철 함유 식품의 섭취를 권장한다. 또한 유아는 엽산, 비타민 B_{12} 같은 영양소의 결핍, 만성 염증 등에 의해서도 빈혈이 나타날 수 있으므로 정확한 원인을 찾아 대처하도록 한다.

9) 감 기

감기를 포함하여 대부분의 감염성 질병의 경우, 대사율의 증가 및 영양소 흡수율의 감소 등으로 더 많은 영양소가 필요하지만, 식욕부진이 동반되어 정상적인 음식의 섭취를 어렵게 한다. 이런 상황에서 감기가 오래 지속되면 체내 아미노산과 전해질, 무기질 등의 손실이 점차 증가한다. 따라서 감기를 앓는 동안 손실된 영양소를 보충해 줄 수 있는 영양이 풍부한 식사가 매우 중요하다.

10) 설 사

설사가 발생하면 증상이 감염에 의한 것인지, 알레르기 등 식품과 관련된 것인지, 또는 대사와 관련된 것인지 원인을 찾아 제거하거나 치료해야 한다. 설사로 인한 탈수를 교정해 주는 것이 우선적으로 해야 할 일이며, 단순설사, 유당불내증의 가능성이 있는 경우와 알레르기 가능성이 있는 경우로 구분하여 영양관리를 하는 것이 좋다. 일반적인 설사의 관리는 처음 8~12시간 동안에는 30분~1시간 간격으로 약간의 설탕을 넣은 엷은 차, 희석한 콜라, 이온음료 등의 액체를 15~30mL 정도 준다. 12~24시간 정도 지나 배변 횟수가 더 이상 증가하지 않거나 감소하면 맑은 유동식을 2시간마다 60~90mL씩 증가시켜 준다. 24~36시간 정도 지나 증세가 명확하게 호전되면 젤리, 바나나, 사과소스, 크래커 등의 담백한 고체 또는 반고체 식품을 주고 점차 일반식을 주도록 한다.

11) 변 비

적절한 식이섬유를 공급하는 식단은 변비 예방에 도움이 된다. 통밀빵과 시리얼, 콩과 식물, 과일과 채소 등은 식이섬유를 공급해 주는 식품이지만 너무 많은 양의 식이섬유를 섭취했을 경우 유아는 쉽게 설사를 하게 된다. 또한 식이섬유가 많이 들어 있는 식품은 에너지가 들어 있는 다른 식품을 대체시킬 수 있으며, 철과 칼슘 같은 무기질의 생체이용률을 감소시킬 수 있으므로 유의해야 한다.

12) 납중독

유아들은 자신의 주변 환경에 대해 탐색을 할 때 자기 입에 무언가를 넣는 것을 좋아하기 때문에 혈중 납의 농도가 높을 가능성이 많다. 혈액 중 납 농도가 높으면, 뇌, 신경계와 혈액 및 콩팥을 포함한 몸에 들어 있는 많은 조직의 기능에 영구적인 손상을 줄 수 있다.

철 결핍이 일어났을 때 철을 결합시키는 수용기receptor가 납 흡수에 이용되므로, 적절한 철 섭취는 납 흡수를 감소시킴으로써 혈액 속에 들어 있는 납 수치가 높아지는 것을 예방해 줄 수 있다.

유아기의 식사지도

1. 간 식

성장기에는 단위 체중당 영양소 필요량이 높지만 소화·흡수 기능이 불완전하다. 따라서 하루 세끼 식사만으로는 필요한 영양을 충분히 섭취할 수 없어서 식사와 식사 사이에 간식을 섭취하여 부족한 영양소를 보충해 주어야 한다. 2009년 국민건강통계 결과 유아에서의 간식 섭취 빈도는 그림 5-9와 같다.

　유아는 연령, 체격, 소화력, 식욕, 식사상태 등 개인차가 크므로 한 번에 많은 양의 간식은 좋지 않다. 간식은 정규식사의 내용에 따라 하루에 섭취하는 총 열량의 10~15% 정도를 제공하는 것이 좋다. 가능하면 집에서 준비하여 주며, 과다한 가공 식품의 이용을 피하고, 자극이 적고 소화하기 쉬운 것을 선택하며, 손을 깨끗이 씻은 후에 바른 자세로 앉아 먹도록 지도한다.

　간식을 선택할 때는 전분 중심의 간식보다는 정규식사에서 부족하기 쉬운 영양소를 중심으로 간식의 양이나 종류를 선택하도록 한다. 간식으로는 생과일 과즙, 과실 익힌 것, 채소주스, 생채소 스틱, 우유나 우유로 만든 여러 가지 음료, 커스터드, 푸딩, 감자, 고구마, 아이스크림, 과일 셔벗, 가공하여 말린 곡식류와 우유, 치즈, 작은 샌드위치, 간단한 토스트, 쿠키 등이 적당하다.

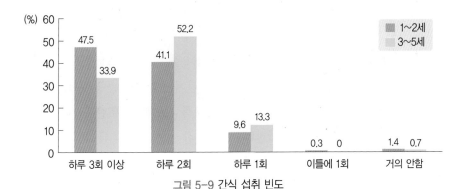

그림 5-9 간식 섭취 빈도

자료: 보건복지부 · 질병관리본부. 2009 국민건강통계, 2010

 간식을 줄 때 고려할 사항

- 정규식사에 영향을 주지 않으면서 유아에게 호감을 줄 수 있는 형태로 한 번에 1~2가지 정도를 준다.
- 간식은 하루에 두 번 규칙적인 시간(오전 10~11경, 오후 3~4시경)을 정해 놓고 주는 것이 좋다.
- 수분과 무기질, 비타민 등을 공급해 줄 수 있는 식품으로 소화가 용이하고 신선한 것으로 선택한다.
- 너무 자주, 너무 많이 먹지 않도록 주의한다. 간식의 횟수가 많은 경우 정규식사에 영향을 주어 영양소 결핍의 원인이 되거나, 소화기에 부담을 주거나, 치아가 부식될 수도 있다.

2. 유아의 일반적인 영양관리

유아는 성인에 비해 영양소 요구량이 크고, 각 영양소의 필요량 구성도 성인과 다르다. 영양소의 대사나 흡수력의 성숙도도 다르며 또래 유아들 간에도 개인차가 큰 시기이기도 하다. 곡류, 과일, 채소, 생선, 고기, 유제품 등 다양한 식품을 통해 다양한 영양소를 골고루 섭취할 수 있도록 준비하며, 유아의 음식은 씹기 좋은 크기와 형태로 싱겁고 담백하게 조리하도록 한다. 또한 영양필요량은 많지만 소화력이 미숙한 유아를 위하여 식사 이외에 과일, 채소, 우유 및 유제품 등을 간식의 형태로 매일 2~3회 규칙적으로 먹도록 한다. 어른의 축소판이 아니라 생리적으로 성인과 별개라는 인식으로 개인차를 고려하여 유아에게 알맞은 적절한 영양공급과 식습관 형성에 대한 주의가 필요하다.

이 시기의 유아는 둔화된 성장으로 식욕부진이 나타난다거나 자율성이 생기면서 편식 습관이 생기기 쉬운 시기이기도 하다. 다소 식욕부진이 있더라도 유아들은 식사량을 자동 조절할 수 있는 능력이 있으므로 쫓아다니며 억지로 먹이지 말고, 한꺼번에 많이 먹이려 하지 않으며, 유아의 성장과 식욕에 따라 일정한 장소에서 알맞게 먹는 습관을 길러 주는 것이 좋다. 음식을 먹기 전에는 반드시 손을 씻고, 음식은 바른 자세로 앉아서 감사한 마음으로 먹을 수 있도록 지도한다. 또한 TV 시청과 컴퓨터 게임 시간은 두 시간 이내로 제한하고, 매일 한 시간 이상 적극적인 신체활동을 하여 나이에 맞는 신장과 체중을 유지하도록 한다.

6

학동기
영양

학동기는 성장속도가 성장기 중 가장 완만하지만 지속적으로 성장·발달이 이루어지고 왕성한 활동을 통해 식욕이 증가하면서 제2의 급성장기를 준비하는 시기이다. 정상적인 성장·발육과 심신의 건전한 발달을 도모하기 위해서 학동기 아동에게서 흔히 발생하고 있는 불규칙한 식습관, 편식, 주의력 결핍 과잉행동장애, 빈혈, 변비, 식품 알레르기 등의 영양 문제에 대한 중재가 필요하다. 따라서 필요한 영양을 적정량 공급하고, 식생활의 중요성을 인식시키며 올바른 식습관 형성을 위한 영양교육 및 적당한 신체활동이 균형을 이루는 생활을 할 수 있도록 교육하는 것이 중요시되는 시기이기도 하다.

6
학동기
영양

학동기의 성장과 발달

학동기는 대략 만 6세부터 11세까지의 초등학생 연령으로 제2의 급성장과 성적 성숙을 준비하는 시기이다. 아동의 두뇌는 6~10세경이 되면 성인의 100% 수준까지 성장하고, 영구치가 나오며, 골격은 긴뼈의 성장이 왕성하고 몸체보다 사지의 성장이 빨라서 팔다리가 길어진 날씬한 모습이 된다. 6세 이후부터 영양필요량은 남녀 차이가 존재하고, 개인차가 심해진다. 6세 남자는 신장이나 체중이 또래 여자보다 크지만 10~11세가 되면 키는 남녀가 비슷해지고 체중은 여자가 약간 많아진다. 만 6세~10세까지는 신장이 1년에 4~6cm 가량 증가하고, 체중은 약 2~3kg 정도씩 증가한다. 여자는 10세, 남자는 12세경에 사춘기가 나타나 2차 성징이 나타나며 사춘기가 시작된다. 학동기 동안 성장호르몬, 갑상샘호르몬 등 호르몬의 영향으로 근육은 꾸준히 증가하며 남자는 여자보다 근육량이 더 많아지고, 지방조직은 남녀 모두에서 6세부터 사춘기 전까지 서서히 증가하나 사춘기에는 여자가 남자보다 더 증가한다.

여자가 남자보다 2~3년 일찍 성장이 정점에 이르며 성장도 일찍 완료된다. 9~11세경이 되면 남자의 근육 축적량과 활동량이 여자보다 많아지므로 남자의 에너지, 티아민, 리보플라빈, 니아신, 철, 아연 등의 필요량이 여자보다 많아진다. 따라서 학동기에는 성장유지, 활발한 신체활동에 필요한 에너지의 공급, 감염에 대한 저항력 유지, 그리고 사춘기의 급속한 성장에 사용할 수 있는 영양소를 체내에 저장하기 위하여 지속적이고 영양적으로 균형 잡힌 식사가 필요하다.

이 기간이 끝날 무렵에는 성장속도, 활동양상, 영양소 요구량, 성격발달, 식품 섭취 등의 개별적 특성이 더욱 뚜렷해지며, 식습관의 형성, 좋고 싫은 것의 확립 등 섭식과 영양소 섭취에 대한 일생의 기초가 형성된다.

학동기의 영양소 섭취기준

1. 에너지

학동기 아동의 에너지 필요추정량은 유아기와 마찬가지로 에너지 소비량에 성장에 필요한 추가필요량을 합산하여 산출하였다. 학동기 아동의 성장에 필요한 에너지 필요량은 남녀 모두에서 6~8세는 20kcal/일, 9~11세는 25kcal/일로 책정되었고, 신체활동은 '저활동적' 수준을 기본으로 적용하였다. 그 결과 학동기 아동에서 에너지 필요추정량은 6~8세 남자에서 1,700kcal/일, 6~8세 여자에서 1,500kcal/일,

TiP 학동기 아동의 에너지 필요추정량 산출 공식

연령 (세)	총 에너지 소비량(A)	성장에 필요한 추가필요량(B)	산출식	에너지 필요추정량(kcal/일)
6~8	남자: 88.5−61.9×연령(세)+PA× [26.7×체중(kg)+903×신장(m)]	20kcal/일	A+B	남자: 1,700 여자: 1,500
9~11	여자: 135.3−30.8×연령(세)+PA× [10.0×체중(kg)+934×신장(m)]	25kcal/일		남자: 2,000 여자: 1,800

* 신체활동수준에 따른 신체활동계수(PA)
남자: PA = 1.0(비활동적), 1.13(저활동적), 1.26(활동적), 1.42(매우 활동적)
여자: PA = 1.0(비활동적), 1.16(저활동적), 1.31(활동적), 1.56(매우 활동적)
자료: 보건복지부 · 한국영양학회. 2020 한국인 영양소 섭취기준, 2020

표 6-1 학동기 아동의 에너지 필요추정량

성 별	연령(세)	체중(kg)	신장(cm)	에너지 필요추정량(kcal/일)
남 자	6~8	25.6	124.6	1,700
	9~11	37.4	141.7	2,000
여 자	6~8	25.0	123.5	1,500
	9~11	36.6	142.1	1,800

자료: 보건복지부 · 한국영양학회. 2020 한국인 영양소 섭취기준, 2020

9~11세 남자에서 2,000kcal/일, 9~11세 여자에서 1,800kcal/일이었다(표 6-1).

2. 단백질

학동기 아동의 성장과 호르몬의 변화, 체구성 성분의 변화, 즉 근육량 · 미오글로빈 · 적혈구 등의 증가로 인해 단백질 필요량이 증가한다. 학동기 아동의 단백질 평균필요량은 질소 평형을 위한 단백질 필요량에 이용효율을 적용하고 성장에 필요한 부가량을 추가한 뒤 이를 연령별 기준 체중과 곱하여 산출하였다. 이 때, 질소평형 유지에 필요한 기본량은 성인과 동일한 0.66g/kg/일을 적용하되, 연령에 따른 이용효율의 편차를 적용하였으며, 연령 구간별 성장에 필요한 단백질 양은 FAO/WHO/UNU가 제시한 근거를 바탕으로 추가되었다. 또한 권장섭취량은 평균필요량에 변이계수 12.5%를 적용하여 산출하였다. 6~8세 아동의 단백질 권장섭취량은 남녀 모두에서 35g/일이고, 9~11세 아동의 단백질 권장섭취량은 남자에서 50g/일, 여자에서 45g/일이다(표 6-2).

표 6-2 학동기 아동의 단백질 섭취기준

성 별	연령(세)	체중(kg)	평균필요량(g/일)	권장섭취량(g/일)
남 자	6~8	25.6	30	35
	9~11	37.4	40	50
여 자	6~8	25.0	30	35
	9~11	36.6	40	45

자료: 보건복지부 · 한국영양학회. 2020 한국인 영양소 섭취기준, 2020

3. 탄수화물

탄수화물은 성장·발육과 활동이 왕성한 학동기 아동에게 에너지의 주요 급원으로 우리나라에서는 총 섭취 열량의 55~65%의 탄수화물 섭취를 권장하고 있다. 성장기 탄수화물의 평균필요량은 두뇌에서 사용되는 포도당을 기준으로 하여, 학동기 아동에서는 성인과 같은 양으로 평균필요량 100g/일, 권장섭취량은 변이계수 15%를 적용하여 130g/일로 설정되었다(표 6-3). 2018년 국민건강통계에 의하면, 우리나라 6~11세 아동의 탄수화물 : 단백질 : 지방 에너지의 섭취 비율은 각각 61.5 : 14.0 : 24.4로 나타나 적절한 비율로 섭취하고 있는 것으로 보인다.

탄수화물은 쉽게 이용 가능한 에너지원이므로 충분한 양의 복합당질을 전곡, 두류, 과일 및 채소류 등 다양한 형태로 섭취할 것을 권장한다. 많은 어린이들이 정제당, 특히 설탕이 많은 식품에 선호도가 높은 편이다. 세계보건기구에서는 총 열량의 10% 이내의 첨가당 섭취를 권장하고 있으나, 2013년 국민건강영양조사 원시자료로 분석한 보고에 의하면 우리나라 학동기 아동에서 가공식품 중 당류로부터 섭취하는 열량은 총 섭취 에너지의 10.6%였으며, 가공식품으로부터의 총 당류 에너지 비율이 10% 이상인 사람의 비율이 47.6%로 나타났다. 가공식품으로부터의 당류 섭취가 총 열량의 10% 이상인 경우 비만, 고혈압 및 당뇨병 발생 위험이 높은 것으로 나타났으므로, 가능한 당을 함유하고 있는 가공식품의 섭취를 줄이는 것이 좋다. 그러나 어린이의 식사에서 에너지를 적절히 대체하지 않은 상태에서 특정 식품만 심하게 제한하면 에너지 섭취 감소로 성장장애가 올 수도 있으므로 세심한 관찰이 필요하다.

표 6-3 학동기 아동의 탄수화물 섭취기준

성 별	연령(세)	탄수화물(g/일)	식이섬유(g/일)
		권장섭취량	충분섭취량
남 자	6~8	130	25
	9~11	130	25
여 자	6~8	130	20
	9~11	130	25

자료: 보건복지부·한국영양학회. 2020 한국인 영양소 섭취기준, 2020

식이섬유의 충분한 섭취는 비만이나 변비, 이상지질혈증 등의 예방에 도움이 된다. 그러나 식이섬유가 많은 식품은 부피가 크고 에너지 밀도가 낮은 경향이 있으므로 위가 작고 소화력이 다소 약한 어린이들은 고식이섬유 식사를 할 경우 정상적인 성장에 필요한 에너지를 적절히 섭취하지 못할 수도 있고, 복통, 위팽창, 가스 발생 등의 문제가 생길 수도 있으며, 아연이나 마그네슘 같은 무기질의 흡수에 장애를 가져올 수도 있으므로 지나친 고식이섬유, 저에너지 식품의 식사는 피하는 것이 좋다.

4. 지 질

지질은 탄수화물과 마찬가지로 중요한 에너지원으로 g당 에너지 발생량이 많아서 효율적인 에너지 급원이 되며, 체세포의 구성성분으로서도 중요한 역할을 한다. 또한 지용성 비타민 A, D, E, K의 흡수매체로서 필수적이며 피하지방이나 장기 내 지방조직은 중요기관을 보호해 준다. 열량 요구량이 높은 학동기 어린이의 경우 총 열량의 15~30% 범위 내에서 지방 섭취는 지방산의 균형 잡힌 섭취가 병행된다면 문제가 되지 않을 뿐만 아니라 지방의 부족은 오히려 성장에 저해를 가져오기 쉽다. 학동기는 영아에 비하여 단위 체표면적당 기초대사량이 감소하는 경향을 보이지만, 동일한 동작에 대한 체중 kg당 소비 열량이 성인에 비해 크기 때문에 신체에 비해 많은 열량의 섭취가 요구된다. 그러나 이러한 영양요구량을 충족시키기 위해서는 아직 충분히 발육되지 못한 소화기에 부담을 주는 결과가 생기므로 열량밀도가 높은 지방의 섭취량을 약간 증가시켜 주는 것이 바람직하다.

표 6-4 학동기 아동의 지질 섭취기준

성 별	연령(세)	지 방	포화지방산	트랜스지방산	리놀레산(g/일)	알파-리놀렌산(g/일)	EPA+DHA(mg/일)
		에너지적정비율(%)			충분섭취량		
남 자	6~8	15~30	8 미만	1 미만	9.0	1.1	200
	9~11				9.5	1.3	220
여 자	6~8	15~30	8 미만	1 미만	7.0	0.8	200
	9~11				9.0	1.1	150

자료: 보건복지부 · 한국영양학회. 2020 한국인 영양소 섭취기준, 2020

지방 가운데 필수지방산인 리놀레산과 리놀렌산, 아라키돈산은 체내에서 합성되지 않으며 그 양이 필요량보다 적기 때문에 반드시 식품에서 섭취해야 한다. 필수지방산의 부족은 성장지연과 피부염 등을 일으킨다. 2020 한국인 영양소 섭취기준에서 학동기 리놀레산, 알파-리놀렌산 및 EPA+DHA의 충분섭취량은 2013년부터 2017년까지의 국민건강영양조사의 평균섭취량을 토대로 설정하였다(표 6-4). 식사로부터 섭취하는 오메가-3 지방산과 오메가-6 지방산은 대부분 알파-리놀렌산과 리놀레산의 형태인데, 2013~2017년까지 조사된 국민건강영양조사 분석 결과 학동기 아동의 리놀레산과 알파-리놀렌산의 섭취 비율은 6~8세 남자 7.8 : 1, 6~8세 여자 7.2 : 1, 9~11세 남자 7.2 : 1, 9~11세 여자 7.8 : 1로 나타났다.

5. 비타민

1) 지용성 비타민

비타민 A는 세포 분화와 증식에 중요하며 정상적인 성장에 필수적 영양소이다. 급원식품으로는 당근, 호박, 시금치와 같은 녹황색 채소와 우유, 난황, 간유 등이 있다. 권장섭취량은 6~8세 남자는 450μg RAE/일이고 여자는 400μg RAE/일이며, 9~11세 남자는 600μg RAE/일, 여자는 550μg RAE/일이다(표 6-5).

비타민 D는 장에서 칼슘의 흡수를 증가시키므로 정상적인 골격의 성장에 필요하다. 일광작용에 의해 피부에서 생합성되므로 햇빛을 많이 받는 경우에는 불필요하

표 6-5 학동기 아동의 지용성 비타민 섭취기준

성 별	연령(세)	비타민 A(μg RAE/일)	비타민 D(μg/일)	비타민 E(mg α-TE/일)	비타민 K(μg/일)
		권장섭취량	충분섭취량	충분섭취량	충분섭취량
남 자	6~8	450	5	7	40
	9~11	600	5	9	55
여 자	6~8	400	5	7	40
	9~11	550	5	9	55

자료: 보건복지부·한국영양학회, 2020 한국인 영양소 섭취기준, 2020

다고 할 수 있으나, 그 양은 일광의 강도, 노출시간, 피부색에 따라 다르며, 공부량이 많아진 고학년 아동은 실외 활동보다는 실내 활동이 증가하면서 일광에 노출되는 시간이 감소하므로 비타민 D의 부족에 유의하여야 한다. 급원식품으로는 간유, 버섯, 효모, 강화 분유 등이 있다. 충분섭취량은 6~11세 아동 모두 동일하게 5μg/일이다.

비타민 E는 급속하게 증가한 세포의 구조와 기능을 유지하는 데 필요하고 항산화제로 사용되며, 결핍되면 용혈성 빈혈이 발생한다. 충분섭취량은 6~8세 남녀 모두 7mg α-TE/일이며, 9~11세 남녀 모두 9mg α-TE/일이다.

혈액응고에 관여하는 프로트롬빈을 합성하는 데 필요한 비타민 K는 거의 모든 식품에 함유되어 있고 장내 세균에 의해 합성되기도 한다. 비타민 K의 충분섭취량은 6~8세 아동에서 40μg/일, 9~11세 아동에서 55μg/일로 설정하고 있다.

2) 수용성 비타민

티아민은 탄수화물 대사에 필요한 비타민으로, 쌀을 주식으로 하는 사람에게는 티아민의 부족이 일어나기 쉽다. 티아민이 부족하게 되면 각기병에 걸리고, 피로가 쉽게 오며, 의욕이 상실된다. 급원식품에는 통곡식, 육류, 돼지고기, 견과류 등이 있다. 권장섭취량은 6~8세에서 0.7mg/일, 9~11세에서 0.9mg/일이다(표 6-6).

리보플라빈은 에너지 대사에서 FAD flavin adenine dinucleotide와 FMN flavin mono-nucleotide 형태로 중요한 역할을 하는 비타민이므로 열량 섭취가 많은 성장기에는 리보플라빈의 부족이 나타나기 쉽다. 급원식품은 우유, 유제품, 생선, 달걀, 콩류,

표 6-6 학동기 아동의 수용성 비타민 권장섭취량

성 별	연령(세)	티아민 (mg/일)	리보플라빈 (mg/일)	니아신 (mg NE/일)	비타민 B6 (mg/일)	엽산 (μg DFE/일)	비타민 B12 (μg/일)	비타민 C (mg/일)
남 자	6~8	0.7	0.9	9	0.9	220	1.3	50
	9~11	0.9	1.1	11	1.1	300	1.7	70
여 자	6~8	0.7	0.8	9	0.9	220	1.3	50
	9~11	0.9	1.0	12	1.1	300	1.7	70

자료: 보건복지부·한국영양학회. 2020 한국인 영양소 섭취기준, 2020

등푸른 생선 등이며, 권장섭취량은 6~8세 남자에서 0.9mg/일, 여자에서 0.8mg/일, 9~11세 남자는 1.1mg/일, 여자는 1.0mg/일이다.

니아신은 탄수화물 및 지질 대사에 조효소로 작용하는 비타민으로 체내에서 필수 아미노산인 트립토판이 전환되어 생성될 수도 있다. 급원식품으로는 고기, 가금류, 간이나 콩팥, 두류 등이 있고, 니아신의 권장섭취량은 6~8세 아동에서 9mg NE/일, 9~11세 아동에서는 남자 11mg NE/일, 여자 12mg NE/일로 설정되어 있다.

비타민 B6는 단백질의 이용과 합성에 중추적인 역할을 하므로 성장을 위한 단백질의 필요량이 많은 학동기에는 피리독신의 필요량이 많이 증가한다. 비타민 B6의 권장섭취량은 6~8세에서 0.9mg/일이고, 9~11세에서 1.1mg/일이다.

엽산은 세포의 분열과 성장에 필수적이며, 단백질 대사에 관여하여 핵산을 합성하고 헤모글로빈의 형성에도 관여한다. 녹색채소 잎에 많이 함유되어 있고, 간, 콩 등에도 함유되어 있으나, 열과 빛에 약하므로 조리법이나 보관상태에 따라 그 함량은 크게 달라진다. 권장섭취량은 6~8세에서 220μg DFE/일이고, 9~11세에서 300μg DFE/일이다.

비타민 C는 단백질 구조에 중요한 콜라겐 합성에 관여하므로 뼈, 연골 그리고 체내 기타 결합조직의 적절한 성장과 발달을 위해 필요하다. 비타민 C가 결핍되면 혈관벽 등의 성분인 콜라겐의 생성이 저하되어 괴혈병이 나타나고, 전염성 질환에 대한 저항력 감퇴를 가져온다. 감귤류, 토마토, 양배추, 감자, 딸기, 멜론과 같은 과일류 및 녹황색 채소류에 많이 함유되어 있는 비타민 C의 권장섭취량은 6~8세 아동에서 50mg/일, 9~11세 아동에서는 70mg/일로 설정되어 있다.

6. 무기질

학동기 아동은 지속적인 성장과 발달을 위하여 많은 양의 칼슘이 필요하다. 성장과 유지를 위한 칼슘 필요량 산정 시 식사 내 칼슘 함유량은 물론 칼슘의 이용률을 고려하여야 한다. 칼슘의 흡수율은 같이 섭취하는 음식의 배합과 종류에 따라 달라지는데, 유당은 칼슘의 흡수를 증가시키나, 피틴산과 수산은 반대로 흡수를 저해한다. 또한 식사 중의 단백질량도 칼슘의 흡수에 영향을 주어, 단백질의 섭취가 필요 이상으

표 6-7 학동기 아동의 무기질 권장섭취량

성 별	연령(세)	칼슘(mg/일)	인(mg/일)	마그네슘(mg/일)	철(mg/일)	아연(mg/일)
남 자	6~8	700	600	150	9	5
	9~11	800	1,200	220	11	8
여 자	6~8	700	550	150	9	5
	9~11	800	1,200	220	10	8

자료: 보건복지부·한국영양학회. 2020 한국인 영양소 섭취기준, 2020

로 많으면 소변 중의 칼슘 배설이 증가한다. 칼슘 섭취 부족과 탄산음료 섭취 증가 등은 골격 건강의 위험요인이므로 주의가 필요하다. 급원식품으로는 우유, 뼈째 먹는 생선 등이 있으며, 권장섭취량은 6~8세에서 700mg/일, 9~11세에서 800mg/일이다.

나트륨의 충분섭취량은 6~8세 아동에서 1,200mg/일, 9~11세 아동에서 1,500mg/일로 설정되었다. 또한 2020 한국인 영양소 섭취기준에서 설정된 만성질환 위험감소를 위한 섭취량Chronic Disease Risk Reduction intake, CDRR은 6~8세에서 1,900mg/일, 9~11세에서는 2,300mg/일로 설정되었다. 2013~2017년 국민건강영양조사를 통해 살펴본 결과 우리나라 6~8세 남자 아동의 66.5%와 여자 아동의 51.4%, 9~11세 남자 아동의 68.7%, 여자 아동의 56.6%가 만성질환 위험감소를 위한 섭취기준 이상으로 섭취하고 있었다.

학동기에는 성장과 함께 혈액량 증가에 따른 헤모글로빈 합성과 골격근육의 미오글로빈 합성을 위하여 철의 필요량이 증가한다. 여자는 초경 시작 시기와 출혈량에 따라 그 필요량이 다르다. 따라서 육류, 달걀, 도정하지 않은 곡류와 빵류, 녹황색 채소, 견과류, 콩 등의 급원식품을 통해 철을 충분히 섭취하도록 한다. 철의 권장섭취량은 6~8세 남녀 모두 9mg/일이고, 9~11세에서는 남자 11mg/일, 여자 10mg/일이다.

미량원소인 아연은 성적 성숙과 성장을 위해 필수적인 영양소이며 체내에서 단백질과 핵산 대사에 중요한 역할을 한다. 아연의 체내 보유량은 특히 급성장기 동안 증가하며, 이 시기에는 식사 내 아연의 이용률도 높아진다. 급원식품으로는 굴, 명태류, 고기, 달걀, 정제되지 않은 곡류 등이 있고, 아연의 권장섭취량은 6~8세에서 남녀 모두 5mg/일, 9~11세는 남녀 모두 8mg/일이다(표 6-7).

7. 수 분

2020 한국인 영양소 섭취기준에서는 학동기 아동을 위한 수분의 충분섭취량 설정을 위하여 1) 음식 수분 섭취량은 성별·연령별 에너지 필요추정량에 한국인 일상식 수분 함량비인 0.53mL/kcal를 적용하여 산출하고, 2) 액체 수분 섭취량은 2013~2017년 국민건강영양조사 결과에서 물과 음료 섭취량에 대한 각각의 중앙값을 적용하고 우유 섭취량 200mL/일을 더해 구하였다. 그 후 음식 수분 섭취량과 액체 수분 섭취량을 더해 수분 충분섭취량을 설정하였다(표 6-8).

표 6-8 학동기 아동의 수분 충분섭취량

성 별	연령(세)	음식(mL/일)	액체(mL/일)	총 수분(mL/일)
남 자	6~8	900	800	1,700
	9~11	1,100	900	2,000
여 자	6~8	800	800	1,600
	9~11	1,000	900	1,900

자료: 보건복지부·한국영양학회. 2020 한국인 영양소 섭취기준, 2020

학동기와 청소년기 수분 충분섭취량 산출 공식

수분 섭취량(충분섭취량)(mL/일)=음식 수분 섭취량(mL/일)*+액체 수분 섭취량(mL/일)**
* 음식 수분 섭취량(mL/일)=연령별 에너지 필요추정량(EER)(kcal/일)×한국인 일상식 수분 함량비 0.53mL/kcal
** 액체 수분 섭취량(mL/일)=① 물 섭취량 중앙값(mL/일)[1] + ② 음료 섭취량 중앙값(mL/일)[1] + ③ 우유 섭취량 200mL/일

1) 2013~2017 국민건강영양조사 물 섭취량 중앙값, 음료 섭취량 중앙값
자료: 보건복지부·한국영양학회. 2020 한국인 영양소 섭취기준, 2020

학동기의 영양과 건강문제

1. 학동기의 영양 섭취 실태

2018년 국민건강통계에 의하면, 학동기 아동의 영양소 섭취량은 영양소 섭취기준과 비교해 볼 때 칼슘, 칼륨 및 비타민 A를 제외한 대부분의 영양소가 영양소 섭취기준 이상의 섭취를 하고 있다(그림 6-1). 6~11세 아동의 칼슘 섭취량은 평균 491.4mg/일로 권장섭취량 대비 65.6% 수준의 매우 부족한 상태이다. 칼륨 섭취량도 평균 1,947.0mg/일로 충분섭취량 대비 69.5% 수준이었고, 비타민 A도 평균 330.0μg RAE/일로 권장섭취량 대비 67.4% 수준의 매우 저조한 섭취 상태였다. 반면 단백질은 59.9g/일을 섭취하여 권장섭취량 대비 179.9%를 섭취하고 있으며, 9~11세 아동에서 나트륨의 섭취량은 2,344.3mg/일로 목표섭취량인 2,000mg에 비하면 높은 수준이었고, 단백질과 나트륨 모두 과다 섭취가 우려되는 실정이다.

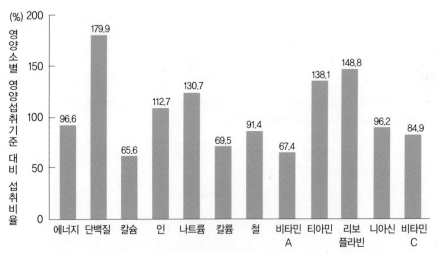

*에너지 필요추정량 적용: 에너지, 권장섭취량 적용: 단백질, 칼슘, 인, 철, 비타민 A, 티아민, 리보플라빈, 니아신, 비타민 C, 충분섭취량 적용: 칼륨, 목표섭취량 적용: 나트륨(9세 이상 대상자)

그림 6-1 학동기 아동의 영양소별 영양섭취기준에 대한 영양소의 섭취비율
자료: 보건복지부 · 질병관리본부. 2018 국민건강통계, 2019

2. 학동기의 영양과 건강문제

1) 영양불균형

2018년 국민건강통계에 의하면, 6~11세 학동기 아동의 에너지 섭취는 영양섭취 기준 대비 96.6%로 평균적인 섭취량은 적정해 보이나, 에너지 및 영양소 섭취 부족자 기준(에너지 섭취량이 필요추정량의 75% 미만, 칼슘, 철, 비타민 A, 리보플라빈, 비타민 C의 섭취량이 평균필요량 미만)을 5개 항목 이상 만족하는 비율이 20.2%(남자 21.8%, 여자 18.7%)인 반면, 에너지/지방 과잉섭취자 분율(에너지 섭취량이 필요추정량의 125% 이상이면서 지방 섭취량이 에너지적정비율을 초과하는 분율)은 4.9%(남자 4.3%, 여자 5.5%)로 나타났다(그림 6-2). 또한 단백질과 나트륨도 과도하게 섭취하고 있어서 영양소별로도 섭취가 불균형한 것으로 보인다.

이와 같이 최근 우리 사회는 풍요한 가운데에도 소수의 아동들은 영양부족으로 고통받는가 하면, 일부에서는 영양과잉과 운동부족 등 여러 요인으로 인해 과체중

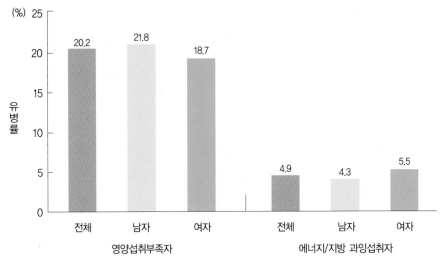

*영양섭취부족자: 에너지 섭취(필요추정량의 75% 미만), 칼슘, 철, 비타민 A, 리보플라빈, 비타민 C(평균필요량 미만) 중 섭취 부족 항목이 5개 이상인 분율
*에너지/지방 과잉섭취자: 에너지 섭취량이 필요추정량의 125% 이상이면서, 지방 섭취량이 지방에너지 적정비율의 상한선을 초과한 분율

그림 6-2 학동기 아동에서 영양섭취부족자와 에너지/지방 과잉섭취자 비율
자료: 보건복지부·질병관리본부. 2018 국민건강통계, 2019

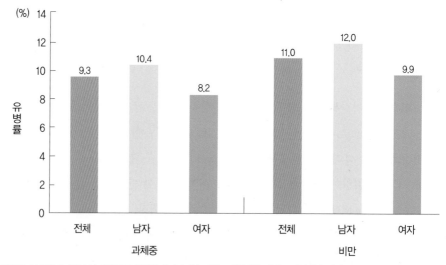

*과체중: 2017년 소아청소년 성장도표 연령별 체질량지수 기준 85백분위수 이상 95백분위수 미만
*비만: 2017년 소아청소년 성장도표 연령별 체질량지수 기준 95백분위수 이상

그림 6-3 학동기 아동의 과체중 및 비만 유병률
자료: 보건복지부 · 질병관리본부. 2018 국민건강통계, 2019

또는 비만 아동 인구가 날로 증가하고 있는 추세로 약 25%에 달하는 아동들이 영양
부족과 영양과잉의 영양불량 문제를 가지고 있는 것으로 보인다. 특히 영양과잉의
비율이 높아 소아 비만이 우려되는 상황이다(그림 6-3).

소아 비만의 특징은 지방세포 증식형으로 지방세포의 수가 증가하며, 일단 증가
된 지방세포의 수는 잘 줄어들지 않으므로 체중 감량이 더욱 어렵다. 이 시기의 비
만은 성인 비만으로 연결될 가능성이 높고, 만성질환 유발 원인이 되며, 체형의 변
화와 운동능력 저하에 따른 열등감에 의해 내향적이고 소극적이며 비활동적인 성격
형성 등 심리적 · 정서적 문제까지 야기하므로 초기에 치료하여 소아 비만이 되지
않도록 주의해야 한다. 성장기에 있는 아동은 성장과 발달에 지장을 초래할 정도의
지나친 체중 감량은 피하고 성장단계에 알맞은 체중을 유지하도록 식사조절과 함께
운동을 병행하는 지속적인 관리가 필요하다. 또한 성장기라는 특성을 고려하여 아
동기 비만의 원인, 판정방법 및 관리방법의 특징을 알아야 한다.

(1) 비만의 원인

① 섭취 에너지와 소비 에너지의 불균형

비만은 에너지 섭취와 에너지 소비의 불균형에 의해 초래된다. 운동과 육체적 활동량이 부족하면, 열량의 소비 감소로 인해 체중이 증가하게 된다.

② 잘못된 식생활 습관

과식, 폭식, 고열량 · 고지방 음식의 섭취, 식이섬유의 부족한 섭취, 불규칙한 식사시간, 식사속도, 야식, 스트레스성 과식 등은 비만의 원인이 된다.

③ 유전적 요인

자녀는 한 부모가 비만이면 50%, 양쪽 부모가 비만이면 80%가 비만이 될 가능성이 있다고 한다. 양쪽 부모 모두 비만하지 않은 경우 자녀가 비만일 경우는 7% 정도이다. 유전적인 요인은 비만 자체를 일으킨다기보다 그 사람이 비만이 될 수 있는 민감성을 결정한다. 예를 들면, 사람의 체형은 내배엽형, 중배엽형, 외배엽형으로 나뉘는데, 이 중 비만을 잘 일으키는 것은 내배엽형으로 부모로부터 유전되며, 유전적 요인이 그 사람의 식품 섭취량, 활동량, 대사과정에 광범위하게 영향을 미친다.

> ▼ 내배엽형 체형
> endomorphy
> 태생기에 내배엽에서 기원한 내장, 특히 소화기관이 잘 발달된 체형

④ 환경적 요인

고열량 식품의 소비가 증가함에 따라 비만율이 증가하는 추세이다.

⑤ 심리적 요인과 스트레스

감정적 요인도 비만과 관련이 있다. 우울하거나 무기력할 때 먹는 것으로 풀게 되면 뚱뚱해지기 쉽다.

⑥ 호르몬과 내분비 요인

갑상샘기능 저하증, 쿠싱증후군, 다낭성 난소증후군, 고인슐린혈증 등이 비만을 초래할 수 있다. 스테로이드제나 아미트립틸린amitriptyline 등의 항우울제와 같은 약물의 부작용으로 체중이 증가할 수 있다.

(2) 비만의 판정

소아 · 청소년은 2017 소아청소년 표준 성장도표를 기준으로 성별 · 연령별로 비

교하여 체질량지수 95백분위수 이상은 비만으로 진단하고, 85백분위수에서 95백분위수 미만은 과체중으로 분류한다. 또한 비만에 해당하는 체질량지수 95백분위수의 120~139%를 2단계 비만으로, 140% 이상을 3단계 비만으로 판정할 수 있다.

(3) 비만의 치료

학동기 아동의 비만은 체중을 줄이는 것도 중요하지만 비만도를 줄이고 부적당한 식행동과 생활양식을 바로잡아 주는 것이 더욱 중요하므로 식사요법, 운동요법과 행동수정요법을 병행하여 실행하도록 한다.

① 식사요법

6~11세 아동이 체질량지수가 95백분위수 이상이면 체중을 감량한다. 체질량지수가 85~95백분위수 미만에 해당하는 경우에 위험인자를 동반하면 현재 체중을 유지하고, 위험인자가 동반되지 않는 경우에는 과체중아과 그 가족에게 기초적인 건강한 식생활과 활동방식을 배우고 체험하도록 하는 예방적 접근방법을 적용하며, 체중증가 속도를 유지하도록 한다.

무리한 체중 감량보다는 과잉 섭취 등 식사량의 조절과 잘못된 식사습관을 수정하도록 하는 것이 바람직하다. 아동을 위한 열량 조절식을 계획할 때는 비만의 정도를 고려하여야 하며, 이때 발육곡선을 이용하여 키와 연령에 따른 적정체중을 구한 후 비만도를 계산하고 이렇게 평가된 비만도를 고려하여 열량을 줄여 주는 것이 필요하다.

아동의 체중 조절 시 1차 목표는 성장과 발달을 위한 적정한 영양을 공급하면서 열량 섭취량을 점진적으로 변화시키는 것이다. 체중 조절을 위한 열량요구량 산정 시 평상시의 섭취량을 고려하고 체위상태, 신체활동 정도 등에 기초하여 결정한다. 체중감량을 목표로 하는 경우에는 평소 섭취량과 활동량을 고려한 하루 에너지 요구량보다 200~500kcal/일 정도 적게 열량을 섭취하면 1주일 동안 0.5kg의 체중감량이 가능하다. 학동기 아동에서 체질량지수에 따른 체중 목표는 그림 6-4에 제시하였다.

식사 조절 시 아동이 좋아하는 음식을 무조건 제외시키거나 식습관을 심하게 변화시키는 것보다는 현재의 식사형태를 수정하거나 대체하도록 하는 것이 바람직하다. 1일 3회의 식사와 식사시간에 따라 1~3회의 간식을 섭취하도록 하는데, 식생활 형태는 각기 다르므로 개인의 생활습관에 적절하도록 식사를 계획한다.

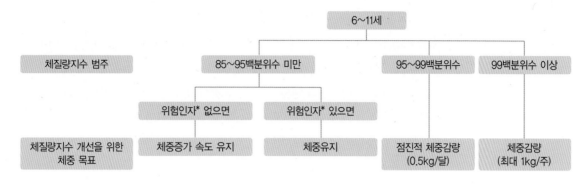

	6~11세		
체질량지수 범주	85~95백분위수 미만	95~99백분위수	99백분위수 이상
	위험인자* 없으면 / 위험인자* 있으면		
체질량지수 개선을 위한 체중 목표	체중증가 속도 유지 / 체중유지	점진적 체중감량 (0.5kg/달)	체중감량 (최대 1kg/주)

*위험인자: 부모의 비만, 가족력, 현재의 생활습관으로 평가

그림 6-4 학동기 아동에서 체질량지수에 따른 체중 목표

자료: 대한비만학회. 소아청소년 비만(3판), 2019

 체중 조절 단계

① 비만도 평가하기
② 자기관찰로 원인 찾기
③ 현재 체중과 목표 체중 확인하고 체중 감량 목표 세우기
④ 식사와 운동 계획 세우기
⑤ 생활습관 중 문제 행동 찾아 행동 수정하기
⑥ 지지해 주고 협조해 줄 협력자 찾기
⑦ 실천하고 평가하기-식사일기, 운동일지 쓰기
⑧ 적정체중 유지하기

② 운동요법

운동은 신체 내 신진대사를 효율적으로 유지시켜 체중과 에너지 균형을 조절하므로 체중 감소, 심폐기능의 강화, 감소된 체중 유지 등에 효과가 있다. 효과적으로 운동요법을 수행하기 위해서는 재미있게 지속적으로 즐길 수 있는 운동을 선택하여 자신의 현재 신체조건에 맞는 수준으로 시행한다. 체중 조절을 위한 운동은 유산소 운동과 일상적인 생활 속에서 활동량을 증가시켜 가도록 한다. 낮은 강도로 오래 운동하는 것이 체지방 감소에 더 효과적이며, 비만 치료에 권장하는 유산소 운동으로는 달리기, 걷기, 자전거 타기, 수영, 요가, 스트레칭 등이 있다.

③ 행동수정요법

행동수정요법은 아동 비만 치료에 가장 효과적인 방법이다. 자기 관찰을 통해 비만을 초래하는 잘못된 식습관과 생활습관을 찾고 부적절한 식사나 잘못된 생활습관을 수정한다. 잘못된 식행동과 관련된 자극을 줄이기 위한 다양한 방법을 익히고 일상생활에서 활동량과 운동량을 증가시켜 소비 열량을 높이면 체중 감량 효과를 높일 수 있다. 체중 감소율은 다소 느리지만, 장기적으로는 체중 감소 효과가 가장 크다.

2) 충 치

충치는 사탕류, 캐러멜, 아이스크림, 초콜릿, 과자류 등의 당류 과잉 섭취와 더불어 치아관리 소홀로 발생할 수 있다. 충치를 예방하려면 식이섬유가 많은 식품 섭취를 통해 치아 표면을 청결하게 유지하고, 치아에 점착성이 낮은 식품을 선택하도록 하며 설탕의 섭취를 줄인다. 식후나 간식 후 또는 잠들기 전에는 양치질을 잘하고, 잠자리에 들기 전에 음식물을 먹거나 입에 물고 자는 일을 삼가도록 한다. 또한 충치 예방을 위해 치아의 불소 도포도 도움이 되며, 치아 건강을 위해 단백질, 칼슘, 인, 비타민 D 등의 영양소를 충분히 섭취한다.

3) 주의력 결핍 과잉행동장애

주의력 결핍 과잉행동장애attention deficit hyperactivity disorder, ADHD로 풀이되는 ADHD는 최근 우리나라 학동기 아동들 가운데에서도 발병이 증가하고 있으며 남자 어린이가 여자 어린이보다 3~4배 많이 발생하고 있다(그림 6-5). 중추신경계의 뚜렷한 증상 없이 행동장애와 학습장애를 유발하며, 과잉 활동, 집중력 결핍, 충동적 행동, 협동심 부족 등의 증상이 나타나고, 주로 7세 이전에 발병하여 최소 6개월 이상 증세가 지속되는 경우 주의력 결핍 과잉행동장애ADHD로 진단한다. ADHD 아동은 집중시간이 짧고, 침착하지 못하며 쉽게 산만해지고, 훈련받기 싫어하며, 충동적인 행동, 과운동, 감정적 불안 등의 행동상의 특징을 가지고 있다. ADHD의 원인은 아직까지 확실히 밝혀져 있지 않으나 주산기 합병증으로 인한 것과 유전적 요인, 식이요인, 환경적 요인, 대사적 요인 등으로 추측하고 있다. 식이요인으로는 살리실산염 화합물이나 식품첨가물, 설탕, 카페인이 함유된 콜라나 커피 등이 있으며, 환경

요인으로는 납과 같은 중금속에 오염되거나 불안정한 가정환경과 부모와의 좋지 않은 감정 관계 등이 있다.

　ADHD의 치료방법으로 약물복용, 심리요법을 이용한 행동수정, 환경개선, 식사요법 등이 복합적으로 이용되고 있다. ADHD 치료에 사용되는 식사요법으로는 인공첨가물 섭취를 제한하는 페인골드식이Feingold diet와 설탕 제한식, 비타민 과량 복용법 등이 있다. 페인골드식이에서는 살리실산염을 함유한 모든 식품과 인공 색소와 향신료, BHA, BHT 등의 방부제를 함유한 모든 식품을 제거한다. 이러한 식이를 4~6주 정도 실시한 후 효과가 있으면 점차로 과일과 채소를 첨가하여 준다.

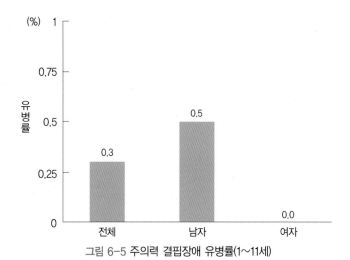

그림 6-5 주의력 결핍장애 유병률(1~11세)

자료: 보건복지부 · 질병관리본부. 2018 국민건강통계, 2019

4) 빈 혈

　철 결핍성 빈혈은 학동기에 가장 흔한 영양성 질병으로, 2018 국민건강통계에 의하면 10~18세에서 4.6%의 유병률을 보였다(그림 6-6). 성장을 위해 철 요구량이 증가하는 반면 식사로부터 적당량의 철을 섭취하기 어려운 경우, 그리고 사춘기 여자의 경우 월경으로 인한 혈액손실 등이 원인이 될 수 있다. 빈혈이 있으면 신체 저항력이 약해져서 다른 병에 걸리기 쉽고, 철 결핍성 빈혈의 경우 안색이 창백하고 피로감, 쇠약감, 권태감, 현기증, 두통, 소화불량 등이 수반된다. 철 결핍성 빈혈일 때는 의사의 처방에 따라 철 보충제를 복용할 수 있으며, 철 급원식품을 충분히 섭취해야 한다. 철의 좋은 공급원은 육류, 달걀, 도정하지 않은 곡류와 빵 종류, 녹황색 채소, 콩 등이다. 식품에 함유된 철에는 헴철과 비헴철이 있는데, 헴철은 주로 동물성 식품에, 비헴철은 주로 식물성 식품에 함유되어 있는 형태이다. 헴철의 흡수율은 20% 정도로 높으나, 비헴철의 흡수율은 2~8% 정도로 낮다. 비타민 C나 동물성 단백질을 같이 섭취하면 비헴철의 흡수율을 증가시킬 수 있다.

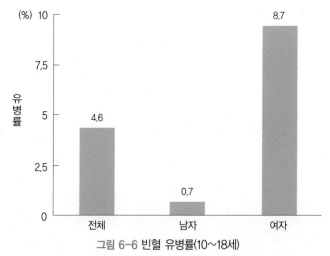

그림 6-6 빈혈 유병률(10~18세)

* 빈혈 유병률: 헤모글로빈(g/dL)이 10~11세 11.5 미만, 12~14세 12 미만, 15세 이상 비임신 여성 12 미만, 남성 13 미만인 분율
자료: 보건복지부 · 질병관리본부. 2018 국민건강통계, 2019

5) 변비

우리나라 아동들은 학년이 높아질수록 하루 종일 앉아 있는 시간이 많아지고 운동량은 감소하며 과로와 스트레스가 연속되기 때문에 변비가 발생할 가능성이 높다. 변비에는 이완성 변비와 경련성 변비가 있는데, 경련성 변비는 장기간의 긴장이나 스트레스, 과로, 불면, 감정이 불안정할 때 자율신경의 장애로 대장이 과민해진 결과 경련성 수축을 일으켜 분괴의 통과가 어려워지는 경우이다. 대변이 염소분처럼 굳고 작은 형태로 나오거나 연필처럼 가늘고 맑은 변이 나오고, 설사와 변비가 번갈아 나타나기도 한다. 경련성 변비는 카페인이나 탄닌이 많은 음료는 피하고, 소

화가 잘되는 유화지방을 적당량 섭취하는 것이 좋다. 또한 음식의 온도는 체온과 비슷하게 하며 소화가 잘되고 식이섬유가 적은 식품을 선택하여 대장의 과도한 연동운동을 가능한 감소시키도록 한다.

가장 흔한 형태의 변비인 이완성 변비는 결장벽의 긴장과 이완부족으로 연동운동이 저하되어 장의 내용물이 오랫동안 장내에 머물러 하행결장 부위가 커지면서 장 통과 시간이 늦어지는 경우로 규칙적인 식사와 배변 습관을 갖는 것이 중요하다. 장의 연동운동을 촉진하기 위해 아침공복에 보리차나 생수 또는 과일이나 채소주스를 1~2컵 정도 마시고 식이섬유가 풍부한 채소, 과일, 해조류 등을 충분히 섭취하는 것이 도움이 된다.

6) 식품 알레르기

식품 알레르기는 아동에게 흔하게 나타나는 영양 문제이다. 식품 알레르기란 어떤 식품에 대해 면역학적으로 일어나는 과민반응으로 특히 위장관이 미숙한 영유아 또는 어린이에게서 자주 나타나며, 나이가 들수록 발생 빈도가 감소하는 경향이 있다. 모든 식품은 알레르기를 일으킬 수 있는 잠재성을 가지고 있다. 특히 우유, 밀, 달걀, 옥수수는 가장 흔한 알레르기 유발 식품으로 알려져 있고, 그 외에도 초콜릿, 두류, 쌀, 생선, 쇠고기, 돼지고기, 닭고기 등도 알레르기를 일으킨다고 보고되고 있다. 또한 향신료나 색소 등의 식품 첨가물 등이 알레르기의 원인이 되기도 한다.

증상은 일정하지 않으며, 개인차도 심하고 섭취량에 따라서도 반응이 다르게 나타날 수 있으나 주요 증세로는 두드러기, 피부발진, 기도폐쇄, 천식, 비염, 위장질환, 패혈증 등을 들 수 있고, 심한 경우 극소량의 섭취만으로도 사망에 이를 수 있다.

무분별한 식품 제한은 치료에 큰 도움이 되지 않으면서 아동의 성장부진, 영양결핍 등 부수적인 문제가 발생할 수 있으므로 바람직하지 않다. 알레르기 반응검사를 통해 원인식품을 찾아내고, 알레르기를 일으키는 식품이 밝혀졌을 때에는 알레르겐이 되는 식품을 식사에서 제외하면서 이 제한 식품을 영양적으로 대체할 만한 적절한 식품을 찾아 영양필요량을 충족시켜야 한다. 만약 아동이 한 가지 식품에 대해서만 알레르기를 나타내면 어려움이 없으나, 식품 알레르기원이 다양하거나 달걀, 우유, 밀과 같이 일상적으로 사용되는 식품일 경우에는 어려움이 따른다. 만약 우유가 알레르기원일 때에는 우유뿐만 아니라 우유가 함유된 식품도 모두 제한해야 하며, 이들 성분이 포함되어 있는지를 확인하기 위해서 모든 식사의 재료를 세밀하게 검토해야 한다. 또한 특정 식품에 대해 알레르기가 심할 때는 이와 유사한 단백질 함유 식품이나 항원에 대해서도 알레르기 반응을 보이는 교차반응이 나타날 수도 있다. 일반적인 제품의 특성만으로는 제품에 포함된 재료 확인이 어려울 수 있으므로 식품표시도 반드시 확인하여야 한다. 여러 가지 식품에 알레르기 반응을 일으키는 아동은 다른 식품에도 과민해지기 쉽기 때문에 같은 식품을 너무 자주 섭취하는 것도 피해야 한다. 그러므로 4~7일 주기의 순환식단을 작성하여 한 가지 식품이 4~7일 이내에는 반복되지 않도록 주의한다.

학동기의 식사지도

1. 학동기의 식행동 문제

1) 아침 결식

2018년 국민건강통계에 의하면, 학동기 아동의 아침 결식률은 15.0%로 1~2세 5.5%, 3~5세 8.1%에 비해 현저히 높은 양상을 보였다(그림 6-7). 학동기 아동이 아침을 거르면 성장·발육 지연, 주의집중력 저하, 학습능력 저하 등을 일으킬 수 있다. 아침식사는 밤 동안의 공복으로 인해 체내 저장 글리코겐이 고갈되므로 포도당을 보충하고 활동에 필요한 에너지를 공급한다는 의미가 있다. 두뇌는 주된 에너지원으로 포도당을 필요로 하고, 어린이의 두뇌 크기는 어른과 같으나 간에 저장되어 있는 글리코겐의 양은 적으므로 10세 정도의 어린이가 정상적인 두뇌활동을 하기 위해서는 4~6시간마다 식사를 통해 혈당공급을 해주어야 한다. 또한 아침식사의 질은 그날의 식사의 질을 좌우하고 개인의 지적·신체적 발달에 영향을 미친다. 그러므로 성장이 왕성하고, 학업 스트레스에 시달리는 학동기에는 아침식사를 규칙적으로 할 수 있도록 학교와 가정에서 각별한 관심이 필요하다.

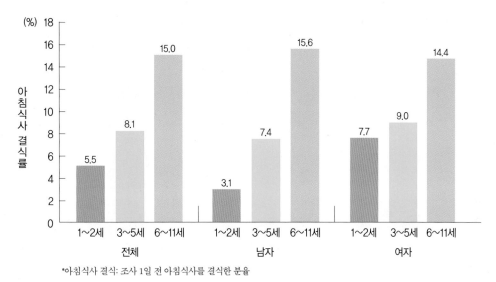

*아침식사 결식: 조사 1일 전 아침식사를 결식한 분율

그림 6-7 유아와 학동기 아동에서 아침식사 결식률

자료: 보건복지부 · 질병관리본부, 2018 국민건강통계, 2019

2) 열량 위주의 간식 및 외식 증가

우리 사회의 급속한 산업화와 더불어 소득수준의 향상과 핵가족화 경향이 급속도로 이루어지면서 계획적이고 규칙적인 식사보다는 인스턴트 위주의 식사를 하는 가정이 많아지고 있다. 또한 학동기에는 성장에 따른 영양소의 요구량이 증대되기 때문에 정규식사 외에 간식의 섭취도 매우 중요하다. 국민건강통계(2009)에 의하면, 6~11세 아동들은 하루에 1회(35.7%) 혹은 2회(44.7%)의 간식을 하고 있는 것으로 조사되어 약 80%의 아동들이 하루 1회 이상 간식을 하고 있었다. 2018년 국민건강통계에 의하면, 하루 1회 이상 외식을 하는 학동기 아동은 42.1%였으며, 주 1회 이상 외식을 하는 아동의 비율도 99.6%로 나타났다(그림 6-8). 그러나 간식의 종류가 제한되어 있고, 요즈음은 어디서나 쉽게 구할 수 있는 패스트푸드를 간식으로 많이 이용하고 있어 문제가 되고 있다. 패스트푸드는 대체로 고열량, 고지방, 고나트륨식이고, 칼슘, 비타민 A, 비타민 C, 식이섬유가 적은 영양적 문제점을 가지고 있다. 이러한 간식의 섭취는 비만과 변비 등의 영양문제를 초래하게 되므로, 우유나 요구르트, 과일, 샌드위치 등의 간식을 선택하도록 하는 것이 바람직하다.

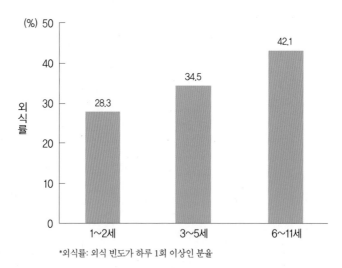

(%) 50

*외식률: 외식 빈도가 하루 1회 이상인 분율

그림 6-8 유아와 학동기 아동에서 외식률

자료: 보건복지부·질병관리본부. 2018 국민건강통계, 2019

2. 아동의 식행동에 영향을 미치는 요인

개인의 식습관은 유아기부터 사춘기 이전에 형성된다는 견해가 일반적이며, 사회 인구학적인 변인, 개인의 신체적·정신적 조건, 경제·문화·종교적 여건, 가족 구성원, 특히 부모의 교육 수준이나 대중매체 등이 영향을 미칠 수 있다고 보고되고 있다. 이렇게 한번 형성된 식습관은 지속성이 있어서 교육 등의 후천적 변화요인에 대해 저항성을 가진다고 한다. 한번 형성된 식습관은 교정하기 힘들기 때문에 어릴 때부터 가정과 학교에서 영양교육을 통하여 올바른 식습관을 갖고 영양적으로 균형 잡힌 식생활을 실천할 수 있도록 해야 한다.

1) 부모의 영향

학동기 아동의 식품 섭취는 여러 가지 문화, 환경, 사회적 요인들에 의해 좌우된다. 특히 가족의 식습관 및 영양지식은 아동의 식품 선택에 중요한 요인이 되며 무엇보다도 부모가 좋아하는 식품은 이들에게 강력한 영향력을 발휘한다. 따라서 부모는 바람직한 식습관의 형성을 위해서 아동에게 영양의 중요성을 인식시키고 실제로 건전한 식품을 선택할 수 있는 방법을 교육시켜야 한다.

우리나라에서는 식품위생법(제10조)상의 영양표시 관련 규정에 의하여 1996년 1월부터 영양표시제를 시행하고 있다. 초등학생의 영양표시 이용률은 10.0%(2018 국민건강통계, 2019)로 19세 이상 성인의 30.3%에 비해 매우 저조한 실정이다. 영양표시제도는 생활수준의 향상과 건강에 대한 관심의 증대에 따라 식품에 포함된 영양소와 건강에 직간접적으로 영향을 미치는 요소들에 대한 정보를 제공할 뿐 아니라 여러 가지 식사지침과 영양에 관한 정보를 제공함으로써 영양교육의 도구로 사용될 수 있으므로, 아동들의 보다 영양적이고 가치 있는 식품 선택을 돕기 위해 이를 활용한 적절한 교육이 이루어져야 한다.

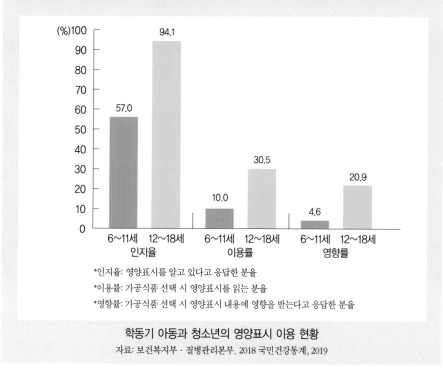

*인지율: 영양표시를 알고 있다고 응답한 분율
*이용률: 가공식품 선택 시 영양표시를 읽는 분율
*영향률: 가공식품 선택 시 영양표시 내용에 영향을 받는다고 응답한 분율

학동기 아동과 청소년의 영양표시 이용 현황
자료: 보건복지부 · 질병관리본부. 2018 국민건강통계, 2019

2) TV와 광고의 영향

식습관에 미치는 여러 가지 가족적, 문화적, 심리적 요인 이외에도 대중매체는 아동의 식품에 대한 태도와 특정 식품에 대한 요구에 중요한 영향을 끼친다. 과도한 TV 시청은 학동기에 필요한 왕성한 활동량을 감소시킴으로써 과체중이나 비만 등의 문제를 증가시킬 수 있다. 또한 TV를 보는 동안 아동들은 광고문구에 현혹되기 쉬운데, 설탕과 지방이 농축된 식품이 식품 광고 중 많은 편이다. 이러한 광고뿐만이 아니라 방송내용도 아동들의 식행동, 식습관, 신체상 등에 많은 영향을 미친다.

3) 학교급식과 영양교육

성장기 학생들에게 따뜻하고 영양가 있는 식사를 제공하여 학생의 건강을 유지·증진시키고, 올바른 식생활습관 형성으로 평생건강의 기틀을 마련하며, 협동정신과 봉사정신 등 공동체의식 함양을 위한 교육의 일환으로 시행되고 있는 학교급식은 학생들의 건강관리 측면에서도 매우 중요하다. 우리나라에서는 1990년대에 들어서면서 전국적으로 확대되어 2020년 초 기준 전국 초·중·고·특수학교 전체 11,835개교에서 100% 학교급식을 실시하고 있다. 학교급식은 성장기의 아동에게 정상적인 신체 발달과 활동에 필요한 영양을 한 끼의 기준량으로 제시한 학교급식 영양관리기준에 따라 공급하고, 합리적인 식생활에 대한 지식과 습관을 기르기 위하여 학교에서 일정한 목표를 설정하여 계획적으로 실시하는 집단급식이다. 학동기 아동의 경우 생활시간은 대부분 정오를 중심으로 이루어지므로 점심식사의 중요성이 점차 강조되고 있으며, 특히 핵가족화 현상과 함께 여성의 사회참여가 높아짐에 따라 식생활에서 가정이 담당하던 여러 가지 역할들을 학교에서 대신 담당하면서 급식에 대한 학교의 역할이 강조되고 있다.

아동들은 학교급식을 통하여 다양한 식품을 접할 기회를 제공받고 익숙하지 않은 음식의 맛과 질감, 음식에 대한 다각적인 경험을 함으로써 편식을 교정하고 바람직한 식습관을 확립할 수 있게 된다. 또한 급식과 함께 영양교육을 받고 식품에 대한 합리적인 지식을 배워 올바른 식습관을 형성할 수 있다.

학동기 아동의 영양은 이 시기의 건강과 성장에 직접적인 영향을 미치며 나아가 일생 건강의 기초가 된다. 좋은 영양은 올바른 식습관을 가지고 균형 잡힌 식사를 할 때 달성될 수 있으므로 이를 위해서는 가정과 학교에서의 영양교육이 매우 중요하다.

3. 학동기의 식사지도

학동기 아동의 식사내용은 대부분 부모의 식품 선택과 조리법 등에 의존하기 때문에 이들의 식생활은 부모에 의해 좌우된다고 해도 과언이 아니다. 그러므로 가족의 나쁜 식습관이나 편식의 습성은 아동의 식습관에 직접적인 영향을 미친다. 아동의 편식습관을 교정하기 위해서는 가족, 특히 어머니의 편식을 우선 교정하며 가족 전체가 협력해야 한다. 아동이 싫어하는 음식은 맛, 향, 색 등에 특별한 주의를 기울여 잘 조리하고, 음식 담는 법이나 식사 분위기 등을 연구하여 싫어하는 음식에 대한 흥미를 유발함으로써 편식을 교정하는 것이 바람직하다. 특정 식품을 심하게 거부할 때에는 그것을 강요하기보다는 그 식품에 들어 있는 영양소를 보충할 수 있는 대체식품을 이용한다.

🔍 확대경   어린이를 위한 식생활지침

- **음식은 다양하게 골고루**
  - 편식하지 않고 골고루 먹습니다.
  - 끼니마다 다양한 채소 반찬을 먹습니다.
  - 생선, 살코기, 콩제품, 달걀 등 단백질 식품을 매일 한 번 이상 먹습니다.
  - 우유를 매일 두 컵 정도 마십니다.

- **많이 움직이고, 먹는 양은 알맞게**
  - 매일 한 시간 이상 적극적으로 신체활동을 합니다.
  - 나이에 맞는 키와 몸무게를 알아서, 표준 체형을 유지합니다.
  - TV 시청과 컴퓨터 게임을 모두 합해서 하루에 두 시간 이내로 제한합니다.
  - 식사와 간식은 적당한 양을 규칙적으로 먹습니다.

- **식사는 제때에, 싱겁게**
  - 아침식사는 꼭 먹습니다.
  - 음식은 천천히 꼭꼭 씹어 먹습니다.
  - 짠 음식, 단 음식, 기름진 음식을 적게 먹습니다.

- **간식은 안전하고, 슬기롭게**
  - 간식으로는 신선한 과일과 우유 등을 먹습니다.
  - 과자나 탄산음료, 패스트푸드를 자주 먹지 않습니다.
  - 불량식품을 구별할 줄 알고 먹지 않으려고 노력합니다.
  - 식품의 영양표시와 유통기한을 확인하고 선택합니다.

- **식사는 가족과 함께 예의 바르게**
  - 가족과 함께 식사하도록 노력합니다.
  - 음식을 먹기 전에 반드시 손을 씻습니다.
  - 음식은 바른 자세로 앉아서 감사한 마음으로 먹습니다.
  - 음식은 먹을 만큼 담아서 먹고 남기지 않습니다.

자료: 보건복지부. 어린이를 위한 식생활지침, 2009

7

청소년기
영양

청소년기(adolescence)는 학동기에서 성인기로 이행하는 시기, 혹은 사춘기(puberty) 시작으로부터 성숙할 때까지의 시기로 우리나라의 만 12~18세까지의 중·고등학생이 이에 해당된다. 이 시기는 영아기이후 제2의 급성장기(growth spurt)로서 신체적·정신적·성적 성숙으로 발육이 활발하게 일어난다. 사춘기라는 의미는 생식기관이 발달하는 시기로서, 성적 발달이 시작되어 완성되는 청소년기의 초기 3~5년을 이른다. 남성은 사춘기의 시작이 여성보다 늦은 편으로 만 12~20세, 여성은 다소 빨라서 만 10~18세를 청소년기로 보고 있다.

청소년기의 특징은 신체 발육이 왕성하여 영양소 필요량이 그 어느 시기보다 높다는 것이다. 그러나 이 시기에는 불규칙한 생활, 과도한 학업 등으로 인해 식사를 소홀히 하기 쉬우므로 규칙적이고 바람직한 식습관을 형성할 수 있도록 세심한 지도가 필요하다. 이 시기의 올바른 영양관리는 성인기까지 영향을 미쳐 건강한 생활을 오랫동안 영위할 수 있으며 노화와 생활습관 질병을 예방 또는 지연시키는 등 평생 건강을 지키는 데 도움이 된다.

7

청소년기
영양

청소년기의 신체 발달

1. 성장과 성숙에 영향을 미치는 요인

1) 호르몬

사춘기의 시작을 좌우하는 가장 중요한 요인은 성호르몬이다. 일생을 통하여 뇌는 소량의 난포자극호르몬follicle stimulate hormone, FSH과 황체형성호르몬luteinizing hormone, LH을 분비한다. 소아기에는 뇌가 이 난포자극호르몬과 황체형성호르몬을 소량 분비하지만, 사춘기 시작 2~3년에 이 호르몬의 양이 증가하여 남성의 정소에서 생성되는 테스토스테론testosterone과 여성의 난소에서 분비되는 난포호르몬estrogen 및 황체호르몬progesterone과 같은 성호르몬의 분비를 촉진한다.

부신에서 분비되는 안드로겐androgen은 강력한 동화작용을 촉진하는 호르몬으로 단백질 합성을 증가시키고, 질소는 물론 칼륨, 인, 칼슘 등의 체내 보유를 증가시킨다. 안드로겐은 고환에서 분비되는 테스토스테론과 함께 남성의 생식기 발육을 촉진하고 여성보다 더 많은 근육량과 골격을 유지하도록 하여 남성의 제2차 성징을 발현시킨다.

여성의 경우 에스트로겐은 프로게스테론과 함께 여성의 생식에 중요한 역할을 하는 호르몬이다. 사춘기가 되면 난소에서 에스트로겐 분비가 증가하여 여성 생식기의 발육을 촉진하며, 또한 유방, 체형 등 여성의 성징이 발현된다.

2) 영 양

영양상태는 사춘기의 시작과 매우 밀접한 관계가 있다. 사춘기의 성장과 성숙과정에 있어서 영양이 주요 역할을 담당하는 이유는 영양이 호르몬 분비와 최저 체중 및 신체성분에 영향을 미칠 수 있기 때문이다. 마라스무스marasmus 또는 쿼시오커 kwashiorkor 등 영양상태가 불량한 어린이들의 혈장 성호르몬 수준은 정상아보다 현저히 낮았으며, 이러한 현상은 식욕감퇴로 인하여 심하게 체중이 감소된 성인에게서도 확인되었다. 이와 같이 영양상태는 체중과 체지방 성분에 영향을 줄 수 있으며 체중과 체지방 함량은 초경의 개시와 밀접한 관계가 있는 것으로 알려져 있다. 연구에 의하면, 초경의 개시를 위한 최저 한계 체중은 47.8kg, 최저 체지방 함량은 17~22%라고 한다. 따라서 영양 부족이나 결핍은 초경 개시에 필요한 최저 한계 체중 및 체지방 함량에 달하게 되는 시간을 지연시킴으로써 성숙과정을 늦출 수 있다.

마라스무스
marasmus
에너지와 단백질이 모두 결핍된 영양불량증

쿼시오커kwashiorkor
단백질 결핍에 의한 영양불량증

3) 기타 요인

(1) 체 격

일반적으로 남녀 모두 키가 크고 체격이 큰 사람은 키가 작고 체격이 작은 사람에 비하여 성 성숙이 일찍 일어난다. 그러나 체중에 비하여 키가 크고 마른 사람은 늦게 성 성숙이 일어나는 경향이 있다.

(2) 유 전

사춘기의 성장과 성숙은 유전적 요인에 의해 영향을 받는다. 한 가족 내 여자들의 초경 연령 사이에 높은 상관관계가 있으며, 모녀 간 초경 연령에도 높은 상관관계가 있다고 한다.

(3) 스트레스

스트레스가 사춘기의 성장과 성숙의 지연을 초래한다는 연구 보고가 있다. 이러한 현상은 스트레스로 인하여 부신에서 남성 호르몬의 생성이 증가함에 따라 성선자극호르몬의 분비를 억제하기 때문인 것으로 보인다.

2. 신체적 성장

1) 신장과 체중

사춘기는 신장과 체중이 급격히 증가하는 급성장기이다. 영아기 이후 유아기와 학동기 동안에 완만했던 신장과 체중의 성장속도는 사춘기에 접어들면서 다시 한 번 빨라진다(그림 7-1). 사춘기 5~7년 동안은 신장과 체중이 증가하는 급성장기이다. 신체 급성장은 사춘기 직전에 일어나기 시작하는데, 여자가 남자보다 약 2년 앞서 신장과 체중 증가율이 높아지는 급성장기를 맞게 되며 3년에 걸쳐 급성장기가 진행된다. 남자는 여자보다 다소 늦은 나이에 사춘기에 들어서지만 그 과정이 완료되는 데는 4~6년이 더 걸린다.

2) 체조성의 변화

사춘기에는 신장과 체중이 크게 증가할 뿐만 아니라 체형과 신체조성 면에서도 변화가 크게 일어난다. 체형의 변화를 보면 여자는 허리가 가늘어지고 가슴과 엉덩이가 커지며, 남자는 어깨가 넓어지는 변화가 나타난다. 즉, 상대적으로 남자는 근육이 더 발달하고 여자는 체지방이 축적되어 곡선형의 체형을 가지게 된다.

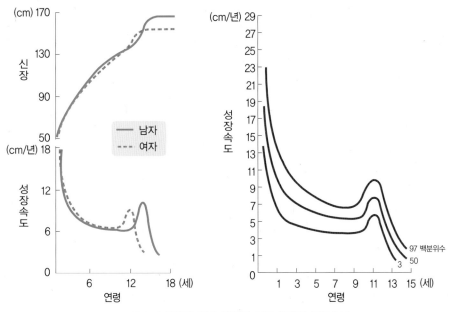

그림 7-1 연령에 따른 신장의 성장 상태와 성장속도

자료: Marshall WA. Clin Endocrinol Metab 4:3-25, 1975

　사춘기에 나타나는 체조성 변화를 보면, 남녀 모두 근육과 골격량, 골질량이 증가한다. 이 기간 동안에 성인 골질량의 50%에 해당되는 골격이 축적되며, 18세가 되면 성인 골질량의 90%에 도달하게 된다. 유전, 호르몬 변화, 하중을 받는 운동량, 흡연, 음주, 칼슘, 단백질, 비타민 D, 철 섭취량 등이 골질량의 축적에 영향을 주는 요인이다. 사춘기에 섭취하는 단백질과 칼슘의 양에 따라서 최대 골질량의 크기가 결정되므로 이 시기의 식습관과 영양교육은 매우 중요하다.

　체중에 대한 근육량의 비율은 남자와 여자에 차이가 생긴다(그림 7-2). 근육량은 연령이 증가하면서 계속적으로 증가하다가 여자의 경우에는 16세 이후 일정하며, 남자의 경우에는 성인이 될 때까지 증가한다. 특히 여자의 경우에는 체중에 대한 무지방 신체질량 비율이 80%에서 74%로 감소하면서 16%이었던 체지방 비율이 27%까지 증가한다. 여고생에 해당하는 15~17세 때 체지방 함량이 최고조에 달한다. 초경의 시작은 체지방 함량과 밀접한 관련이 있는 것으로 알려진 바와 같이 초경이 시작되려면 체지방 함량이 적어도 17%는 되어야 하며, 배란이 되려면 25%의 체지방 함량이 필요하다고 한다.

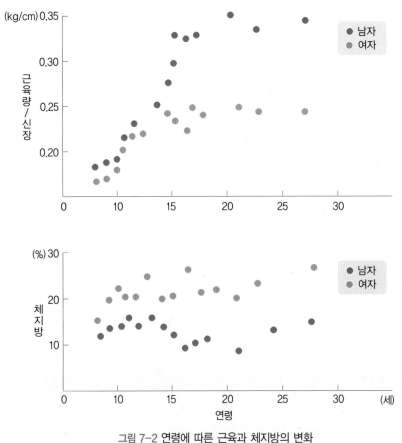

그림 7-2 연령에 따른 근육과 체지방의 변화

자료: Forbes GB, Textbook of pediatric nutrition, Raven Press, 1981

3. 성적 성숙

사춘기에는 여러 가지 생리적 기능이 발달하는데, 그 가운데 가장 극적인 변화를 보이는 것이 생식기능의 성숙이다. 사춘기의 성적 성숙 정도를 나타내는 척도로 성적 성숙도sexual maturation rating, SMR를 사용한다. SMR은 태너 단계Tanner stages라고 부르는데 생활연령에 상관없이 성적 발달 정도를 측정하는 데 쓰인다. SMR 척도를 측정할 때는 표 7-1과 같이 남자의 경우 고환과 음경의 발달 정도와 음모의 출현에 따라서, 여자의 경우에는 유방의 발달과 음모의 출현 정도에 따라서 각각 1단계에서부터 5단계로 나눈다.

표 7-1 청소년기의 성적 성숙도

남 자	음 모	성 기
1단계	음모 없음	변화 없음
2단계	음경 기저 부위에 약간 출현	고환과 음낭의 확대 시작, 음낭의 피부색이 붉어지고 표면이 거칠어짐, 음경에는 변화 없음
3단계	음모가 많아지고 구부러지며, 색깔이 검게 변함	음경의 길이와 폭 증가, 음낭과 고환 확대
4단계	성인과 비슷하나 대퇴부까지 퍼지지 않음	음경이 크고 분비선 발달됨, 음낭과 고환이 더 커짐, 음낭의 피부가 갈색으로 착색됨
5단계	성인과 같음	성인의 크기에 도달함

여 자	음 모	유 방
1단계	음모 없음	변화 없음
2단계	대음순 부위에 소량의 음모 출현	유두의 돌출
3단계	음모가 많아지고 구부러지며, 색깔이 검게 변함	유방과 유륜이 커짐
4단계	성인과 비슷하나 대퇴부까지 퍼지지 않음	유륜과 유두가 더 커지면서 둔덕이 생김
5단계	성인과 같음	성인과 같은 모양이 됨

자료: Mahan LK · Rees JM. Nutrition in adolescence. Mosby, 1984

남자들에게는 음낭과 고환이 커지고 착색이 되는 변화가 먼저 나타난다. 그 다음 음경이 길어지고 굵어지며, 고환과 음낭이 계속 확대된다. 음경의 길이와 폭이 증가하며 분비선이 발달하여 12.7~17세에 성인의 크기에 도달하게 된다. 여자에게는 유두의 돌출이 사춘기에 나타나는 첫 변화이다. 그 다음에 길고 섬세한 음모가 나고 SMR 4단계에 가면 초경을 시작하게 된다. 초경이 나타나는 시기는 개인차가 크며 영양상태에 따라서도 달라진다.

4. 심리 발달

청소년기에는 신체의 성장과 함께 정서적 · 사회적 · 지적 발달이 급속하게 이루어진다. 자기 주관이 확립되고 도덕적, 윤리적 가치체계의 발달이 일어나며, 소속집단 속에서 책임감 있는 성인의 역할을 배워 나가게 된다. 또한 구체적이고 실질적인 일뿐 아니라 추상적이고 가상적인 문제를 다룰 수 있는 능력도 발달하게 된다.

청소년기에는 성인의 신체 모습으로 점차 외모가 발달하면서 지적·정서적 발달과 함께 영양적인 문제도 발생한다. 청소년은 빠르게 변화되고 있는 자신의 신체에 대해 불만을 갖게 된다. 동시에 그들 자신이 외부의 영향을 많이 받기 때문에 자신들의 완벽한 동료와 그들 문화의 우상들처럼 되고 싶어 한다. 이런 감정들은 자신의 식생활을 임의로 조작함으로써 외모를 변화시키려고 노력하게 되며, 상업적인 광고와 선전에 충동적으로 반응하게 된다.

청소년기의 영양소 섭취기준

1. 에너지

청소년기의 에너지 필요량은 기초대사량과 활동수준, 사춘기 신체 급성장 발달에 요구되는 에너지 요구량에 의해 결정된다. 기초대사량은 무지방 신체질량에 따라 달라지는 점을 고려할 때 사춘기 때 무지방 신체질량이 많이 증가하는 남자의 에너지 필요량이 급증하게 된다. 사춘기의 성장과 발달 정도는 에너지 섭취량에 의해 달라질 수 있다. 만약 에너지 섭취량이 필요량보다 부족하다면 신체의 성장·발달이나 성적 성숙이 지연되거나 충분히 이루어지지 못하여 성인이 되었을 때 신체 크기가 작아질 수 있다.

현재 우리나라 청소년의 에너지 필요추정량은 에너지 소비량에 성장에 소요되는 에너지를 추가하여 산출하며, 성장소요 에너지는 9~11세 아동과 동일한 1일 25kcal로 하고 있다. 남자에 있어서 12~14세의 에너지 필요추정량은 2,500kcal/일이고, 15~18세에는 급속한 성장을 위하여 2,700kcal/일이 필요하다. 여자의 경우는 12~18세 모두 1일 2,000kcal를 권장한다(표 7-2).

청소년의 에너지 필요추정량 산출식

연령 (세)	총 에너지 소비량(A)	성장에 필요한 추가필요량(B)	산출식	에너지 필요추정량 (kcal/일)
12~14	남자: 88.5−61.9×연령(세)+PA× [26.7×체중(kg)+903×신장(m)]	25kcal/일	A+B	남자: 2,500 여자: 2,000
15~18	여자: 135.3−30.8×연령(세)+PA× [10.0×체중(kg)+934×신장(m)]			남자: 2,700 여자: 2,000

* 신체활동수준에 따른 신체활동계수(PA)

　남자: PA = 1.0(비활동적), 1.13(저활동적), 1.26(활동적), 1.42(매우 활동적)

　여자: PA = 1.0(비활동적), 1.16(저활동적), 1.31(활동적), 1.56(매우 활동적)

자료: 보건복지부 · 한국영양학회. 2020 한국인 영양소 섭취기준, 2020

표 7-2 청소년의 에너지 필요추정량

성 별	연령(세)	체중(kg)	신장(cm)	에너지 필요추정량(kcal/일)
남 자	12~14	52.7	161.2	2,500
	15~18	64.5	172.4	2,700
여 자	12~14	48.7	156.6	2,000
	15~18	53.8	160.3	2,000

자료: 보건복지부 · 한국영양학회. 2020 한국인 영양소 섭취기준, 2020

2. 단백질

청소년기에는 성장과 호르몬의 변화와 함께 근육량, 미오글로빈, 적혈구 등과 같은 체구성 성분의 변화로 인해 단백질 필요량이 증가한다. 에너지와 마찬가지로 사춘기의 신체 성장 · 발달 정도는 단백질 섭취량에 의해 달라질 수 있다. 청소년기에 단백질이 부족하게 되면 신체 성장과 성적 성숙이 지연되거나 무지방 신체질량이 감소될 수 있다.

청소년기의 단백질 평균필요량은 질소 평형을 위한 단백질 필요량에 이용효율을 적용하고 성장에 필요한 부가량을 추가한 뒤 이를 연령별 기준 체중과 곱하여 산출하였다. 이 때, 질소평형 유지에 필요한 기본량은 성인과 동일한 0.66g/kg/일을 적용하되, 연령에 따른 이용효율의 편차를 적용하였으며, 연령 구간별 성장에 필요한 단백질 양은 FAO/WHO/UNU가 제시한 근거를 바탕으로 추가되었다. 또한 권장섭취량은 평균필요량에 변이계수 12.5%를 적용하여 산출하였다. 12~14세 청소년기 단백질 권장섭취량은 남자에서 60g/일, 여자에서 55g/일이며, 15~18세에서는 남자에서 65g/일, 여자에서 55g/일이었다(표 7-3).

표 7-3 청소년의 단백질 섭취기준

성 별	연령(세)	체중(kg)	평균필요량(g/일)	권장섭취량(g/일)
남 자	12~14	52.7	50	60
	15~18	64.5	55	65
여 자	12~14	48.7	45	55
	15~18	53.8	45	55

자료: 보건복지부 · 한국영양학회. 2020 한국인 영양소 섭취기준, 2020

3. 탄수화물

청소년은 탄산음료나 간식을 통한 단순당의 섭취비율이 높고 채소 및 전곡류의 섭취는 낮은 것으로 평가되고 있기 때문에 복합당과 식이섬유의 섭취를 증가시키는 방향으로 지도해야 한다. 청소년의 경우 성인과 마찬가지로 탄수화물의 에너지 적정비율은 55~65%이며, 권장섭취량은 130g/일이다. 청소년에서 식이섬유의 충분섭취량은 남자 30g/일, 여자 25g/일이다. 총 당류의 섭취는 총 에너지 섭취의 10~20%로 제한하고 특히, 식품의 조리 및 가공 시 첨가되는 첨가당은 총 에너지 섭취량의 10% 이내로 섭취하도록 한다.

4. 지 질

청소년기 지방의 에너지 적정섭취비율은 15~30%이며, 포화지방산과 트랜스지방산은 각각 총 에너지 섭취량의 8% 미만, 1% 미만으로 섭취해야 한다. 2020 한국인

표 7-4 청소년의 지질 섭취기준

성 별	연령(세)	지 방	포화지방산	트랜스지방산	리놀레산(g/일)	알파-리놀렌산(g/일)	EPA+DHA(mg/일)
		에너지적정비율(%)			충분섭취량		
남 자	12~14	15~30	8 미만	1 미만	12.0	1.5	230
	15~18				14.0	1.7	230
여 자	12~14	15~30	8 미만	1 미만	9.0	1.2	210
	15~18				10.0	1.1	100

자료: 보건복지부 · 한국영양학회. 2020 한국인 영양소 섭취기준, 2020

영양소 섭취기준에서 청소년기 리놀레산, 알파-리놀렌산 및 EPA+DHA의 충분섭취량은 2013년부터 2017년까지의 국민건강영양조사의 평균섭취량을 토대로 설정하였다(표 7-4). 식사로부터 섭취하는 오메가-3 지방산과 오메가-6 지방산은 대부분 알파-리놀렌산과 리놀레산의 형태인데, 2013~2017년까지 조사된 국민건강영양조사 분석 결과 청소년기 리놀레산과 알파-리놀렌산의 섭취 비율은 12~14세 남자 8.6 : 1, 12~14세 여자 7.0 : 1, 15~18세 남자 7.7 : 1, 15~18세 여자 9.0 : 1로 나타났다. 지방의 과다 섭취는 비만을 유도하기 쉽고 포화지방산이나 콜레스테롤의 섭취가 증가하면 관상동맥질환 등 만성질환의 발생이 증가하게 된다. 그러나 청소년들은 간식과 외식의 빈도가 높기 때문에 지질 섭취량이 증가하여 비만이 초래될 수 있으므로 이에 대한 영양관리가 필요하다. 이때 청소년의 식사 중 지질 함량이 높다고 하여 지나치게 지질을 제한하면 에너지 및 단백질 섭취가 부적절하게 되어 성장이 저해될 수 있음을 고려해야 한다.

5. 비타민

1) 지용성 비타민

청소년기에는 급속한 성장을 위해 필요한 비타민들을 충분히 공급해야 한다. 비타민 A는 세포분화와 증식에 중요한 역할을 하므로 정상적인 성장에 필수적이며, 시력, 생식, 면역능력 등에 반드시 필요하다. 청소년들의 비타민 A 섭취량은 권장섭

표 7-5 청소년의 지용성 비타민 섭취기준

| 성 별 | 연령(세) | 비타민 A(μg RAE/일) | 비타민 D(μg/일) | 비타민 E(mg α-TE/일) | 비타민 K(μg/일) |
		권장섭취량	충분섭취량	충분섭취량	충분섭취량
남 자	12~14	750	10	11	70
	15~18	850	10	12	80
여 자	12~14	650	10	11	65
	15~18	650	10	12	65

자료: 보건복지부 · 한국영양학회. 2020 한국인 영양소 섭취기준, 2020

취량에 미치지 못하는 것으로 평가되고 있어 이에 대한 각별한 영양관리가 요구된다. 비타민 D는 골격의 석회질화와 관련하여 칼슘과 인의 항상성 유지에 관여하므로 골격이 빠르게 성장하는 청소년기에 그 요구량이 증가한다. 비타민 E는 청소년기 동안 급속히 증가하는 새로운 세포와 구조적 · 기능적인 특징을 유지하기 위해 중요한 역할을 한다.

청소년기 비타민 A의 권장섭취량은 12~14세 남녀 각각 750 μg RAE/일과 650 μg RAE/일이며, 15~18세는 남자 850 μg RAE/일, 여자 650 μg RAE/일이다. 비타민 D의 충분섭취량은 12~18세 남녀 모두 10 μg/일이다. 비타민 E의 충분섭취량은 12~14세 남녀 11mg α-TE/일이며, 15~18세는 남녀 12mg α-TE/일이다. 비타민 K의 충분섭취량은 남자의 경우 12~14세 70 μg/일, 15~18세 80 μg/일이며, 여자는 12~18세 모두 65 μg/일로 설정되었다(표 7-5).

2) 수용성 비타민

청소년기에는 에너지 필요량이 매우 높기 때문에 티아민, 리보플라빈, 니아신 필요량도 증가하게 된다. 비타민 B_6는 단백질 섭취량이 증가할수록 요구량이 늘어나며, 급격한 세포 성장과 질소 대사에 관련되는 수많은 효소계의 작용을 위해서도 필요하다. 따라서 혈장 단백질, 결합조직 및 근육량이 급격하게 증가하는 청소년들은 비타민 B_6를 충분히 섭취해야 한다. 아미노산과 핵산의 합성에 필수적인 엽산과 비타민 B_{12}는 세포분열과 성장에 중요한 비타민으로서 청소년기에 이 비타민의 섭취

표 7-6 청소년의 수용성 비타민 권장섭취량

성 별	연령(세)	티아민 (mg/일)	리보플라빈 (mg/일)	니아신 (mg NE/일)	비타민 B$_6$ (mg/일)	엽산 (μg DFE/일)	비타민 B$_{12}$ (μg/일)	비타민 C (mg/일)
남 자	12~14	1.1	1.5	15	1.5	360	2.3	90
	15~18	1.3	1.7	17	1.5	400	2.4	100
여 자	12~14	1.1	1.2	15	1.4	360	2.3	90
	15~18	1.1	1.2	14	1.4	400	2.4	100

자료: 보건복지부 · 한국영양학회. 2020 한국인 영양소 섭취기준, 2020

는 매우 중요하다. 비타민 C는 콜라겐 합성에 관여하므로 청소년의 성장에 필요하며, 흡연자의 경우 비타민 C 영양상태가 비흡연자에 비해 낮은 것으로 보고되고 있으므로 흡연하는 청소년의 경우 비타민 C를 더 많이 섭취해야 한다. 청소년에서 수용성 비타민의 섭취기준은 표 7-6과 같다.

6. 무기질

청소년기는 골격과 근육, 혈액이 크게 증가하는 급성장기이므로 그 어느 생애주기보다 무기질이 많이 필요한 시기이다. 청소년기에 무기질의 섭취기준은 표 7-7과 같다.

표 7-7 청소년의 무기질 권장섭취량

성 별	연령(세)	칼슘(mg/일)	인(mg/일)	마그네슘(mg/일)	철(mg/일)	아연(mg/일)
남 자	12~14	1,000	1,200	320	14	8
	15~18	900	1,200	410	14	10
여 자	12~14	900	1,200	290	16	8
	15~18	800	1,200	340	14	9

자료: 보건복지부 · 한국영양학회. 2020 한국인 영양소 섭취기준, 2020

멸치(15g)
373mg

우유(1컵)
226mg

요구르트(호상)
141mg

치즈(1장)
125mg

두부(1/5모, 80g)
51mg

들깻잎(70g)
207mg

자료: 농촌진흥청 국립농업과학원. 국가표준식품성분 DB 9.1, 2019

1) 칼 슘

인체의 총 골격 성장의 45% 정도가 청소년기에 이루어지므로 이 시기에 충분한 칼슘 섭취는 매우 중요하다. 청소년기 초반에 체내 칼슘의 축적이 많이 이루어지는데, 12~14세 남자 청소년은 1일 약 307mg, 여자 청소년은 1일 약 250mg의 칼슘을 축적하게 된다. 따라서 이 시기의 칼슘 권장섭취량은 남녀 각각 12~14세에 1일 1,000mg과 900mg, 15~18세에 각각 1일 900mg과 800mg으로 높다. 이러한 기준량은 우유 및 유제품이나 칼슘 함량이 높은 멸치, 뱅어포, 두부 등을 다량 섭취하지 않거나 칼슘 영양제를 복용하지 않는 한 충족시키기 어려우므로 청소년기에는 우유 및 유제품과 칼슘 급원식품을 충분히 섭취해야 한다.

2) 나트륨

나트륨의 충분섭취량은 12~18세 청소년에서 1,500mg/일로 설정되었다. 또한 2020 한국인 영양소 섭취기준에서 설정된 만성질환 위험감소를 위한 섭취량Chronic Disease Risk Reduction intake, CDRR은 12~18세 청소년에서 2,300mg/일로 설정되었다. 2013~2017년 국민건강영양조사를 통해 살펴본 결과 만성질환 위험감소를 위한 섭취기준 이상으로 섭취한 분율은 12~14세 남자 80.3%와 여자 60.7%, 15~18세 남자 77.4%와 여자 59.0%로 확인되었다. 나트륨은 생명현상에 필수적인 영양소이지만, 과잉섭취 시 고혈압을 포함한 여러 만성질환의 위험을 증가시킬 수 있다. 따라서 성장기부터 나트륨을 과잉섭취하지 않도록 계속적인 영양교육이 필요하다.

3) 철

청소년기에 남자는 근육량(미오글로빈)이 증가하고 여자는 월경에 따른 혈액(헤모글로빈)이 손실되기 때문에 철의 요구량이 증가한다. 청소년의 철 권장섭취량 설정에는 기본적 철 손실량과 헤모글로빈 철 증가량, 성장을 위한 조직철 및 저장철 증가량을 고려하였으며, 12~18세 여자의 경우에는 그 외에도 월경에 의한 철 손실량을 추가하였다. 철 흡수율은 모두 12%로 가정하여 평균필요량을 산출하였으며, 권장섭취량은 15% 변이계수를 사용하여 설정하였다. 철 권장섭취량은 12~14세에 남녀 각각 1일 14mg과 16mg, 15~18세에 남녀 모두 1일 14mg이다.

4) 아 연

신체의 급속한 성장과 성적 성숙이 이루어지는 청소년기에는 아연의 섭취가 매우 중요하다. 특히 체내 아연 보유량의 증가는 근육조직lean body mass의 증가와 관련이 있기 때문에 세포분열 및 근육량이 증가하는 청소년기에 아연 결핍의 위험성이 높다. 청소년기 아연의 권장섭취량은 12~14세에 남녀 8mg/일, 15~18세에 각각 1일 10mg과 9mg이다.

7. 수 분

우리나라 12~14세와 15~18세의 청소년을 위한 수분의 섭취기준은 6~11세 학동기와 같은 방법으로 설정하고 있다. 12~14세와 15~18세 청소년의 수분 충분섭취량은 남자 각각 2,400mL/일과 2,600mL/일이고, 여자는 12~18세에서 2,000mL/일이다(표 7-8). 성장기에는 양적으로 수분 섭취기준을 충족하도록 하고, 이와 더불어 액체 섭취 시 물 위주로 섭취하면서 우유를 먹도록 하고 당류 등이 함유된 음료 섭취를 절제하도록 노력할 필요가 있다.

표 7-8 청소년의 수분 충분섭취량

성 별	연령(세)	음식(mL/일)	액체(mL/일)	총 수분(mL/일)
남 자	12~14	1,300	1,100	2,400
	15~18	1,400	1,200	2,600
여 자	12~14	1,100	900	2,000
	15~18	1,100	900	2,000

자료: 보건복지부 · 한국영양학회. 2020 한국인 영양소 섭취기준, 2020

청소년기의 영양과 건강문제

1. 청소년기의 영양 섭취 실태

2018년 국민건강통계에 의하면, 청소년의 영양소 섭취량을 영양소 섭취기준과 비교해 볼 때 남녀 모두 단백질, 나트륨, 티아민, 리보플라빈은 영양소 섭취기준을 상회하는 섭취 수준을 보였다(그림 7-3). 그러나 나트륨의 경우 목표섭취량보다 남

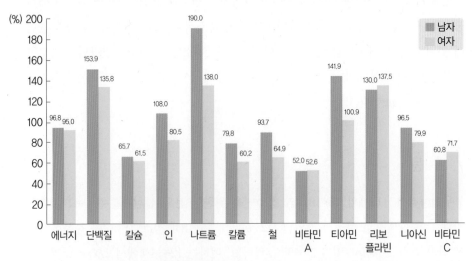

*에너지 필요추정량 적용: 에너지, 권장섭취량 적용: 단백질, 칼슘, 인, 철, 비타민 A, 티아민, 리보플라빈, 니아신, 비타민 C, 충분섭취량 적용: 칼륨, 목표섭취량 적용: 나트륨

그림 7-3 청소년의 영양소별 영양섭취기준에 대한 영양소의 섭취비율
자료: 보건복지부 · 질병관리본부. 2018 국민건강통계, 2019

자는 1.9배, 여자는 약 1.4배의 높은 섭취를 하고 있었다. 반면 칼슘, 비타민 A 및 비타민 C는 남녀 모두 섭취기준의 75% 미만으로 청소년에 있어 섭취가 부족한 영양소로 나타났으며, 여자 청소년의 경우 칼륨(충분섭취량의 60.2%), 철(권장섭취량의 64.9%), 비타민 A(권장섭취량의 52.6%)의 섭취가 매우 낮았다.

2. 청소년기 영양상태에 영향을 미치는 요인

1) 청소년의 식사습관

청소년기에는 다양한 요인들이 식행동에 영향을 미칠 수 있으며(그림 7-4), 성장이 급속도로 일어나면서 식욕이 왕성해지는 청소년기에는 무절제한 식생활을 하기 쉽다. 이 시기에 즐겨 먹는 라면, 햄버거, 튀김 종류, 피자, 스낵류와 같은 식품류에는 지방, 콜레스테롤, 포화지방산, 식염 등 과잉 섭취 시 건강문제를 일으키는 성분

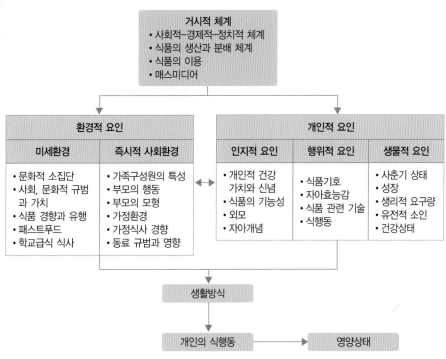

그림 7-4 청소년의 식행동에 영향을 주는 요인들

자료: Mahan LK · Rees JM. Nutrition in adolescence. Mosby, 1984

들이 많다. 이 시기에 무분별한 식생활이 지속되면 중년 이후 동맥경화, 심장질환, 당뇨병 등 각종 만성 퇴행성 질환을 일으킬 수 있다. 따라서 청소년기에 올바른 식습관을 유지하는 것은 청소년기의 건강뿐만 아니라 청소년기 이후 만성 퇴행성 질환의 예방 및 발병 시기를 늦출 수 있는 이점이 있다.

2018년 국민건강통계에 의하면, 12~18세 청소년의 아침식사 결식률은 37.4%로 전 생애주기 중 19~29세 성인(50.1%) 다음으로 아침식사 결식률이 높았으며, 여자가 44.0%로 남자의 31.2%에 비해 높아 여자 청소년에서의 아침 결식 문제가 심각했다. 청소년들이 아침식사를 결식하는 이유는 시간이 없거나 늦잠을 자거나 식욕이 없어서인 것으로 보고되고 있다. 특히 여학생들의 경우 체중 감량을 위한 방법으로 아침식사를 거르는 경우도 많았다. 성장이 왕성한 시기에 아침 결식은 영양섭취 부족으로 이어져 성장문제를 초래할 수 있으며, 학생들의 집중력, 학습능력 등에도 부정적인 영향을 미치는 것으로 보고된 바 있다. 따라서 아침 결식 학생에게 아침식사를 제공할 수 있는 구체적인 방안 마련과 함께 아침식사의 중요성 및 식사방법에 대한 영양교육이 강화되어야 한다.

2) 잘못된 신체상

청소년기의 심리 발달과정에 있어 영양 및 식생활 문제를 야기하는 중대한 변화 중의 하나는 자신의 외모에 대한 관심의 증가이다. 일반적으로 청소년들은 빠르게 변화하고 있는 자신의 신체에 대하여 불안해하고 남의 눈에 비친 자신의 모습에 신경을 쓰게 된다. 흔히 우상으로 여기는 연예인이나 여러 면에서 인기가 있는 친구와 같게 되기를 바라며, 대중매체 문화가 지나치게 마른 체형이 아름답다고 생각하는

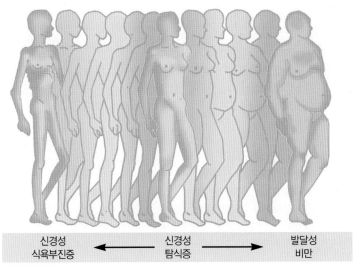

신경성   신경성   발달성
식욕부진증 ←   탐식증   →   비만

그림 7-5 섭식장애 스펙트럼

잘못된 신체상body image을 강조하는 환경요인에 접해 있다. 따라서 신경성 식욕부진증anorexia nervosa과 신경성 탐식증bulimia nervosa과 같은 섭식장애가 나타날 수 있다(그림 7-5).

3) 흡연

19세 이상 성인 흡연자들의 흡연 시작 연령은 19.2세였으며(2018년 국민건강통계), 12~18세 청소년에서 처음 흡연 경험을 한 연령은 13.2세(2019년 청소년건강행태조사)로 청소년기에 흡연을 시작하는 비율이 높은 편이다. 2019년 청소년건강행태조사에 의하면, 12~18세 청소년의 현재 흡연율은 6.7%였으며, 남자가 9.3%로 여자의 3.8%에 비해 현재 흡연자의 비율이 약 2.5배 정도 많았다. 같은 나이 청소년들이 가진 잘못된 선입견과 흡연이 건강에 영향을 미치는 영향에 대한 올바른 정보 미흡으로 흡연을 시작하게 되기도 한다. 청소년기에 흡연을 시작한 흡연자는 혈중 콜레스테롤 농도가 비흡연자보다 높게 나타났는데, 이는 심장병 발생의 위험요인이 된다. 또한 전체 폐암환자의 85%가 흡연과 관련이 있을 뿐만 아니라 흡연 시작 연령이 어릴수록 폐암으로 인한 사망률이 높은 것으로 보고되고 있기 때문에 청소년기 흡연에 대한 철저한 관리 및 지도가 필요하다.

청소년기 주요 영양 위험 지표

- 채소 하루 3회 미만, 과일 하루 2회 미만의 섭취 부족
- 하루 2회 미만의 우유 및 유제품 섭취 부족
- 식욕부진
- 주 3회 이상의 잦은 패스트푸드 섭취
- 주 3회 이상의 잦은 결식
- 채식
- 경제적 이유로 인한 식품 섭취 부족
- 다이어트, 식행동 장애, 왜곡된 신체 이미지, 과거 6개월간 과도한 체중 변화
- 체질량지수 3백분위 미만 또는 97백분위 이상
- 주 5회 미만의 운동 부족이나 과도한 운동
- 만성질환(당뇨병, 고혈압, 이상지질혈증, 만성콩팥병 등), 치료 약물 복용
- 철 결핍성 빈혈, 치아우식증
- 임신
- 영양제 및 식사보충제 오남용
- 흡연, 음주, 마약의 사용

자료: 이연숙 외. 생애주기영양학. 교문사, 2017

4) 알코올

청소년기가 되면 음주나 흡연, 약물 등 이전에 해보지 않던 일에 관심이 쏠린다. 2019년 청소년건강행태조사에 의하면, 12~18세 청소년의 음주 경험률은 남자 43.0%, 여자 35.5%였으며, 현재 음주율도 15.0%로 나타났다. 청소년기의 지나친 음주는 다양한 영양문제를 일으킬 수 있다. 술은 열량만 공급하므로 술을 많이 마시다 보면 식사를 소홀히 하여 영양소 섭취량이 감소하게 된다. 또한 알코올은 점막을 손상시켜 섭취한 영양소의 소화와 흡수도 저해시킨다. 일반적으로 과음 시에 부족하기 쉬운 영양소는 비타민 B군과 칼슘, 아연, 망간 등이다.

3. 청소년기의 영양과 건강문제

1) 섭식장애

청소년기 날씬해지려는 강박관념에 과도하게 사로잡히면 신체 이미지가 왜곡되고

거식증이나 폭식증 등 식행동에 장애가 나타나기도 한다. 식행동 장애는 심리적 장애이기는 하나 영양문제를 많이 지닌다. 이러한 문제가 있으면 혼자서 고민할 것이 아니라 가족이나 친구들에게 알려야 하며 전문가의 적극적인 치료를 받아야 한다. 섭식장애의 종류별 특성은 표 7-9와 같다.

(1) 신경성 식욕부진증(거식증)

거식증은 주로 청소년기 여자에게 나타나며 체중이 늘어날까 봐 두려워하여 먹기를 거부하다가 정도가 지나치면 사망에까지 이른다. 거식증 환자는 매우 말랐음에도 불구하고 자신이 뚱뚱하고 몸집이 크고 아주 못생겼다고 생각한다. 실제 거식증 환자는 몸무게가 표준체중보다 20~40%나 적으며 외모를 보면 뼈에 가죽을 씌운 듯이 아주 말라 보인다.

거식증 환자의 신체적 변화 특징은 피하지방을 상실하여 체온이 내려가고 체온을 보존하기 위해 체표면에 솜털이 돋아나며, 활성을 지닌 갑상샘호르몬의 합성이 줄어들고 기초대사율이 떨어진다. 심장이 천천히 뛰고 쉽게 피로해지며 계속 잠만 자려 한다. 또한 빈혈이 심해지고 피부가 건조하고 거칠어지며 차갑게 느껴지고, 머리카락이 빠진다. 백혈구 수가 감소하여 감염의 위험이 증가하고 변비가 생기며, 혈액 중에 칼륨의 수준이 떨어지면서 심장박동에 이상이 온다. 극심한 체중 감소로 생리가 사라지며 뼈가 약해지고 치아가 빠지는 경우도 발생한다.

신경성 식욕부진증은 심리적·내과적 증상이 복합적으로 나타나므로 입원 치료뿐만 아니라, 개인 및 가족 치료, 정신 및 행동 치료가 포함된 포괄적인 치료를 필요로 한다. 특히 인지적 행동 치료를 통해 체중 증가를 모니터링하고 식사 행위를 스스로 기록하고 조절하게 하는 정신 치료가 이루어져야 한다.

(2) 신경성 탐식증(폭식증)

폭식증은 날씬해지려고 음식을 거부하다가 더 이상 거부를 하지 못하고 엄청나게 많은 양의 음식을 한꺼번에 먹고는 죄의식에 사로잡혀 토하거나 하제, 이뇨제의 복

표 7-9 섭식장애의 종류별 특성 비교

구 분	신경성 식욕부진증 anorexia nervosa	신경성 탐식증 bulimia nervosa	마구먹기 장애 binge eating disorder
취약군	사춘기 소녀	성인 초기	다이어트에서 실패를 거듭한 비만인
진단기준	•체중이 감소하는 중에도 살이 찌는 데 대한 두려움이 사라지지 않음 •말랐음에도 불구하고 살이 쪘다고 느끼는 등 자신의 신체상 형성에 문제가 있음 •원래 체중에서 최소 25%가 감소되어 있음 •표준체중의 유지를 원하지 않음	•남몰래 실컷 음식을 먹을 때가 있음 •복통, 졸음, 의도적인 구토 등으로 갑자기 먹는 것을 멈춤 •폭식, 굶기, 폭식의 반복으로 체중의 변화 폭이 10kg 이상임 •자신의 식습관에 문제가 있음을 알면서도 고칠 수 없음을 두려워함 •폭식한 후에 후회하고 스스로 자책하면서 우울해함	•폭식의 반복(6개월 동안 일주일에 최소 2번 이상) •다음 중 3가지 이상의 특징 ① 매우 빠른 식사 ② 만복감으로 불편해질 때까지 식사 ③ 배고프지 않을 때 식사 ④ 혼자 식사 ⑤ 폭식한 후에 후회하거나 스스로 자책함 •폭식, 과도한 운동, 굶기를 반복하지 않음 •신경성 식욕부진증이 없음
식습관의 특징	성공적인 다이어트에 대해 자부심을 느껴 극도로 음식의 섭취 제한	폭식과 장 비우기를 교대로 반복	문제가 발생할 때마다 끊임없이 먹거나 폭식
현실자각과 식행동의 원인	자신이 비만하다고 왜곡되게 믿고 자신의 행동이 비정상임을 부정	자신의 행동이 비정상적임을 인정하고 폭식과 장 비우기를 비밀리에 함	자신을 구제불능이라고 포기함
치료법	우선 기초대사량을 유지할 수 있도록 열량 섭취를 증가시켜 체중을 회복한 후 문제의 원인을 찾도록 정신과 치료	영양교육과 함께 자신을 인정하도록 하는 정신과 치료	생리적으로 배고플 때만 먹도록 학습시킴

용을 반복하는 섭식장애이다. 때로는 폭식을 한 후 체중이 늘어날까 우려하여 금식이나 과도한 운동을 하기도 한다. 이들은 항상 음식에 대한 생각에 잠겨 있으며 스트레스가 있을 때 지나치게 음식에 집착을 한다. 스트레스가 있을 때 음식을 거부하는 거식증과는 매우 대조적이며 자신의 행동이 비정상적이라고 자각하는 점도 거식증과 다르다.

잦은 구토, 설사로 인해 수분과 전해질 균형이 깨지면 심장의 리듬, 콩팥 장애가 나타나는 등 심각한 건강문제가 발생할 수 있으며, 잦은 구토로 인해 식도염, 인후염 등이 발생하기도 한다(그림 7-6).

음식을 먹고 토하는 것을 자제할 수 없을 때, 자살 및 약물 남용 등의 정신과적 증상이 같이 있을 때, 토하는 증상이 너무 심해 전해질 장애가 일어날 때는 입원 치료를 해야 한다. 또한 인지적 행동 치료를 통해 폭식이 발생하는 횟수, 음식, 시간, 주변 상황 등을 기록하고, 이런 것에 대한 자기조절을 하게 하는 것이 치료에 더 효과적이다.

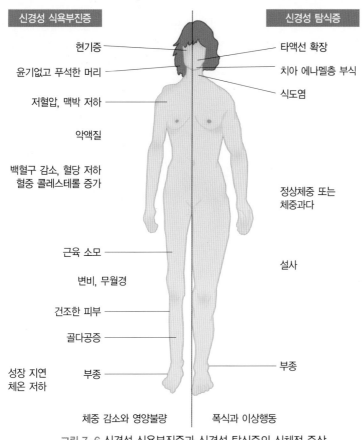

그림 7-6 신경성 식욕부진증과 신경성 탐식증의 신체적 증상

2) 청소년 비만

청소년기에 나타나는 비만은 신체상에 대한 부정적인 생각을 갖게 하며, 심각한 사회 부적응의 문제를 초래하여 삶의 적극적인 책임자로서의 느낌을 성취하지 못하도록 한다. 특히 우리나라 청소년들은 대학 진학을 포함한 학업에 대한 심한 스트레스를 받고 있는데 이를 먹는 것으로 해결하려고 해서 비만이 발생하는 경우가 많다. 2018년 국민건강통계에 의하면, 12~18세 청소년에서 과체중 비율은 7.5%, 비만 비율은 13.3%였으며, 특히 비만인 대상자의 비율은 남자가 15.5%로 여자의 11.1%에 비해 높은 편이었다(그림 7-7).

비만 청소년의 극단적인 저열량 식사나 무리한 방법을 통한 체중 감량은 영양 부족을 초래하거나 요요현상으로 인하여 향후 체중 감량을 더욱 어렵게 하므로 올바른 식사요법과 운동요법을 병행하여 성장에 영향을 미치지 않도록 해야 한다.

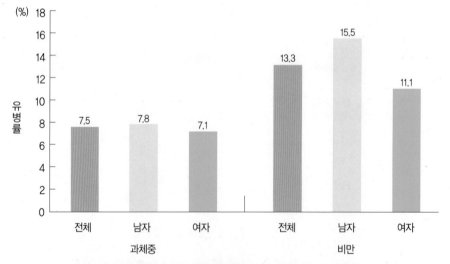

*과체중: 2017년 소아청소년 성장도표 연령별 체질량지수 기준 85백분위수 이상 95백분위수 미만
*비만: 2017년 소아청소년 성장도표 연령별 체질량지수 기준 95백분위수 이상

그림 7-7 청소년의 과체중 및 비만 유병률
자료: 보건복지부 · 질병관리본부. 2018 국민건강통계, 2019

3) 고혈압 및 이상지질혈증

성인기의 고혈압, 심장순환기계 질환 및 관상동맥질환은 어린 시절부터 서서히 시작된다는 연구 보고가 있다. 실제 혈압이 높거나 혈청 지질 수준이 높은 청소년은 성인이 되어도 그 수준이 계속 증가한다. 청소년 고혈압의 위험요인으로는 가족력, 높은 식염 섭취량, 비만, 이상지질혈증, 운동부족, 흡연, 음주 등을 들 수 있다. 이러한 위험요인을 지니고 있는 청소년은 주기적으로 혈압을 체크하고 식사요법과 운동, 금연, 금주 등의 적절한 치료를 해야 한다. 특히 고혈압 전 단계 상태인 청소년은 고혈압으로 이환될 가능성이 높으므로 더욱 주의하여야 한다.

청소년들도 성인들처럼 고콜레스테롤혈증의 위험요인인 관상심장질환의 가족력, 총 지방, 포화지방, 콜레스테롤이 많은 식사, 고혈압, 운동부족, 흡연, 음주의 문제를 가지고 있다. 고콜레스테롤혈증 위험요인을 지닌 사람들이 학동기나 청소년기부터 저지방, 저콜레스테롤 식사요법을 따르면 이상지질혈증으로 인한 질병의 증세가 늦게 나타나거나 예방된다는 보고들이 많기 때문에 이들 청소년에 대한 세심한 관리가 필요하다. 소아청소년에서 이상지질혈증의 진단기준은 표 7-10과 같다.

표 7-10 소아청소년에서의 이상지질혈증의 진단기준

단위(mg/dL)	허 용	경 계	비정상
총 콜레스테롤	< 170	170~199	≥ 200
LDL-콜레스테롤	< 110	110~129	≥ 130
Non-HDL-콜레스테롤	< 120	120~144	≥ 145
중성지방			
0~9세	< 75	75~99	≥ 100
10~19세	< 90	90~129	≥ 130
HDL-콜레스테롤	> 45	40~45	< 40

* Non-HDL-콜레스테롤: 총 콜레스테롤에서 HDL-콜레스테롤을 뺀 값
자료: 대한소아내분비학회. 소아청소년 이상지질혈증 진료지침 2017, 2017

4) 여드름

많은 청소년들이 여드름acne 때문에 고민을 한다. 여드름은 호르몬의 영향으로 시작되는 피부 피지선의 고질적인 염증 상태로, 청소년 발달의 정상적인 특징이라고 할 수 있다. 여드름은 개인에 따라 심한 정도가 다르게 나타나는데 안드로겐, 피지선의 크기, 피지 생성량, 스트레스, 월경주기의 변화 등과 같은 요인들에 의해 영향을 받는다. 오래 전부터 식사 중의 인자들이 여드름에 영향을 준다고 믿어 왔으나, 실제 지방이 많은 음식, 초콜릿, 설탕 등과 같은 식품의 섭취와 여드름 발생과는 상관이 없는 것으로 보고되고 있다.

여드름에 민감하게 반응하여 고민하는 청소년들에게 여드름은 생리적인 현상으로 발병한다는 사실을 주지시키는 것이 필요하다. 피부의 피지선은 호르몬 조절을 받으며, 사춘기의 호르몬 생성의 급속한 증가는 피지 생성량을 증가시킨다. 사춘기 소년 중에서 여드름이 나지 않은 소년들보다 여드름이 발생한 경우에 혈청 내 테스토스테론 농도가 더 높은 것으로 보고되고 있다. 스트레스도 부신의 안드로겐 분비를 증가시켜 여드름을 악화시킨다. 여드름을 최소로 하기 위해서 비누와 물로 피부를 깨끗이 하고, 영양가 있는 식사를 하며, 만일 여드름이 심하면 의료진의 도움을 받는 것이 바람직하다.

5) 월경전증후군

월경전증후군premenstrual syndrome, PMS이란 월경주기마다 겪는 신체적·심리적 복합증상을 의미한다. 일반적으로 배란 직후에 증상이 시작되어 점차 심해지다가 월경이 시작되기 전에 절정에 달한다. 증상으로는 우울증, 감정의 변화, 안절부절, 피로, 부종, 유방동통, 집중력 저하, 자제력 상실, 두통, 요통 등이 있다.

월경전증후군의 생리적 원인을 에스트로겐과 프로게스테론 등 호르몬의 불균형, 수분 보유, 저혈당, 프로스타글란딘의 결핍 등으로 추측하기도 하지만 아직 정확하게 밝혀지지 않고 있다. 다만 월경전증후군이 임신 기간이나 폐경 후에는 사라지고 배란이 없을 경우에는 증세가 나타나지 않는 것으로 보아 월경주기 후반부의 호르몬 분비 상태가 월경전증후군의 중요한 요인으로 생각되고 있다.

비타민 B$_6$가 부족하여 신경전달물질의 합성이 잘 이루어지지 않으면 신경기능의 장애를 일으킬 수 있으므로 비타민 B$_6$의 섭취가 월경전증후군에 도움이 될 것이라는 연구가 제시되고 있지만, 비타민 B$_6$를 장기간 다량 복용하는 것은 신경 손상의 원인이 되어 심각한 부작용을 야기할 수도 있으므로 주의를 요한다. 월경전증후군의 관리를 위한 영양적 접근은 비타민 B$_6$가 충분히 함유된 영양이 풍부한 식사가 권장되며 나트륨, 알코올, 카페인의 섭취를 줄이고, 금연을 하며 적당한 운동을 하거나 충분한 수면을 취하는 것이 바람직하다.

청소년기의 식사지도

급속한 성장을 하는 청소년기는 전 인생을 통하여 가장 많은 영양소 섭취가 필요한 시기로 필요한 영양소는 다양한 식품군으로부터 충분히 섭취되어야 한다. 청소년기 식사의 질은 이들의 식습관에 영향을 주는 요인과 매우 깊은 관계가 있다. 특히 이 시기의 불규칙한 식사와 결식은 영양불량을 초래하는 주요한 원인이므로 성

수험생의 영양관리

중·고등학생들은 수험시기를 맞으면 과도한 두뇌활동과 스트레스로 인하여 정서적으로 매우 불안하고 수면부족과 운동부족이 되기 쉽다. 따라서 수험생들에게는 식욕을 증진시켜 주고, 졸음을 쫓고, 눈을 보호하고, 더위나 추위를 이길 수 있으며 스트레스를 해소할 수 있고 두뇌활동을 활발히 할 수 있는 식사지도가 필요하다. 수험생을 위한 식사지침은 다음과 같다.

- **아침을 꼭 섭취한다**: 아침을 거르면 뇌의 혈당치가 떨어져 학습능력이 저하되며 오후에 피로가 쌓이게 되므로 아침을 꼭 섭취하도록 한다.

- **과식하지 않는다**: 과식하면 위에 부담이 크고 소화하는 데 많은 혈액이 사용되기 때문에 두뇌기능이 저하된다. 특히 저녁밥을 많이 먹는 것은 바람직하지 않다.

- **단백질, 무기질, 비타민을 충분히 섭취한다**: 뇌 기능을 향상시키는 단백질, 무기질(칼슘, 칼륨, 철, 아연, 셀레늄, 요오드), 비타민 A, 티아민, 비타민 B$_{12}$, C, E가 충분히 보완된 식단을 구성한다.

- **소화가 잘 되는 조리방법을 이용한다**: 스트레스나 운동부족으로 인해 소화기능이 저하되기 쉬우므로 기름기가 많거나 양념이 강한 자극적인 조리법(부침, 튀김)보다는 담백한 조리법(조림, 찜, 무침 등)을 선택한다.

장이 왕성한 청소년기에 식사를 규칙적으로 할 수 있도록 가정과 학교에서 관심을 가져야 하며, 적절한 영양관리가 이루어질 수 있도록 해야 한다.

청소년기에 간식으로 흔히 이용되는 식품에는 당분이나 염분이 많은 것, 에너지 밀도가 지나치게 높은 것들이 많다. 될 수 있으면 과일이나 생채소를 간식으로 먹고, 굳이 스낵제품을 먹어야 한다면 기름에 튀긴 제품보다는 튀기지 않은 건빵, 마른 비스킷 등이 보다 나은 간식 식품이라고 할 수 있다. 간식과 함께 마시는 음료로 탄산음료 대신에 생수, 100% 과일주스, 우유를 마시는 것이 좋다.

🔍 확대경   청소년을 위한 식생활지침

- **각 식품군을 매일 골고루 먹자.**
  - 밥과 다양한 채소, 생선, 육류를 포함하는 반찬을 골고루 매일 먹습니다.
  - 간식으로는 신선한 과일을 주로 먹습니다.
  - 우유를 매일 2컵 이상 마십니다.

- **짠 음식과 기름진 음식을 적게 먹자.**
  - 짠 음식, 짠 국물을 적게 먹습니다.
  - 인스턴트 음식을 적게 먹습니다.
  - 튀긴 음식과 패스트푸드를 적게 먹습니다.

- **건강 체중을 바로 알고, 알맞게 먹자.**
  - 내 키에 따른 건강 체중을 압니다.
  - 매일 한 시간 이상 적극적으로 신체활동을 합니다.
  - 무리한 다이어트를 하지 않습니다.
  - TV 시청과 컴퓨터게임을 모두 합해서 하루에 두 시간 이내로 제한합니다.

- **물이 아닌 음료를 적게 마시자.**
  - 물을 자주 충분히 마십니다.
  - 탄산음료, 가당 음료를 적게 마십니다.
  - 술을 절대 마시지 않습니다.

- **식사를 거르거나 과식하지 말자.**
  - 아침식사를 거르지 않습니다.
  - 식사는 제 시간에 천천히 먹습니다.
  - 배가 고프더라도 한꺼번에 많이 먹지 않습니다.

- **위생적인 음식을 선택하자.**
  - 불량식품을 먹지 않습니다.
  - 식품의 영양표시와 유통기한을 확인하고 선택합니다.

자료: 보건복지부. 청소년을 위한 식생활지침, 2009

8

성인기
영양

성인기란 성장에 따른 신체적 · 정신적 변화가 끝나는 만 19세부터 64세까지를 말한다. 이 시기는 일생을 통해 가장 안정된 시기이며 생애주기에 있어 가장 긴 기간으로 성인 초기(20대), 장년기(30대), 중년기(40대와 50대)로 구분하기도 한다. 성인기에는 성장보다는 유지를 위한 대사과정이 이루어지며, 그에 따라 이 시기의 영양 필요량은 유지에 요구되는 양만 필요하므로 성장기보다 적다. 그러나 성인은 가정과 사회에서 중추적 역할을 담당하게 됨에 따라 스트레스를 크게 받는다. 또한 식생활 관리의 소홀로 인해 만성질환이 발생할 수 있으며 서서히 노화가 진행되기도 한다. 따라서 그 어느 시기보다 균형 잡힌 식생활과 운동이 요구되며, 이는 노인기를 건강하게 보낼 수 있는 밑거름이 된다.

8

성인기
영양

성인기의 생리적 특성

1. 신체적 특성

대부분의 신체기관은 18세경에 생리적 성숙상태에 도달하나, 근골격계는 20대 초반에 완성되며 최대골질량은 30대 초반까지 증가한다. 이러한 결과 20대 후반이나 30대 초반에 신체의 크기와 체력 및 성숙도가 정점에 달한다. 이 시기에 신장도 정점에 달하며 이후 신장의 변화 없이 체중은 지속적으로 증가하여 체질량지수도 증가하게 된다.

체중의 증가와 함께 체조성의 변화도 일어난다(그림 8-1). 체중이 증가함에도 불구하고 제지방조직은 줄어들고 체지방량은 늘어난다. 제지방조직은 주로 골격과 근육으로 구성되어 있다. 체내 칼륨과 단백질 함량을 측정함으로써 알 수 있는 근육량은 매 10년마다 2~3%씩 감소한다. 골격량의 지표가 되는 체내 칼슘 함량 역시 성인기 동안 감

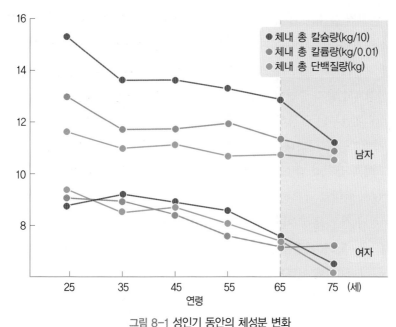

그림 8-1 성인기 동안의 체성분 변화

자료: Christian JL · Greger JL. Nutrition for living. Benjamin-Cummings Pub Co., 1993

소하는데, 남자의 경우 25~35세 사이에 감소하는 양상을 보인다. 반면 여자는 폐경과 관련해서 50대 이후에 체내 칼슘이 급격히 감소한다.

체지방의 증가는 에너지 평형의 정도에 따라 다르다. 체조성의 이러한 변화는 비만과 관련성이 높은 질병인 2형당뇨병, 이상지질혈증, 심장 · 순환기계 질환, 고혈압, 담낭질환, 체중 과부하로 인한 골관절염 및 몇 가지 암의 발생률을 높여 성인기의 건강상태를 불량하게 할 수 있다.

2. 생리적 특성

성인기 신체기능은 20대 중반이 되면 완전히 발달하여 최고에 달한 후 점차 감소한다. 그림 8-2에서 보는 바와 같이 연령 증가에 따른 신체기능은 일반적으로 중년기까지 완만하게 감소하다가 50대 이후 급격히 떨어진다. 그러나 이러한 신체기능의 감소 정도는 개인의 영양상태와 운동량 및 기타 건강상태에 따라 달라진다.

뇌의 무게는 40세 정도에서는 청년기의 98% 이상, 70대 이후에도 청년기의 92%

수준으로 비교적 잘 유지되며, 신경 전달속도도 뇌의 무게와 비슷하게 비교적 덜 감소된다. 성인기에는 점차 나이가 들면서 근력이 줄어들어 심박출량을 비롯해 호흡능력, 콩팥기능, 소화기능, 기초대사율 등이 감소하게 된다. 심장, 콩팥, 폐의 기능은 뇌나 신경계와 달리 중년기에 크게 저하된다. 심장기능을 대변하는 휴식 시 심박출량은 30대 후반부터 급격히 감소한 후 40대 중반에서 50대 말까지 서서히 저하되는 반면, 콩팥기능을 나타내는 사구체여과율은 40대 후반까지 원활한 기능을 유지하다가 그 이후 급격히 감소한다. 폐기능을 나타내는 최대호흡능력은 50대 중반에 최고치의 60% 이내로 급격히 감소한다.

성인 여성의 경우 초경 이후 매달 호르몬 분비가 조절되면서 생식주기를 나타낸다 일반적으로 45~50세경에 이르면 에스트로겐 분비가 감소하면서 폐경이 오게 된다. 남자도 40~50대에 이르면 테스토스테론 분비가 감소하게 된다.

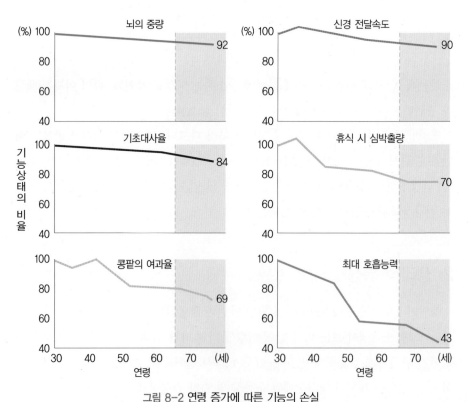

그림 8-2 연령 증가에 따른 기능의 손실

자료: Christian JL · Greger JL, Nutrition for living, Benjamin-Cummings Pub Co., 1993

3. 사회 · 심리적 특성

성인기는 가정과 사회에서 중추적인 역할을 하는 시기이다. 자신이 태어난 가정으로부터 독립해 새로운 가정을 이루며 자녀를 낳아 길러 세대를 잇고 직장의 책무를 통해 사회적 책임을 수행하게 된다. 성인으로서의 삶에 따르는 책임감은 정신적으로는 물론이고 신체적으로도 많은 스트레스를 받게 한다. 영양상태가 양호해야 스트레스를 잘 견디며 신체의 항상성을 제대로 유지할 수 있다.

성인기의 영양소 섭취기준

성인기에는 더 이상의 성장이 일어나지 않으므로 에너지나 단백질 및 기타 영양소의 필요량은 신체의 유지에 소요되는 양과 유사하다. 따라서 성인기의 영양필요량은 청소년기에 비해 대체로 적거나 같다. 성인기는 생의 그 어느 시기보다 길고 성인 중반기에는 생리기능과 체조성이 점차 변하기 때문에 이 시기의 영양필요량은 연령층에 따라 다소 차이가 있다. 또한 성별에 따라서도 많이 다른데, 이는 성별 간에 신체의 크기나 체중 및 체조성이 크게 다르기 때문이다. 여자는 남자에 비해 신장이 작고 체중이 낮으며 근육이 적으므로 에너지와 단백질의 필요량이 낮다. 이러한 이유로 한국인의 영양소 섭취기준은 성인기를 남녀 각각 19~29세, 30~49세 및 50~64세의 세 연령층으로 구분하고 있다.

1. 에너지

성인기에는 더 이상 성장을 위한 에너지는 필요하지 않으나 원활한 신진대사와 신체적 · 정신적 활동을 위해 에너지가 필요하다. 현재 한국인의 영양소 섭취기준에서 성인기는 3개의 연령군으로 구분되고 있는데, 이는 각 연령군의 체격, 즉 신장과 체중의 차이에 근거한 분류일 뿐 모두 동일한 에너지 필요추정량 공식을 적용하고 있다. 이때 성인의 기준 체중은 2013~2017년 국민건강영양조사 자료를 근거로 19~49세의 건강한 성인 중에서 체질량지수 18.5~24.9kg/m²인 대상자의 체질량지수 중위수(남자 체질량지수 22.6, 여자 체질량지수 21.4)가 되는 체중값을 사용하고, 활동계수로는 '저활동적' 수준을 적용하고 있다.

현재 우리나라 성인의 에너지 필요추정량은 19~29세, 30~49세 및 50~64세 남자의 경우 각각 2,600kcal/일, 2,500kcal/일, 2,200kcal/일이고, 여자의 경우에는 각각 2,000kcal/일, 1,900kcal/일, 1,700kcal/일이다(표 8-1). 건강한 성인 남자를 대상으로 연구한 결과, 20세 때부터 총 에너지 소비량이 매년 12~13kcal/일 정도씩 감소하는 것으로 나타났는데, 이 중 약 5kcal는 기초대사량의 감소 때문이고, 나머지는 신체활동량이 줄어들기 때문이었다. 따라서 중년이 되어도 예전과 같은 열량을 섭취할 경우 살이 찌게 된다. 한편 성인기 만성질환의 예방을 위한 에너지 적정비율 acceptable macronutrient distribution ranges, AMDR은 탄수화물 55~65%, 지질 15~30%, 단백질 7~20%이다(표 8-2).

성인의 에너지 필요추정량 산출식

남자: 662-9.53×연령(세)+PA[15.91×체중(kg)+539.6×신장(m)]
PA=1.0(비활동적), 1.11(저활동적), 1.25(활동적), 1.48(매우 활동적)

여자: 354-6.91×연령(세)+PA[9.36×체중(kg)+726×신장(m)]
PA=1.0(비활동적), 1.12(저활동적), 1.27(활동적), 1.45(매우 활동적)

자료: 보건복지부·한국영양학회. 2020 한국인 영양소 섭취기준, 2020

표 8-1 성인의 에너지 필요추정량

성 별	연령(세)	체중(kg)	신장(cm)	에너지 필요추정량(kcal/일)
남 자	19~29	68.9	174.6	2,600
	30~49	67.8	173.2	2,500
	50~64	64.5	168.9	2,200
여 자	19~29	55.9	161.4	2,000
	30~49	54.7	159.8	1,900
	50~64	52.5	156.6	1,700

자료: 보건복지부·한국영양학회. 2020 한국인 영양소 섭취기준, 2020

표 8-2 성인의 에너지 적정비율

영양소	탄수화물	단백질	지질[1]		
			지방	포화지방산	트랜스지방산
비율(%)	55~65	7~20	15~30	7 미만	1 미만

1) 콜레스테롤: 300mg/일 미만 권고

자료: 보건복지부·한국영양학회. 2020 한국인 영양소 섭취기준, 2020

2. 단백질

　성인의 경우 단백질은 근육량과 체단백질의 합성 감소로 청소년보다 필요량이 적지만, 기존 조직을 유지하기 위한 구조단백질과 효소, 호르몬 등의 형성, 운반 및 저장, 항체 형성, 체액 및 산·염기의 균형 유지 등을 위해 필요하다. 또한 단백질은 신체의 에너지원으로 쓰이거나 포도당 합성을 위해 필요한 탄소를 제공한다. 성인기 단백질 평균필요량은 질소 평형을 위한 단백질 필요량(0.66g/kg/일)에 이용효율(90%)을 적용하고 연령별 기준 체중과 곱하여 산출되었다. 성인의 경우 단백질의 평균필요량은 0.73g/kg/일이며, 권장섭취량은 평균필요량에 변이계수 12.5%를 적용하여 0.91g/kg/일을 기준으로 하였다. 만약 탄수화물 또는 지질의 섭취가 낮아 인체가 필요한 만큼의 에너지를 충분히 공급해주지 못한다면 단백질이 에너지 생산을 위해 사용되므로 체조직의 소모가 일어난다.

표 8-3 성인의 단백질 섭취기준

성 별	연령(세)	평균필요량(g/일)	권장섭취량(g/일)
남 자	19~29	50	65
	30~49	50	65
	50~64	50	60
여 자	19~29	45	55
	30~49	40	50
	50~64	40	50

자료: 보건복지부·한국영양학회. 2020 한국인 영양소 섭취기준, 2020

3. 탄수화물

탄수화물의 필요량 설정은 케토시스ketosis를 예방하고 체내에 필요한 최소한의 포도당을 공급하는 양을 기준으로 한다. 따라서 케톤체에 의해 포도당 사용을 대치하지 않은 상태에서 포도당으로부터 충분한 에너지를 공급할 수 있는 탄수화물의 섭취량인 100g/일이 평균필요량으로 설정되었으며, 권장섭취량은 변이계수 15%를 적용한 130g/일이다. 한편 탄수화물을 정제된 식품으로 과량 섭취하면 과체중과 비만의 위험을 증가시키고 혈액 내 중성지방량을 증가시키며, 또한 HDL-콜레스테롤량을 감소시키고 LDL-농도를 증가시키는 등 여러 만성질환의 위험을 증가시킨다. 따라서 탄수화물은 도정되지 않은 곡류, 채소, 두류 및 과일 등과 같이 혈당지수가 낮은 복합탄수화물 형태로 섭취하는 것이 바람직하다. 복합탄수화물은 식이섬유를 다량 함유하고 있으므로 만성질환의 위험을 낮출 뿐만 아니라 장의 운동을 도와주어 변비나 장질환의 예방에도 효과적이다. 성인의 경우 탄수화물의 에너지적정비율은 55~65%이며, 총 당류의 섭취기준은 총 에너지 섭취의 10~20%이다. 식이섬유의 충분섭취량은 12g/1,000kcal에 각 성별·연령층별 1일 에너지 섭취량의 중앙값을 곱하여, 성인 남자의 경우 30g/일, 성인 여자는 20g/일로 설정하였다.

4. 지 질

지방은 에너지 밀도가 높기 때문에 소화기 부담의 경감, 지용성 비타민의 섭취 및 흡수 촉진, 필수지방산의 공급, 티아민의 절약, 세포막 및 뇌, 신경기능의 유지 등에 있어 매우 중요하다. 그러나 고지방 식사나 포화지방과 콜레스테롤 함량이 높은 식사는 비만을 유발시키거나 동맥경화 및 심장질환 발생과 관련이 있으므로 성인기 식사에서 적절한 지방 섭취 조절이 필요하다. 이에 2020 한국인 영양소 섭취기준에서는 만성질환 위험감소를 위하여 포화지방산은 에너지 섭취량의 7% 미만으로, 트랜스지방산은 에너지 섭취량의 1% 미만으로, 콜레스테롤은 300mg/일 미만의 수준에서 섭취하도록 권고하였다. 성인기에 지방의 에너지 적정섭취비율은 15~30%이다. 또한 식사로부터 섭취하는 오메가-3 지방산과 오메가-6 지방산은 대부분 알파-리놀렌산과 리놀레산의 형태인데, 건강에 영향을 주는 오메가-3 지방산이 EPA와

♦ 케토시스
ketosis

체내 당질이 부족하거나 당대사가 불완전할 경우 지질이 주요 에너지원이 되고 그 결과로 혈액 내 케톤체가 다량 축적되어 소화기 장애와 신경증상을 일으키는 상태

표 8-4 성인의 지질 섭취기준

성 별	연령(세)	지방	리놀레산(g/일)	알파-리놀렌산(g/일)	EPA+DHA(mg/일)
		에너지적정비율(%)	충분섭취량		
남자	19~29	15~30	13.0	1.6	210
	30~49		11.5	1.4	400
	50~64		9.0	1.4	500
여자	19~29	15~30	10.0	1.2	150
	30~49		8.5	1.2	260
	50~64		7.0	1.2	240

자료: 보건복지부·한국영양학회. 2020 한국인 영양소 섭취기준, 2020

DHA의 형태이나, 알파-리놀렌산에서 EPA와 DHA로의 전환율이 낮은 특징이 있다. 이에 리놀레산, 알파-리놀렌산 및 EPA+DHA의 충분섭취량이 설정되었으며, 이 때 충분섭취량은 2013~2017년 국민건강영양조사에서의 성인의 평균섭취량으로 산정되었다(표 8-4). 오메가-3 지방산의 섭취를 위해서는 들기름, 콩기름과 함께 고등어 등 등푸른 생선 등의 섭취를 높이도록 한다.

5. 비타민

1) 지용성 비타민

지용성 비타민의 섭취기준은 표 8-5와 같다. 비타민 A는 체내에서 항산화 역할을 한다고 알려져 있다. 한국인은 주로 식물성 식품에서 비타민 A를 섭취하고 있기 때문에 서양인에 비해 혈중 레티놀 수치는 낮은 반면 β-카로틴은 높은 것으로 보고되고 있다. 항산화작용으로 인하여 만성질환의 예방 및 치료에 효과가 있다고 알려진 β-카로틴은 식품에 포함되어 있을 때에는 독성이 거의 없으나, 보충제의 경우 폐암 발생 위험을 증가시키므로 β-카로틴은 보충제의 형태보다는 시금치, 당근, 토마토, 감, 귤, 푸른잎 채소 등과 같은 식품으로 섭취하는 것이 바람직하다.

비타민 D는 햇빛과 식사를 통해 공급되어 체내 골격과 칼슘 대사에 중요한 역할

표 8-5 성인의 지용성 비타민 섭취기준

성 별	연령(세)	비타민 A(µg RAE/일) 권장섭취량	비타민 D(µg/일) 충분섭취량	비타민 E(mg α-TE/일) 충분섭취량	비타민 K(µg/일) 충분섭취량
남 자	19~29	800	10	12	75
	30~49	800	10	12	75
	50~64	750	10	12	75
여 자	19~29	650	10	12	65
	30~49	650	10	12	65
	50~64	600	10	12	65

자료: 보건복지부 · 한국영양학회. 2020 한국인 영양소 섭취기준, 2020

을 한다. 50세 이상에서는 피부에서 비타민 D의 합성능력이 감소하고 햇빛에 노출될 기회가 줄어들며, 골다공증과 골절 위험이 증가하므로 비타민 D를 충분히 섭취하는 것이 바람직하다.

비타민 E는 항산화작용을 통해 세포막의 불포화지방산들이 과산화상태로 진전되는 것을 막아주므로 적혈구의 용혈이나 근육 및 신경세포의 손상을 억제한다. 또한 T-림프구의 기능을 유지하므로 면역력 증강 및 항암 효과도 나타낸다. 그러므로 신체기능을 최적의 상태로 유지하고 노화를 지연하고자 하는 성인기에 비타민 E의 영양은 매우 중요하다. 비타민 K의 필요량은 적은 편이고 대부분의 식품에 다량 함유되어 있으며 일부는 장내 세균으로부터 합성되어 공급된다.

2) 수용성 비타민

수용성 비타민의 섭취기준은 표 8-6과 같다. 티아민, 리보플라빈, 니아신은 에너지대사에 중요한 역할을 담당한다. 티아민은 남자의 경우 1일 1.2mg, 여자의 경우는 1.1mg이 권장섭취량으로 설정되어 있다. 알코올 중독자의 경우 티아민 결핍이 나타나기 쉬우며, 콩팥 투석 환자, 장기간 경관급식 환자, 매일 다량의 차를 마시는 사람들도 티아민 결핍 위험이 높다. 리보플라빈의 임상적인 결핍증은 드물지만 경구피임약을 복용하는 여자, 당뇨병 환자, 알코올 중독자 등에서 생화학적 결핍증이 보고되고 있다. 성인 남자의 리보플라빈 권장섭취량은 1.5mg/일, 여자는 1.2mg/일

표 8-6 성인의 수용성 비타민 권장섭취량

성별	연령(세)	티아민 (mg/일)	리보플라빈 (mg/일)	니아신 (mg NE/일)	비타민 B₆ (mg/일)	엽산 (μg DFE/일)	비타민 B₁₂ (μg/일)	비타민 C (mg/일)
남자	19~29	1.2	1.5	16	1.5	400	2.4	100
	30~49	1.2	1.5	16	1.5	400	2.4	100
	50~64	1.2	1.5	16	1.5	400	2.4	100
여자	19~29	1.1	1.2	14	1.4	400	2.4	100
	30~49	1.1	1.2	14	1.4	400	2.4	100
	50~64	1.1	1.2	14	1.4	400	2.4	100

자료: 보건복지부 · 한국영양학회. 2020 한국인 영양소 섭취기준, 2020

이다. 니아신 역시 에너지 대사에서의 중요성을 감안하여 하루 평균 남자 16mg NE, 여자 14mg NE를 권장한다. 식품으로부터 섭취한 니아신에 의한 부작용은 보고된 바 없으나, 보충제나 강화식품, 약물 등을 복용할 경우 유해한 효과가 나타날 수 있다. 성인 남녀의 엽산 권장섭취량은 400μg DFE/일이다. 엽산이 강화되지 않은 일반 식품을 통해서는 유해영향이 나타나지 않지만, 강화식품이나 엽산 보충식품의 과량 섭취는 신경계의 손상을 악화시킬 수 있다. 성인의 비타민 C 권장섭취량은 남녀가 동일하게 100mg/일이다.

6. 무기질

1) 칼슘

칼슘은 35세까지는 골격 형성을 위하여, 35세 이후에는 골격 유지를 위하여 지속적으로 요구된다. 칼슘의 권장섭취량은 남자의 경우 19~49세 800mg/일, 50~64세 750mg/일이며, 여자의 경우에는 19~49세 700mg/일, 50~64세 800mg/일이다(표 8-7). 폐경기 여성의 경우 만성질환 및 골다공증 예방에 초점을 두어, 추가로 손실되는 양을 감안하여 권장섭취량을 800mg/일로 하였다. 50세 이후의 여성은 골격장애에 민감하므로 충분한 칼슘 섭취가 더욱 강조된다.

표 8-7 성인의 무기질 권장섭취량

성 별	연령(세)	칼슘(mg/일)	인(mg/일)	마그네슘(mg/일)	철(mg/일)	아연(mg/일)
남 자	19~29	800	700	360	10	10
	30~49	800	700	370	10	10
	50~64	750	700	370	10	10
여 자	19~29	700	700	280	14	8
	30~49	700	700	280	14	8
	50~64	800	700	280	8	8

자료: 보건복지부 · 한국영양학회. 2020 한국인 영양소 섭취기준, 2020

우리나라 성인의 칼슘 권장섭취량은 유제품 섭취가 많지 않은 사람들의 경우, 특별히 신경을 써야 충족시킬 수 있는 양이다. 국민건강영양조사에 의하면 우리나라 국민의 1인 1일 칼슘 섭취량은 1969년 이후 지금까지 400~600mg으로 매우 부족한 실정이다. 칼슘의 식품급원을 평가할 때 생체이용률이 매우 중요한데, 이러한 점을 고려할 때 우유가 가장 좋은 칼슘 급원으로 평가되고 있다. 우유의 칼슘 흡수율은 콩의 2배, 시금치의 10배 정도 높다. 따라서 특히 폐경기 여성을 포함한 성인은 우유나 유제품의 섭취를 늘리고 칼슘 강화 오렌지주스를 선택하거나 칼슘 함량이 높은 잔생선이나 채소류의 섭취를 늘려야 할 것이다.

2) 나트륨

나트륨의 과잉섭취는 고혈압을 포함한 뇌졸중, 심혈관질환 등 여러 만성질환의 위험을 증가시키기 때문에 나트륨의 적절한 섭취는 매우 중요한다. 이에 2020 한국인 영양소 섭취기준에서는 나트륨에 대한 만성질환 위험감소를 위한 섭취량Chronic Disease Risk Reduction intake, CDRR을 설정하였으며, 19~64세 성인에서 만성질환 위험감소를 위한 나트륨의 섭취 기준은 2,300mg/일이다. 이 때 주의할 점은 나트륨 섭취량을 1일 2,300mg 이하로 감소시키라는 의미가 아니라, 나트륨 섭취량이 1일 2,300mg 보다 높을 경우, 전반적으로 섭취량을 줄이면 만성질환 위험을 감소시킬 수 있다는 의미이다.

2018년 국민건강통계에 의하면 19세 이상 성인의 평균 나트륨 섭취량은 3,488mg/일이었으며, 2013~2017년 국민건강영양조사를 통해 살펴본 결과에서도 만성질환 위험감소를 위한 섭취기준 이상으로 섭취한 분율이 남녀 각각 19~29세 82.6%와 61.0%, 30~49세 89.5%와 70.5%, 50~64세 85.4%와 61.4%인 것으로 확인되었다. 이를 볼 때 우리나라 성인의 나트륨 섭취량은 만성질환 위험감소를 위한 섭취량에 비해 매우 높은 수준이므로 나트륨 섭취량을 줄이기 위해 노력해야 한다.

3) 철

철 권장섭취량은 남자의 경우 19~64세 10mg/일이며, 여자의 경우에는 19~49세 14mg/일, 50~64세 8mg/일이다. 특히 50세 이상의 여성은 폐경을 하는 것으로 가정하여 월경 손실량을 제하므로 19~49세보다 낮게 설정하였다. 즉, 여성의 경우 생리가 있는 동안에는 철 섭취기준이 남자보다 높으나, 폐경 후에는 남자보다 낮아진다. 철의 흡수는 섭취량, 식품 중의 형태, 체내 저장량, 식사 중의 다른 성분 등의 영향을 받는다. 성인기에는 연령 증가에 따라 철 흡수를 증가시키는 동물성 식품의 섭취량은 감소되는 반면, 철 흡수를 감소시키는 콩제품, 식이섬유, 피틴산 함유 식품 등 식물성 식품 섭취가 증가되므로 철의 흡수와 이용률을 고려한 영양관리가 요구된다.

7. 수 분

수분은 신생아의 경우 체중의 75%, 성인 남녀는 50~60%, 노인은 45~50% 정도를 차지하는 주요한 신체 구성분이다. 체수분량은 12세까지는 남녀가 유사하나 그 이후에 여성과 노인은 근육 감소, 체지방 증가로 인하여 감소한다. 성인의 수분 충분섭취량은 표 8-8과 같이 음식의 수분량과 액체 섭취량을 합한 섭취량에 근거하여 설정하게 된다. 우리나라 성인을 위한 수분의 섭취기준은 6세 이상 성장기와 같은 방법으로 음식 수분 섭취량에 액체 수분 섭취량을 합하여 설정하였다. 음식 수분 섭취량은 성별·연령별 에너지 필요추정량에 한국인 일상식 수분 함량비(0.53mL/kcal)를 적용하여 산출하고, 액체 수분 섭취량은 2013~2017년 국민건강영

표 8-8 성인의 수분 충분섭취량

성 별	연령(세)	음식(mL/일)	액체(mL/일)	총 수분(mL/일)
남 자	19~29	1,400	1,200	2,600
	30~49	1,300	1,200	2,500
	50~64	1,200	1,000	2,200
여 자	19~29	1,100	1,000	2,100
	30~49	1,000	1,000	2,000
	50~64	900	1,000	1,900

자료: 보건복지부 · 한국영양학회. 2020 한국인 영양소 섭취기준, 2020

양조사 결과의 물과 음료 섭취에 대한 각각의 중앙값을 적용하고 우유 섭취량 200mL/일을 더해 산출하였다.

성인기의 영양과 건강문제

1. 성인기의 영양 섭취 실태

2018년 국민건강통계에 의하면, 필요추정량 대비 에너지 섭취비율은 19~29세 89.7%, 30~49세 97.2%, 50~64세 98.0%이었다(그림 8-3). 단백질은 권장섭취량의 약 1.3~1.4배를 섭취하였으며, 인, 철, 티아민, 리보플라빈 및 니아신 섭취량은 권장 섭취량의 75% 이상이었으나, 칼슘은 권장섭취량의 66.5~70.2%, 칼륨은 충분섭취량의 70.2~84.7%, 비타민 A는 권장섭취량의 52.7~60.1%, 비타민 C는 권장섭취량의 52.5~67.4%만을 섭취하였다. 나트륨은 목표섭취량의 약 1.7~1.9배를 섭취하여, 나트륨 섭취 과다의 문제점이 나타났다.

연령군별 섭취의 불균형을 보이는 영양소를 살펴보면, 19~29세의 경우 영양소 섭취 기준의 75% 미만으로 섭취하는 영양소가 총 4개(칼슘, 칼륨, 비타민 A, 비타민 C)로 30~64세군의 3개(칼슘, 비타민 A, 비타민 C)에 비해 많은 편이었다. 또한 19~29세 성인 기 초반에서 특히 여성은 에너지 섭취량이 1,805.0kcal/일로 에너지 필요추정량 대비

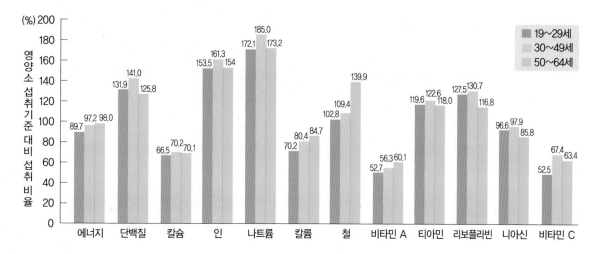

*에너지 필요추정량 적용: 에너지, 권장섭취량 적용: 단백질, 칼슘, 인, 철, 비타민 A, 티아민, 리보플라빈, 니아신, 비타민 C, 충분섭취량 적용: 칼륨, 목표섭취량 적용: 나트륨

그림 8-3 성인의 영양소별 영양소 섭취기준에 대한 영양소의 섭취비율

자료: 보건복지부 · 질병관리본부. 2018 국민건강통계, 2019

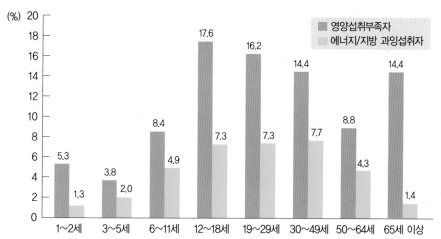

*영양섭취 부족자: 에너지 섭취가 필요추정량의 75% 미만이면서, 칼슘, 철, 비타민 A, 리보플라빈의 섭취량이 평균필요량 미만인 분율

*에너지/지방 과잉섭취자: 에너지 섭취량이 필요추정량의 125% 이상이면서, 지방 섭취량이 지방에너지 적정비율의 상한선을 초과한 분율

그림 8-4 연령별 영양섭취부족자와 에너지/지방 과잉섭취자 비율

자료: 보건복지부 · 질병관리본부. 2018 국민건강통계, 2019

85.7%의 낮은 섭취를 보였고, 남성은 비타민 A 섭취량이 407.7 µg RAE/일(권장섭취량 대비 51.0%)로 매우 저조하였다. 반면 30~49세와 50~64세 남성의 1일 필요추정량 대비 에너지 섭취비율은 각각 106.0%, 105.0%로 에너지 섭취를 줄일 필요가 있었다.

2018년 국민건강통계에 의하면 우리나라에서 에너지 섭취량이 필요추정량의 75% 미만이고, 칼슘, 철, 비타민 A, 리보플라빈의 섭취량이 모두 평균필요량 미만인 인구 분율은 전체 13.1%이었다. 성인기에는 이와 같은 영양섭취부족자 분율이 19~29세 16.2%, 30~49세 14.4%, 50~64세 8.8%로 성인기 중 19~29세가 가장 높았다(그림 8-4). 한편 에너지 섭취량이 필요추정량의 125% 이상이면서 지방 섭취량이 적정 에너지 섭취비율을 초과한 분율은 전체 6.0%였는데, 19~29세 7.3%, 30~49세 7.7%, 50~64세 4.3%로 나타나 성인기 중 30~49세가 다른 연령군보다 에너지/지방 과잉섭취자가 많음을 알 수 있다. 또한 19~29세 연령군은 영양섭취 부족과 과잉의 문제가 공존하는 영양 양극화 현상이 나타나고 있다.

2. 성인기의 영양상태에 영향을 미치는 요인

성인기에 발생률이 높은 만성질환의 주된 원인은 영양 과잉, 불규칙한 식사, 동물성 지방 및 맵고 짠 자극적인 음식의 섭취 과다 등 잘못된 식생활에 의한 것이다. 또한 이 시기의 특징인 운동부족, 과음, 흡연도 생활습관병의 발병 위험을 높이는 것으로 알려져 있다. 실제 우리나라 중년 남성들은 같은 연령대의 여성들에 비해 사망률이 3배 가량 높은데 이는 음주와 흡연, 스트레스 등의 생활양식과 관련이 있는 것으로 생각되고 있다.

1) 스트레스

스트레스란 신체가 내부나 외부의 자극으로부터 자신을 방어하고자 하는 생리적인 반응을 의미한다. 이는 기분 좋은 흥분이나 행복감까지 포함하므로 적당한 스트레스는 오히려 신체와 정신에 활력을 준다. 그러나 스트레스에 대해 감당할 능력이 약화되거나 이러한 상태에서 내·외적인 자극에 장기간 반복적으로 노출되면 정서적으로 불안과 갈등을 일으키고 자율신경계의 지속적인 긴장을 초래하여 정신적·

신체적인 기능장애나 질병을 유발한다.

2018년 국민건강통계에 의하면 19세 이상 성인 중 스트레스를 인지하는 비율은 29.1%이었다(그림 8-5). 스트레스 인지율은 남자의 경우 30대가 33.6%, 여자의 경우 20대가 44.5%로 가장 높고 연령이 증가하면서 점차 감소하는 양상을 보였다. 현대는 스트레스의 시대라 할 정도로 직장에서는 물론, 가정에서도 자녀의 교육, 생계

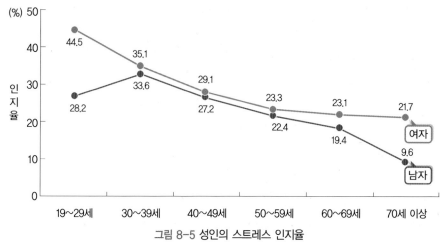

그림 8-5 성인의 스트레스 인지율
*스트레스 인지율: 평소 일상생활 중에 스트레스를 '대단히 많이' 또는 '많이' 느끼는 분율
자료: 보건복지부 · 질병관리본부. 2018 국민건강통계, 2019

스트레스 해소법

- 균형 있는 식사를 한다.
  - 술과 카페인이 있는 음식을 피한다.
  - 채소와 과일을 많이 먹는다.
  - 적당한 식사를 규칙적으로 한다.
- 적당한 운동을 한다.
- 하루에 2~3번씩 깊은 호흡을 한다.
- 긍정적인 태도를 갖는다.
- 여유 있게 스케줄을 짠다.
- 거절할 줄도 알아야 한다.
- 유머 감각으로 긴장을 해소한다.
- 긴장 이완법을 실천한다.

비, 체력의 저하, 질병에 대한 불안 등이 스트레스의 원인이 되고 있다. 특히 남성의 경우 직장생활로 인해, 여성의 경우는 경제적 어려움이나 부모자녀 간 관계로 스트레스를 많이 받는다. 스트레스의 정도가 크거나 장기간 지속될 경우 신체적·정신적인 항상성을 잃게 되어 여러 가지 질환을 유발하게 된다. 또한 과도한 스트레스는 면역력을 약화시키고 활성산소 생성을 촉진하여 노화를 빠르게 진행시킨다.

2) 흡 연

우리나라의 흡연율은 조금씩 감소되고 있지만 우리나라와 소득이 비슷한 다른 국가에 비하면 여전히 높은 수준이다. 2018년 국민건강통계에 의하면 19세 이상 성인 남성의 흡연율은 36.7%, 성인 여성의 흡연율은 7.5%였다. 최근 20대 여성의 흡연율이 높아지면서 2007년 5.3%에서 2018년 10.9%로 다시 증가하고 있다. 성인기 연령에 따른 흡연율은 남자의 경우 40대가 44.1%로 가장 높았던 반면, 여자는 19~29세가 10.9%로 가장 높았다(그림 8-6).

담배는 4,000여 가지 화학물질로 이루어져 있으며, 60여 종의 발암물질이 함유되어 있다. 따라서 흡연은 폐암을 비롯한 각종 암과 심혈관계 및 폐질환을 유발한다. 흡연은 자신의 건강을 해칠 뿐 아니라 주위 사람들의 건강에도 악영향을 미친다. 간접흡연은 비흡연자들에게도 폐암을 비롯한 여러 가지 질병의 원인이 되며, 부모가 흡연하는 가정의 어린이는 폐기능 발달 속도가 더디고, 천식, 감기, 호흡기 질환, 중이염 등에 걸릴 확률이 높아진다는 보고가 있다.

3) 음 주

한국인의 음주율은 2013년 이후 계속적으로 60% 이상으로, 특히 여성 음주율이 계속 높아지는 추세이다. 2018년 국민건강통계에 의하면 최근 1년 동안 한 달에 1회 이상 술을 마신 사람의 비율은 19세 이상 성인 남자 70.5%, 여자 51.2%이었으며, 성인기 연령군별 월간 음주율을 살펴보면 남자에서는 40대가 77.7%, 여자에서는 20대가 65.7%로 가장 높았다(그림 8-7). 우리나라 19세 이상 성인 남자의 20.8%, 여자 8.4%가 고위험음주군(1회 평균 음주량이 남자 7잔 이상, 여자 5잔 이상이며 일

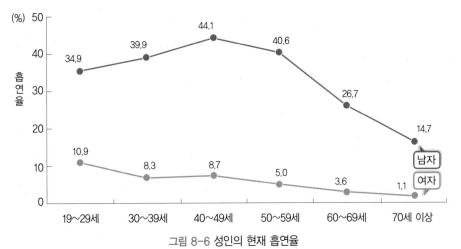

그림 8-6 성인의 현재 흡연율

*현재 흡연율: 평생 담배 5갑(100개피) 이상 피웠고 현재 담배를 피우는 분율

자료: 보건복지부·질병관리본부. 2018 국민건강통계, 2019

금연방법

1. 금연 결심을 한다.
2. 금연 시작일을 설정하고 계획을 세운 후 금연 시작일에 다음과 같이 한다.
   - 흡연하지 않는다.
   - 걷기, 운동, 혹은 다른 활동이나 취미생활을 활발히 지속한다.
   - 물과 주스를 많이 마신다.
   - 당신이 선택했다면 니코틴 대체제 사용을 지속한다.
   - 금연교실에 참석하거나 자조계획에 따라 시작한다.
   - 흡연하고 싶은 상황을 피한다.
   - 음주량을 줄이거나 금주한다.
   - 당신의 습관 변화를 생각한다. 일하는 방법을 달리 하거나 커피 대신 차를 마신다.
   - 다른 장소에서 아침식사를 하거나 다른 음식을 먹는다.

자료: 한국금연운동협의회

주일에 2회 이상 음주하는 경우)으로, 우리나라의 음주 문화는 음주의 사회적 기능을 강조한다는 점에서 남성의 경우 사회활동이 늘어나는 중년기가 될수록 음주빈도가 증가하는 것으로 보인다.

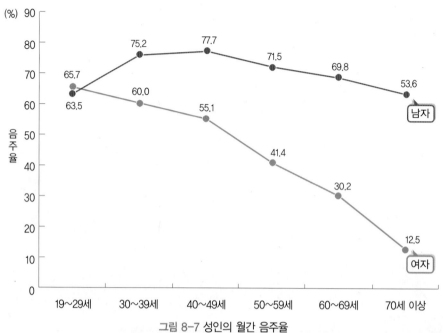

(%)

그림 8-7 성인의 월간 음주율
*월간 음주율: 최근 1년 동안 한 달에 1회 이상 음주한 분율
자료: 보건복지부 · 질병관리본부, 2018 국민건강통계, 2019

4) 아침 결식

우리나라 성인의 아침 결식률은 19~29세 남자 46.4%, 여자 54.4%로 상당히 높고, 특히 30~49세 31.1~35.5%, 50~64세 15.6~17.8% 보다 크게 높아 20대 성인에게 아침 식사 중요성에 대한 교육 및 홍보가 더욱 필요한 실정이다(그림 8-8). 결식을 하는 이유로는 시간이 없거나 입맛이 없어서, 또는 습관적으로 결식을 하고 있는 것으로 조사되었다.

아침식사는 하루 식사의 영양적 균형 유지와 함께 혈당의 유지, 인지능력의 향상, 과식 방지, 체중 조절, 기타 여러 질병 발생의 예방효과 등으로 그 중요성이 강조된다. 아침을 굶게 되면 혈당이 떨어져 두뇌 활동에 필요한 포도당 부족으로 집중력과 사고력이 떨어지고 심리적 불안감을 갖게 된다. 아침 결식으로 하루에 두 끼만 먹는 식습관은 체내에서 에너지 소비량을 줄이려고 하기 때문에 기초대사량이 낮아져 조금만 먹어도 살이 찌는 등 오히려 비만을 초래하기 쉽다. 뿐만 아니라 아침 결식은

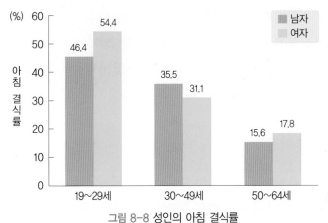

그림 8-8 성인의 아침 결식률
*아침 결식률: 조사 1일 전 아침식사를 결식한 분율
자료: 보건복지부·질병관리본부. 2018 국민건강통계, 2019

간식 섭취량을 증가시키고 점심과 저녁의 과다한 섭취를 초래하기 때문에 1일 영양소 필요량과 섭취량의 불균형을 야기시키는 요인이 된다. 따라서 규칙적이고 적절한 아침식사를 통해 건강상태를 유지하고 개선해야 한다.

5) 잦은 외식

생활수준의 향상과 여성의 사회 참여 증가, 소비 패턴의 변화 등으로 현대인의 식생활에서 외식이 차지하는 비중은 꾸준히 증가하고 있다. 2018년 국민건강통계에 의하면 우리나라 국민의 32.0%가 1일 1회 이상 외식을 하였으며, 특히 19~29세에서 40.2%, 30~49세 40.3%, 50~64세에서 25.3%로 성인기에 잦은 외식을 하고 있음을 알 수 있었다.

잦은 외식은 영양소 섭취의 불균형을 초래하여 각종 만성질환을 야기할 수 있는 요인으로 지적되고 있다. 한식에 비해 중식, 양식, 패스트푸드 및 외식으로 자주 찾는 쇠고기나 삼겹살, 부대찌개 등은 고지방, 고단백, 고열량 식품이다. 실제 외식의 경우 가정식에 비해 총 지방, 포화지방, 나트륨, 콜레스테롤의 함량은 높고 식이섬유, 칼슘, 철의 함량은 낮았다는 보고가 있다. 특히 외식을 많이 하거나 미리 조리된 음식을 자주 사 먹을 경우 나트륨의 과잉 섭취가 초래될 수 있다. 이와 같은 바람직하지 못한 식행동은 비만을 비롯한 당뇨병, 고혈압, 동맥경화증, 통풍, 대장암 등 여러 가지 건강문제를 일으킬 수 있다. 외식이 비만 및 만성질환 유발에 미치는 영향에 대한 사회적인 문제에 관심이 쏠리면서 일부 외식업체에서는 건강 메뉴 개발이 이루어지고 있으며, 잦은 외식을 줄이고 가능한 한 집에서 음식을 직접 조리해 먹는 것이 바람직하다.

6) 건강식품의 이용

최근 들어 건강 유지와 질병 예방에 대한 관심이 증가되면서 건강보조식품, 건강기능식품과 같은 건강관련 식품health food에 대한 수요·공급 역시 지속적으로 증가하고 있다. 특히 50세 이상의 중년 및 노인들이 대부분 건강증진을 위해 특수영양 및 건강보조식품을 섭취하는 것으로 나타났다. 건강식품 사용자들의 대부분은 건강식품은 건강을 좋게 해주는 것으로 생각하는 경향이 있다. 또한 전문가의 처방보다는 주변 사람들이나 판매원의 권유에 의해 건강식품을 구입하는 경우가 대부분이다. 건강식품은 건강을 유지하고 증진시키는 데 도움이 되는 식품이어야 하는데, 소비자의 잘못된 인식과 단순한 체험에 의해 식품이 약물로 오용되고 있다. 또한 건강식품 제조판매회사의 과장된 광고나 홍보에 의해 남용되고 있는 실정이다.

이와 같은 건강식품의 오·남용에 따른 건강 부작용 발생, 건강식품 섭취로 식사를 통한 영양섭취를 소홀히 하는 점, 무분별한 건강식품 구입에 따른 식비 부족 초래, 건강식품을 통한 비타민과 무기질의 과잉 섭취 등의 다양한 문제점이 발생하고 있다. 따라서 건강식품을 선택할 때는 구입하고자 하는 식품에 대해 정확한 지식과 함께 관련 전문가의 올바른 지도와 조언을 따르는 것이 필요하다.

3. 성인기의 영양과 건강문제

1) 대사증후군

대사증후군metabolic syndrome은 비만, 이상지질혈증, 내당능장애, 고혈압 등의 건강을 해치는 요인들이 만성적 그리고 복합적으로 나타나 심혈관질환 발생 위험을 높이는 대사장애를 말한다. 이와 같은 질환군을 초기에는 그 원인을 몰라 X-증후군이라고 하였으나 최근에는 인슐린 저항성 증후군insulin resistant syndrome 또는 대사증후군이라고 한다.

(1) 대사증후군의 진단

1998년 세계보건기구WHO에서 제시한 진단기준은 임상적으로 환자를 가려내기에는 문제가 있어 2001년 미국 국립 콜레스테롤 교육 프로그램National Cholesterol

TiP 대사증후군 진단기준

구 분	미국 NCEP-ATP III(2005)[1]	IDF(2005)[2]
대사증후군 진단 방법	아래의 5가지 중 3가지 이상 만족하면 진단	복부비만은 필수요건으로, 그 외 4가지 중 2가지 이상 만족하면 진단
허리둘레(복부비만)	미국: 남자 ≥ 102cm 여자 ≥ 88cm 우리나라[3]: 남자 ≥ 90cm 여자 ≥ 85cm	인종에 따른 독자적인 기준 사용 (우리나라[3]: 남자 ≥ 90cm 여자 ≥ 85cm)
혈중 중성지방	≥ 150mg/dL	≥ 150mg/dL 또는 약물치료 중
혈중 HDL-콜레스테롤	남자 < 40mg/dL 여자 < 50mg/dL	남자 < 40mg/dL 여자 < 50mg/dL 또는 약물치료 중
혈 압	≥ 130/85mmHg	≥ 130/85mmHg 또는 약물치료 중
공복혈당	≥ 100mg/dL(당뇨병 포함)	≥ 100mg/dL(당뇨병 포함)

1) National Cholesterol Education Program(≥100mg/dL(당뇨병 포함)). Third report of the expert panel on detection, evaluation, and treatment of high blood cholesterol adults
2) 세계 당뇨병 연맹(International Diabetes Federation)
3) 이상엽 외. 대한비만학회지 15:1~9, 2006

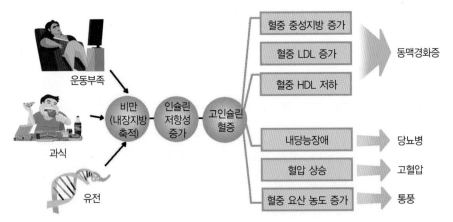

혈중 중성지방 증가

혈중 LDL 증가

혈중 HDL 저하 → 동맥경화증

비만
(내장지방
축적) → 인슐린
저항성
증가 → 고인슐린
혈증

내당능장애 → 당뇨병

혈압 상승 → 고혈압

혈중 요산 농도 증가 → 통풍

운동부족

과식

유전

그림 8-9 대사증후군의 원인과 병리

Education Program, NCEP에서 새로운 진단기준을 제시하였다. 그러나 나라마다 비만에 대한 기준이 달라 2005년 세계 당뇨병 연맹International Diabetes Federation에서는 허리둘레의 기준을 각 나라의 기준에 맞게 적용하도록 하였고, 허리둘레의 기준 이상과 함께 두 가지 이상의 기준에 해당하는 경우 대사증후군으로 정의하였다. 우리나라의 경우 허리둘레는 남자 90cm, 여자 85cm 이상을 기준으로 사용하고 있다.

(2) 대사증후군의 원인

대사증후군은 일반적으로 인슐린 저항성insulin resistance이 근본적인 원인으로 작용한다고 알려져 있다(그림 8-9). 인슐린 저항성을 가진 사람들은 대개 복부비만이 많고 혈중 지질 수준도 올라가는 현상이 있어서 고혈압, 이상지질혈증, 심장병 등의 만성질환이 잘 생기게 된다. 그렇지만 대사증후군은 단일한 원인의 생물학적 질환이 아니기 때문에 유전 및 환경적 요인이 모두 관여하여 발생하는데, 환경적 요인으로는 운동부족과 비만 특히, 복부비만과 같이 생활습관에 관련된 것이 잘 알려져 있다. 식생활과 관련된 원인으로는 비만을 유발하는 과식 즉, 고열량의 간식이나 탄산음료의 과다섭취와 함께 장쇄 불포화 지방산의 섭취 부족 및 복합 비타민, 마그네슘 또는 셀레늄 결핍 등이 알려져 있다.

● 적당한 식사!
- 제때, 규칙적으로 적당량의 식사를 천천히
- 기름기 많은 음식, 단 음식 주의
- 기름기 적은 육류, 생선, 콩/두부 등을 매일 적당량 섭취
- 밥, 국수, 떡 등의 탄수화물 음식을 너무 많이 먹지 않도록
- 채소, 해조류는 충분히
- 술, 음료는 주의
- 싱겁고 단백하게 조리
● 운동하자!
● 음주는 적절하게!
● 금연하기!
● 스트레스 이기기!

자료: 서울시 대사증후군 오락(5樂)프로젝트, 2009

(3) 대사증후군의 병리

대사증후군은 말초조직 세포의 인슐린 저항성 증가가 핵심 요소이다. 비만으로 인슐린 저항성이 올라가면, 혈당을 처리하는 능력이 떨어지고 췌장은 이를 보상하기 위해 인슐린 분비량을 늘리므로 고인슐린혈증이 나타난다. 그러나 인슐린 저항성이 증가되어 있어 당 대사는 개선되지 않는다. 오히려 과잉으로 존재하는 인슐린이 혈압을 올리고 혈중 지질 농도를 증가시키는 등 대사를 교란시켜 결과적으로는 동맥경화증, 당뇨병, 고혈압, 통풍 등 다양한 질환을 초래한다.

복부비만은 내장의 지방조직 세포에서 아디포카인adipokines의 분비를 변화시키는데 특히, 플라스미노겐 활성물질 저해제plasminogen activator inhibitor-1, PAI-1의 분비는 많아지고 아디포넥틴adiponectin 분비는 적어진다. PAI-1의 증가는 혈관 평활근 세포를 섬유화시키고 혈전 형성을 촉진해 혈관 질환을 유발하게 된다. 아디포넥틴은 혈관 평활근 세포의 증식을 억제하며, 아디포넥틴의 분비 감소는 결과적으로 혈관 질환의 발생을 촉진한다.

2) 비 만

우리나라 19세 이상 성인의 비만 유병률은 1998년 26.0%에서 2018년 34.6%로 지속적으로 증가하는 추세를 보이며, 이는 남자에서 보다 뚜렷하게 나타나고 있다(그림 8-10). 성인기에는 골격근의 함량을 유지하고 체지방이 증가하지 않도록 체중을 관리하는 것이 중요한 영양적 관심이다. 그러나 실제로는 나이가 들면서 골격근이 점차 줄어들고 이로 인한 대사율 저하와 함께 신체활동의 감소는 에너지 소비량을 저하시켜 체중이 증가하게 된다. 특히 골격근 함량이 적은 여성은 남성에 비해

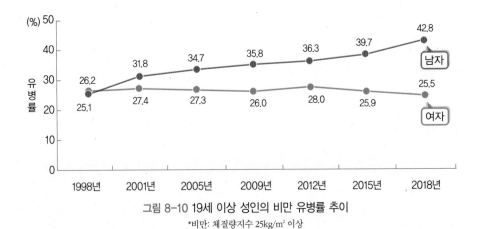

그림 8-10 19세 이상 성인의 비만 유병률 추이

*비만: 체질량지수 25kg/m² 이상

자료: 보건복지부 · 질병관리본부. 2018 국민건강통계, 2019

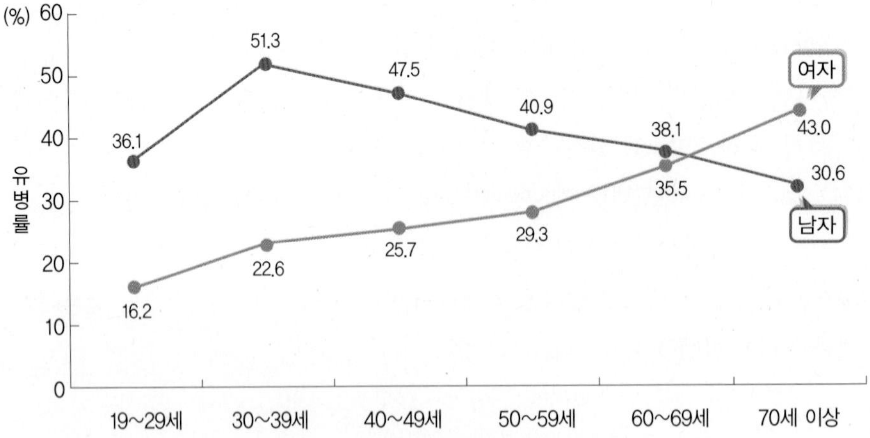

그림 8-11 성인의 연령별 비만 유병률

*비만: 체질량지수 25kg/m² 이상

자료: 보건복지부 · 질병관리본부. 2018 국민건강통계, 2019

에너지 소비량의 감소 정도가 더 크다. 2018년 국민건강통계에 의하면 성인의 연령별 비만 유병률은 50대까지 남자가 여자보다 현저히 높다가 60대에 남자 38.1%, 여자 35.5%로 비슷해지고, 70대 이후에는 여자(43.0%)가 남자(30.6%) 보다 높아지는 것으로 나타났다(그림 8-11).

일반적으로 섭취하는 에너지에 비해 소비하는 에너지가 적으면 잉여의 에너지가 지방으로 저장되고 결과적으로 체중이 늘어나 비만이 되게 된다. 약 0.5kg의 지방조직은 3,500kcal를 함유하므로 매일 500kcal의 열량을 더 섭취하면 일주일에 체중이 0.5kg씩 증가하게 된다.

3) 고혈압

혈압에 영향을 주는 인자로는 유전적 소인 이외에 여러 가지 식생활 인자와 생활습관 인자가 있다. 식생활 인자로 에너지와 나트륨, 칼륨, 칼슘 등 무기질 섭취가 있고 생활습관 인자로는 음주, 운동, 스트레스 등이 있다. 세계적으로 극히 일부 지역을 제외하고는 연령이 증가하면서 혈압이 상승하는 추세를 보인다. 2018년 국민건강통계에 의하면 30세 이상 성인의 경우 남녀 모두 연령 증가에 따라 고혈압 유병률

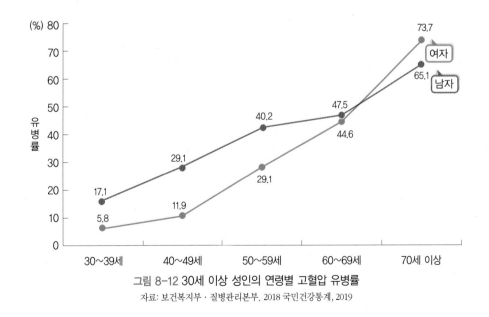

그림 8-12 30세 이상 성인의 연령별 고혈압 유병률
자료: 보건복지부 · 질병관리본부. 2018 국민건강통계, 2019

DASH diet Dietary Approaches to Stop Hypertension diet

저나트륨, 충분한 식이섬유, 지방 제한을 중심으로 하여 혈압을 저하시키는 식사요법으로 미국 국립보건원[NIH]에서 제시하였다. 식사의 기본 원칙은 다음과 같다.

- 포화지방산 및 콜레스테롤, 지방 등의 섭취를 줄인다.
- 과일, 채소, 저지방 유제품 섭취를 늘린다.
- 전곡류를 통하여 식이섬유 섭취를 늘린다.
- 소금은 1일 6g 이하로 줄인다.

이를 위해서는 다음의 식품 선택에 주의한다.

- 과일, 채소 및 전곡류를 충분히 선택한다.
- 저지방 유제품, 육류, 어류, 가금류, 견과류를 선택한다.
- 설탕이 첨가된 식품과 음료류, 붉은 육류, 유지류의 선택을 제한한다.

이 크게 증가하는 것으로 나타났으며, 70대 이후 여자가 남자보다 크게 유병률이 증가하고 있다(그림 8-12).

앞서 언급한 여러 가지 고혈압 인자가 작용하겠지만, 이 중에서도 평생에 걸쳐 생리적 필요량 이상으로 나트륨을 과다 섭취하는 것이 고혈압 발생의 주요 원인이다. 한국인의 경우에 하루 평균 소금 섭취량이 약 8g으로 높은 편이며, 고혈압 발생의 주요 요인으로 지적되고 있다.

우리나라 국민의 주요 나트륨 급원은 소금 이외에 장류, 김치류, 국이나 찌개 등의 국물음식 등이다. 고혈압을 예방하기 위해서는 이들 음식 섭취를 가능한 제한하고 싱겁게 먹는 노력이 필요하다. 한편 칼륨은 혈압을 낮추는 효과를 나타내므로 채소류와 과일류 섭취를 늘려 Na/K 비율을 가능하면 1 이하로 유지하도록 노력한다. 이외에도 칼슘이 고혈압 발생을 예방한다는 증거가 있으므로 칼슘을 충분히 섭취하며, 혈압을 상승시키는 과다한 음주와 흡연을 피하고 스트레스를 잘 관리하는 생활습관을 유지하도록 한다.

4) 이상지질혈증

이상지질혈증은 지단백의 합성이 증가하거나 또는 분해가 감소되어 혈액 중에 콜레스테롤이나 중성지방이 과다하게 증가해 있는 상태를 말한다. 특히 LDL-콜레스

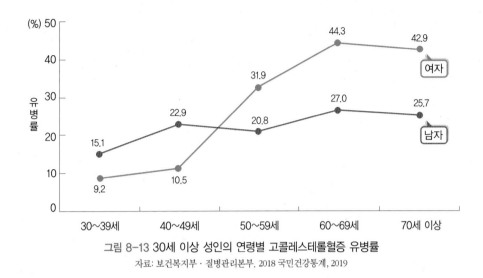

그림 8-13 30세 이상 성인의 연령별 고콜레스테롤혈증 유병률

자료: 보건복지부 · 질병관리본부. 2018 국민건강통계, 2019

테롤이나 중성지방이 상승하였거나 HDL-콜레스테롤 농도가 감소한 경우 동맥경화증과 관상동맥심장 질환의 위험도를 높이므로 문제가 된다. 이들 과다한 지질이 혈관 내피세포에 손상을 입힐 수 있고 또한 동맥벽에 침착되어 죽상종을 형성하기 때문이다.

2018년 국민건강통계에 의하면 30세 이상 성인의 고콜레스테롤혈증 유병률은 40대까지는 남자가 여자보다 높지만 50대 이상부터는 여자의 유병률이 남자보다 크게 높아진다(그림 8-13). 이러한 변화는 여성의 폐경과 관련이 있으며 특히, 갱년기 여성에 있어 이상지질혈증을 예방, 관리하기 위한 건강관리가 각별히 요구된다. 이상지질혈증을 예방하기 위해서는 콜레스테롤을 비롯해 지방을 과다하게 섭취하지 않도록 하고, 총 지방과 에너지 섭취를 제한하고 식이섬유를 충분히 섭취하도록 한다.

5) 당뇨병

2018년 국민건강통계에 의하면 30세 이후 성인 남녀 모두 연령이 증가하면서 당뇨병 유병률이 크게 증가하는 것으로 나타났다(그림 8-14). 특히 45세 이상의 연령은 2형당뇨병의 위험인자 중 하나이다. 대사증후군에서 설명한 바와 같이 복부 비만으로 인한 지방조직 세포의 인슐린 저항성 증가가 내당능 장애를 가져오기 때문이다. 인슐린 작용력이 약해져 포도당이 세포 내로 들어가지 못하고 혈액 중에 쌓이

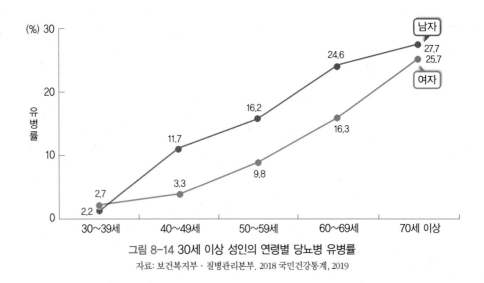

그림 8-14 30세 이상 성인의 연령별 당뇨병 유병률
자료: 보건복지부·질병관리본부. 2018 국민건강통계, 2019

며 소변을 통해 체외로 배설된다.

당뇨병은 신경계질환, 콩팥질환, 망막증 및 고혈압이나 이상지질혈증과 같은 여러 가지 만성 합병증을 가져오는데, 이는 모두 혈당을 정상 농도로 유지함으로써 예방하거나 발생을 늦출 수 있다. 따라서 당뇨병의 예방 및 관리를 위한 식생활 관리도 정상 혈당 유지를 목표로 해야 한다. 이를 위해서 무엇보다도 표준체중을 유지하는 데 필요한 열량을 3대 영양소로 적절하게 배분하여 섭취하는 것이 가장 중요하다. 또한 포화지방 섭취를 줄이고 불포화지방 섭취는 늘리며 콜레스테롤과 단순 당질이나 소금 섭취를 제한하고 식이섬유를 충분히 섭취하는 것이 좋다.

6) 암

암은 고혈압과 이상지질혈증에 따른 심장순환기계 질환과 함께 성인기의 건강을 위협하는 중요한 질환이다. 암 발생과 관련해 유전인자의 영향은 5% 미만인 것으로 보고된 바 있으며, 이는 환경인자의 영향력이 크다는 점을 의미한다. 미국국립암협회에 따르면 음식이 35%로 가장 높은 관련성을 보이며, 그 다음으로 흡연이 30%, 만성 감염 10%, 기타 요인으로 음주와 방사선이 각각 3%를 차지하고 있다. 여러 부위의 암 중에서 위암을 비롯해 대장암, 간암, 췌장암, 폐암, 유방암, 난소암, 방광암 및 전립선암이 식생활 인자와 높은 상관성이 있다고 한다.

인종에 따라 암 발생 양상에 차이를 보이는 것도 환경적인 영향, 특히 식생활의 차이로 이해된다. 한국인은 현재 위암 발생률이 높고 대장암, 유방암 및 전립선암의 발생률도 점차 증가하고 있다. 이는 식생활의 서구화와 연관이 있을 것으로 추측된다. 그러므로 암 예방은 바람직한 생활양식의 실천을 통해 이룰 수 있다. 한국인에 호발하는 암의 일반적인 원인인 짠 음식, 탄 음식, 질산염 및 고지방 섭취를 피하고 전곡, 채소 및 과일을 통해 식이섬유를 충분히 섭취하는 식생활과 함께 금연하는 것이 바람직하다.

7) 골다공증

골다공증은 골 조직 함량이 감소한 상태를 말하며, 골격의 외형은 유지되나 골밀도가 낮아 요추와 대퇴부 등에 골절 위험이 높아진다. 골격은 대사가 끊임없이 일어나는 조직으로, 재형성되는 과정 중 파골세포에 의한 골 흡수작용과 조골세포의 골 형성 작용이 균형을 이루어야 골밀도가 유지된다.

성인 초기인 약 35세경에 최대 골질량을 이룬 후 매 10년마다 약 3%씩 골 손실이 발생한다. 이와 같은 노화로 인한 골 손실은 남자와 여자 모두에서 나타난다. 그러나 여자에서는 노화성 골 손실과는 달리 폐경 이후에 빠른 속도로 골 손실이 야기된다.

● **채소와 과일을 충분히 먹습니다.**

- 생 채소를 매일 매 끼니 먹습니다.
- 과일은 하루 두 번 정도 적당량 섭취합니다.
  (1회 섭취량의 예: 귤 1개, 사과 1/2개, 딸기 10개 등)

● **다채로운 식단으로 균형 잡힌 식사를 합니다.**

- 다양한 종류의 잡곡 및 도정하지 않은 곡류를 섭취합니다.
- 두류 및 두류 가공품(두유, 두부 등)을 매일 섭취합니다.
- 저지방 우유를 하루 1잔 정도 마십니다.
- 너무 뜨겁거나 매운 음식의 섭취를 피합니다.

● **음식을 짜지 않게 먹습니다.**

- 인공 조미료(화학조미료 포함)의 사용을 제한하며 음식은 싱겁게 만들어 먹습니다.
- 김치류는 짜지 않게 만들어 먹습니다.
- 음식을 먹을 때 추가적으로 소금이나 간장을 사용하지 않습니다.
- 젓갈류 및 염(소금) 저장 식품(장아찌 류, 생선을 이용한 식해 등)의 섭취를 제한합니다.
- 국이나 찌개의 국물 섭취를 제한합니다.

● **탄 음식을 먹지 않습니다.**

- 육류 섭취 시 굽기(숯불구이, 직접 구이 등)보다는 삶거나 끓여서(수육, 보쌈 등) 먹습니다.
- 숯불구이나 직접 구이 등에 의해 탄 음식의 섭취를 삼갑니다.
- 지방 함량이 많은 부위의 육류 섭취를 제한합니다.

● **붉은 육류와 육가공품의 섭취를 제한합니다.**

- 붉은 육류(돼지고기, 쇠고기)의 섭취를 주 2회 미만으로 제한합니다.
- 햄, 소시지, 베이컨 등과 같이 가공한 육류의 섭취를 주 1~2회 미만으로 제한합니다.
- 다채로운 식단으로 균형 잡힌 식사를 합니다.
- 음식을 짜지 않게 먹습니다.
- 탄 음식을 먹지 않습니다.
- 붉은 육류와 육가공품의 섭취는 제한합니다.

자료: 보건복지부 · 국립암센터. 2006

이는 에스트로겐 분비가 감소되면서 파골세포가 부갑상샘호르몬에 민감해져 골 흡수작용이 촉진되기 때문이다. 폐경 이후 8~10년 동안 매년 5%씩 골질량이 손실될 수 있다. 2010년 국민건강통계에 의하면 50대 남자의 골다공증 유병률은 4.5%인 반면, 동일 연령대 여자의 골다공증 유병률은 15.4%로, 여자가 남자에 비해 골다공증 유병률이 매우 높다(그림 8-15). 또한 70세 이후 골다공증 유병률은 남자 20.0%,

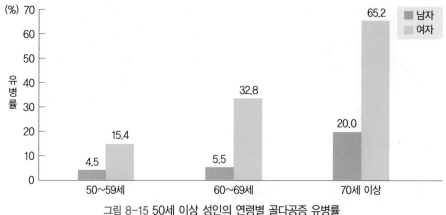

그림 8-15 50세 이상 성인의 연령별 골다공증 유병률

자료: 보건복지부 · 질병관리본부. 2010 국민건강통계, 2011

여자 65.2%로 연령이 증가함에 따라 매우 크게 증가하는 것으로 나타났다.

골다공증은 회복이 어렵기 때문에 치료보다는 예방이 보다 중요한 의미를 갖는다. 골다공증을 예방하기 위해서는 35세경까지는 최대 골질량을 확보하며, 이후에는 골 손실을 최소화하는 노력이 필요하다. 최대 골질량을 확보하기 위해서는 골질량이 증대되는 특정 시기에 칼슘을 비롯해 골격 형성에 요구되는 영양소를 적극적으로 섭취해야 한다. 한편 골 손실을 최소화하기 위해서는 성인기에도 계속 골격을 형성하는데 필요한 영양소를 충분히 섭취하고 체중부하 운동 등 신체활동으로 뼈를 자극해야 한다.

칼슘은 우리나라에서 어느 연령층을 막론하고 섭취가 부족한 영양소이다. 골다공증이 발생한 이후에 칼슘 보충이 나타내는 효과는 아직 확실하지 않다. 폐경기 여성에게 하루에 1g의 칼슘 보충제를 공급한 실험에서는 골 손실을 억제하는 효과가 확인되었으나 폐경기 이후의 급격한 골 손실은 칼슘 섭취를 증가하는 것만으로 막지 못한다는 연구결과도 있다. 그러나 충분한 칼슘 섭취는 노화에 의한 골 손실 지연에 있어 중요한 것으로 보인다.

불충분한 칼슘 섭취 이외에 비타민 D 결핍과 음주 및 카페인 섭취는 골다공증 위험을 증가시키는 식생활 요인이다. 비타민 D 결핍으로 인해 소화관으로부터 칼슘 흡수나 콩팥으로부터 칼슘 재흡수가 감소되면 혈중 칼슘 농도가 저하된다. 그러면 부갑상샘호르몬 분비량이 많아져 뼈로부터 용출되는 칼슘이 많아진다. 과다한 알코올 섭취는 골다공증의 위험인자로서 조골세포의 기능을 손상시키고 장내 칼슘 흡수를 방해하므로 골 형성을 감소시키는 결과를 가져온다. 또한 카페인 섭취 과다는 골 손실을 가속화시키지만 그 영향은 칼슘 섭취량에 따라 다른 것으로 보인다. 하루에 커피 3~5잔에 해당하는 450mg 정도의 카페인 섭취는 칼슘 섭취량이 충분한 경우 뼈에 뚜렷한 영향을 보이지 않았다는 보고가 있다.

갱년기 여성의 건강관리

여성에 있어 중년기는 갱년기라는 과정을 거치게 되는데, 갱년기climacteric란 신체적인 노화와 함께 생식능력이 소실되어 가는 과도기로 보통 40~60세 연령층이 해당되며, 이 시기에는 내분비적인 변화와 함께 여러 가지 복합적인 변화가 따르게 된다.

대부분의 여성은 50세 전후에 폐경을 맞아 난자 배출기능이 종료된다. 난포가 퇴화되므로 난포에서 생성되는 에스트로겐 분비가 감소되어 혈장 에스트로겐 농도가 급격히 떨어지며, 이로 인해 신체적·정신적 변화가 초래된다. 이를 갱년기증후군 또는 폐경증후군이라 한다. 폐경을 전후하여 나타나는 갱년기 증상은 난소의 기능 쇠퇴에 의해 나타나는 일련의 증후와 함께 노화과정에 적응하기 위한 신체적·사회적·심리적 요인들이 복합적으로 관여하게 된다.

갱년기 증상의 정도는 여성 모두에게서 동일한 상태를 나타내지는 않으나, 증상의 정도에 따라 일상생활을 못하는 경우도 있기 때문에 이 시기에 특별한 관심을 가지고 평소에 식사와 운동 등의 생활습관을 올바르게 유지하여 건강한 갱년기를 보낼 수 있도록 노력해야 한다.

1. 폐경과 갱년기

여성에게 있어 월경은 임신과 분만의 기능을 수행하기 위한 필수 요건이지만, 난소의 노화 및 기능저하로 인해 발생되는 폐경menopause은 여성의 삶에 있어 또 다른 전환기를 가져오게 된다. 폐경은 난소의 난포 기능 상실로 인한 월경의 중단으로 정의할 수 있으며, 난소에서 분비되는 에스트로겐의 생산이 점차 감소하여 나타나는 질병이 아닌 자연적인 신체적 변화 과정의 하나이다.

일반적으로 신체에 특별한 문제가 없으면서 1년간 월경이 없을 때를 폐경으로 진단한다. 폐경을 맞게 되는 시기는 대부분 45~55세 사이, 즉 평균 49세이다. 폐경은 갑자기 오는 것이 아니라 40세 이후 난소의 기능저하와 함께 월경기간이 짧아지는 것으로 시작하여 점차 월경주기가 길어지면서 불규칙하다가 완전히 중지된다. 월경이 완전히 중지되는 폐경이 발현된 후 약 1년까지를 폐경이행기, 더 흔히는 갱년기라고 하며 그 기간은 개인 차이가 있지만 평균 4~7년 정도이다.

2. 갱년기의 생리적 변화

폐경기의 내분비 변화는 난포 분비 에스트로겐의 감소, 난포 분비 인히빈inhibin의 감소, 뇌하수체 분비 난포자극호르몬follicle stimulating hormone, FSH의 증가, 무배란으로 인한 프로게스테론의 생성 불능으로 특징된다.

이러한 변화로 발생되는 갱년기 증상은 에스트로겐 분비 감소의 발현시기에 따라 달리 나타난다. 급성 증상으로는 혈관 운동 장애로 인한 안면홍조, 야간 발한, 불면

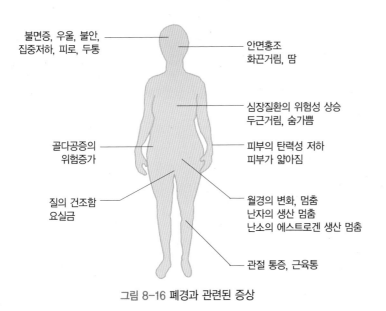

불면증, 우울, 불안,
집중저하, 피로, 두통

안면홍조
화끈거림, 땀

심장질환의 위험성 상승
두근거림, 숨가쁨

골다공증의
위험증가

피부의 탄력성 저하
피부가 얇아짐

질의 건조함
요실금

월경의 변화, 멈춤
난자의 생산 멈춤
난소의 에스트로겐 생산 멈춤

관절 통증, 근육통

그림 8-16 폐경과 관련된 증상

♥ 인히빈inhibin

난소, 정소, 부신, 뇌하수체 등에서 분비되며 뇌하수체의 난포자극호르몬(FHS)의 분비를 억제하는 단백질성 호르몬으로 여성에 있어 월경주기와 태아발달 기능을 함

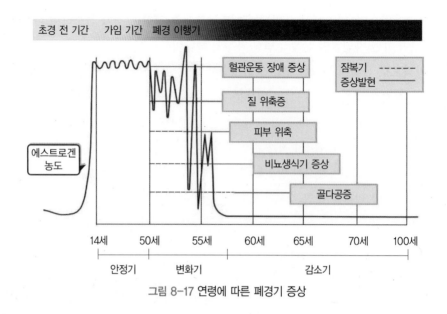

그림 8-17 연령에 따른 폐경기 증상

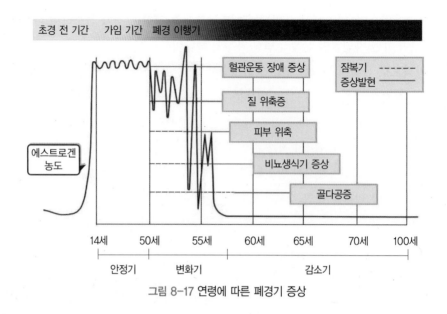

단계별 폐경 증상

- 초기 – 생리주기 불규칙, 화끈거림, 안면홍조, 두근거림, 우울증, 근육통
- 중기 – 피부변화, 비뇨생식기 이상
- 후기 – 골다공증, 심혈관계질환 증가

증이 나타나고, 신경내분비계 증상으로는 정서의 변화, 기억장애, 집중장애 등이 심리적인 문제와 동반하여 나타난다(그림 8-16). 급성과 만성의 중간 성질인 아급성 증상은 폐경 후 시간이 경과함에 따라 그 빈도가 증가하는데, 비뇨생식기계의 위축과 결체조직으로부터의 교원질 소실에 의한 피부위축, 관절통, 요실금 등이 나타난다. 만성 후유증으로는 골다공증, 이상지질혈증, 치매 등을 들 수 있으며(그림 8-17), 이와 같은 증상은 갱년기 여성의 건강에 있어 가장 큰 문제가 된다.

에스트로겐의 감소로 뼈의 밀도가 감소되어 골다공증의 위험이 높아지며, 이로 인해 골절 위험이 증가한다. 또한 에스트로겐 생성이 저하되면서 HDL-콜레스테롤은 저하되고 LDL-콜레스테롤은 증가한다. 그 이유는 난소에서 LDL-콜레스테롤을 이용하여 에스트로겐을 만드는데 에스트로겐 생성이 저하되면 LDL-콜레스테롤이

소모되지 않아 그 수치가 증가하기 때문이다. 이렇게 혈중에 LDL-콜레스테롤이 증가하면 심혈관계질환이 발생할 가능성이 높아지며, 이는 인지 능력의 감소 및 치매의 위험인자로 작용하는 것으로 알려져 있다.

3. 갱년기 여성의 건강관리 방법

갱년기 여성은 골다공증, 심혈관계질환 및 각종 갱년기 증상으로 건강이 악화될 수 있으므로 평소에 식사관리를 포함한 건강관리에 관심을 갖고 이를 잘 실천하여 건강하고 활기찬 갱년기를 보낼 수 있도록 노력해야 한다. 체중은 정상 범위(체질량지수 18.5~23kg/m²) 내에서 유지하고 허리둘레는 85cm를 넘지 않도록 하며, 정상 혈압을 유지하고 심장병 위험인자인 이상지질혈증, 고혈압, 당뇨병, 흡연 등을 적극적으로 관리하는 것이 필요하다.

1) 식사관리

갱년기 여성의 식사관리에서 가장 기본적인 것은 다양한 식품을 골고루 포함한 균형식을 섭취하되 비만 예방을 위해 에너지 섭취량을 조절하는 것이다. 건강한 생활을 유지하기 위해서 필수영양소는 충분히 섭취하되 적정 체중을 유지하도록 힘써야 한다. 골다공증 예방을 위해 우유나 유제품, 뼈째 먹는 생선, 굴, 두부, 녹색 잎채소, 미역, 다시마 등 고칼슘 식품을 충분히 섭취한다. 또한 칼슘 이용에 도움이 되는 비타민 D가 들어 있는 난황, 버섯, 간, 비타민 D 강화 우유 및 유제품을 충분히 섭취하고 과음이나 커피, 탄산음료의 과다한 섭취를 피하도록 한다.

갱년기 여성은 입이 쓰게 느껴지고 단맛을 제대로 느끼지 못해 더욱 자극적인 음식을 찾게 되므로 자극적인 맛을 자제하고 음식을 담백하게 섭취하는 노력이 필요하다. 또한 심혈관계질환의 위험을 감소시키기 위해서 포화지방과 콜레스테롤의 섭취를 줄이고 비타민과 무기질을 충분히 섭취하는 것이 필요하다. 이를 위해 동물성 지방이 든 식품의 섭취를 줄이고 제철 과일이나 채소를 많이 섭취하도록 한다. 두부와 된장 등 콩 제품, 해바라기씨, 과일, 녹황색 채소에 함유된 이소플라본은 여성호르몬인 에스트로겐과 구조가 비슷한 물질로 갱년기 증상 완화에 효과적인 것으로 알려져 있으므로 하루에 한 번 이상 섭취하도록 한다. 항산화제가 풍부한 식품을 매일 섭취하며, 특히 안면홍조, 발한, 질건조증, 피로를 감소시키는 것으로 보고된 비타민 E가 풍부한 콩, 호두, 은행, 밤 등의 견과류를 섭취하는 것이 바람직하다.

2) 운 동

규칙적으로 운동을 하고 있는 여성이 갱년기 증상이나 문제가 적은 것으로 보고되면서 갱년기 여성의 건강관리 방법으로 운동의 중요성이 강조되고 있다. 운동은 근육량을 증가시키고 근력 및 골밀도의 감소를 방지하여 골다공증을 지연시키며, 심폐기능을 향상시켜 혈액순환을 촉진한다. 또한 혈중 콜레스테롤을 낮추고, 체중을 조절해 준다. 운동은 뇌에서 엔돌핀을 분비하도록 자극하여 운동을 하고 난 후 기분이 상쾌해지므로 우울증에 도움이 될 수 있다. 또한 운동은 기억력, 집중력과 같은 인지능력의 향상에도 도움을 주는 것으로 보고되고 있다.

갱년기 여성에게 있어 이상적인 운동방법은 유산소 운동, 근력 강화 운동, 유연성과 평형성 운동을 조화시켜 규칙적으로 실시하는 것이다. 운동은 적은 운동량에서부터 더 큰 운동량으로 서서히 적응시키며 늘려가도록 하고, 자신의 운동 능력을 넘는 심한 운동은 관절염을 악화시키고 근골격계 손상을 유발할 수 있으므로 주의하도록 한다. 일반적으로 주 3회 이상, 60분씩의 운동이 권장되는데, 40분은 유산소운동, 15분은 저항운동, 5분은 스트레칭을 해주는 것이 바람직하다. 운동의 종류는 일상생활에서 누구나 쉽게 할 수 있는 것으로 선택한다. 빠른 걸음으로 걷기, 수중 보행, 자전거타기, 골프, 요가 등의 유산소운동은 만성질환의 위험인자를 줄이는데 큰 도움을 준다. 특별한 운동을 실시하기 어려운 상황이라면 가사 노동을 포함한 규칙적이고 활동적인 일상생활을 통해 전체적인 신체 활동량을 높이도록 노력한다.

3) 호르몬 치료

호르몬 대치요법hormone replacement therapy, HRT은 갱년기 여성에게 부족한 에스트로겐을 보충하여 갱년기 증상을 예방하고 치료하는 방법이다. 이 방법은 안면홍조와 비뇨기관의 위축을 방지하고 수면장애 및 기타 심리적 증세를 호전시키며, 골다공증과 심혈관계질환을 예방하는 데 효과적인 것으로 알려져 있다. 그러나 호르몬 치료는 메스꺼움, 두통, 부종, 자궁 출혈 등의 부작용이 있을 수 있으며 심장병이나 유방암, 혈전증의 위험을 높일 수 있으므로 의료진의 진단에 의해 신중하게 선택해야 한다.

성인기의 식사지도

성인기의 영양상태는 노화에 영향을 미치는 중요한 인자 중의 하나이다. 따라서 성인기에는 양호한 영양상태를 유지해 노화의 시기와 속도를 늦추고 만성 퇴행성질환의 발생을 예방하는데 초점을 맞춘 식생활을 영위해야 할 것이다. 이를 위해서는 식물성 식품 위주의 식사와 운동, 정상체중 유지가 필요하다. 식물성 식품 위주의 식사는 소화기와 간 등 여러 기관이 만성질환에 대한 저항력을 갖출 수 있도록 영양적 지원을 하는 것으로 생각된다.

방어영양이란 성인기에 신체기능을 최대로 발휘하고 최적의 건강상태를 유지하여 노화를 지연하고 대사질환을 예방하기 위하여 고안된 적극적인 식생활 양식을 의미한다. 즉, 과일류, 채소류, 곡류 및 두류와 같은 식물성 식품을 적정한 수준에서 최대한 섭취해 질병을 예방하고 건강을 향상시키고자 하는 것이다. 식물성 식품의 섭취를 강조하는 점 이외에 포화지방의 섭취 제한과 균형 잡힌 지방산 섭취를 중요시하며, 쇠고기나 돼지고기 또는 양고기 등 육류 대신에 생선류나 가금류 섭취를 권장한다. 방어영양에 따라 식물성 식품 위주로 식사를 한다면 항산화 및 항암 작용을 하는 여러 가지 식물성 화학물질의 섭취가 이루어진다. 따라서 신체기능을 최대로 유지하고, 노화를 늦추며, 암과 심장순환기계 질환은 물론 기타 만성 질환의 예방 등에 긍정적인 효과를 얻을 수 있다. 방어영양의 목적을 달성하기 위해서는 다음과 같은 점을 고려한 식생활을 영위해야 한다.

- 비만이 발생되지 않도록 적정한 수준의 에너지를 섭취한다.
- 비타민과 무기질 영양상태가 양호하도록 미량 영양소의 밀도가 높은 식사를 한다.

• 소화관의 통합력과 체내 무독화계의 활성을 유지하기 위해 식물성 화학물질을 풍부하게 함유하는 식사를 섭취한다.

🔍 확대경 성인을 위한 식생활지침

● **각 식품군을 매일 골고루 먹자.**
  – 곡류는 다양하게 먹고 전곡을 많이 먹습니다.
  – 여러 가지 색깔의 채소를 매일 먹습니다.
  – 다양한 제철과일을 매일 먹습니다.
  – 간식으로 우유, 요구르트, 치즈와 같은 유제품을 먹습니다.
  – 가임기 여성은 기름기 적은 붉은 살코기를 적절히 먹습니다.

● **활동량을 늘리고 건강 체중을 유지하자.**
  – 일상생활에서 많이 움직입니다.
  – 매일 30분 이상 운동을 합니다.
  – 건강 체중을 유지합니다.
  – 활동량에 맞추어 에너지 섭취량을 조절합니다.

● **청결한 음식을 알맞게 먹자.**
  – 식품을 구매하거나 외식을 할 때 청결한 것으로 선택합니다.
  – 음식은 먹을 만큼만 만들고, 먹을 만큼만 주문합니다.
  – 음식을 만들 때는 식품을 위생적으로 다룹니다.
  – 매일 세 끼 식사를 규칙적으로 합니다.
  – 밥과 다양한 반찬으로 균형 잡힌 식생활을 합니다.

● **짠 음식을 피하고 싱겁게 먹자.**
  – 음식을 만들 때는 소금, 간장 등을 보다 적게 사용합니다.
  – 국물을 짜지 않게 만들고, 적게 먹습니다.
  – 음식을 먹을 때 소금, 간장을 더 넣지 않습니다.
  – 김치는 덜 짜게 만들어 먹습니다.

● **지방이 많은 고기나 튀긴 음식을 적게 먹자.**
  – 고기는 기름을 떼어내고 먹습니다.
  – 튀긴 음식을 적게 먹습니다.
  – 음식을 만들 때, 기름을 적게 사용합니다.

● **술을 마실 때는 그 양을 제한하자.**
  – 남자는 하루 2잔, 여자는 1잔 이상 마시지 않습니다.
  – 임신부는 절대로 술을 마시지 않습니다.

자료: 보건복지부. 성인을 위한 식생활지침, 2009

9

노인기
영양

노인이 되면 생리적인 기능이 떨어지고 여러 가지 질환이 발생하며 영양불량이 되기 쉽다. 그러므로 노인
인구가 늘어나는 이 시점에 노인기의 영양과 건강 그리고 삶의 질에 대한 관심이 높아지고 있다. 평소의 건
강한 식사와 건전한 생활습관은 노인에게 건강과 활력을 줄 것이다. 신체활동을 활발히 하고 각 식품군을
골고루 먹는 균형 잡힌 식사를 한다면 노인에게 흔히 나타나는 생리적인 변화를 어느 정도 지연시킬 수 있
다. 또한 고혈압, 심장병, 골다공증 등 대부분 만성질환의 발생은 식생활과 관련이 있으므로 노인기의 삶의
질을 향상시키기 위해서는 노인기에 올바른 영양관리를 하는 것이 필요하다. 따라서 이 시기의 올바른 영
양관리는 삶의 질을 높이고 건강을 유지하면서 장수하게 한다. 노인기의 영양관리를 위해서는 노화에 따른
생리적인 변화는 물론, 사회·경제적, 심리적 변화에 따른 여러 가지 면을 함께 고려하여야 한다.

9
노인기 영양

노인 인구의 증가

1. 평균수명의 증가

평균수명이란 영아에서 노인에 이르기까지 전체 인구의 사망연령을 평균한 값으로, 출생 시 기대되는 인간의 수명, 즉 0세 영아의 기대수명이다. 우리나라의 평균수명은 1970년에 남자 58.7세, 여자 65.8세였으며, 1990년에는 남자 67.5세, 여자 75.9세였다. 2019년에는 남자 80.3세, 여자 86.3세로, 여자가 남자보다 6.0세 더 오래 살았으며 평균수명은 83.3세이다(그림 9-1).

여자가 남자보다 더 오래 사는 이유는 남녀 간의 생물학적 차이, 음주와 흡연, 스트레스 등의 요인 때문이다. 또한 평균수명이 증가한 이유는 경제성장률 증가에 따른 영양상태, 의료수준, 위생상태, 주거 환경 등이 향상되었기 때문이다. 특히 영유아 사망률이 현저히 감소하여

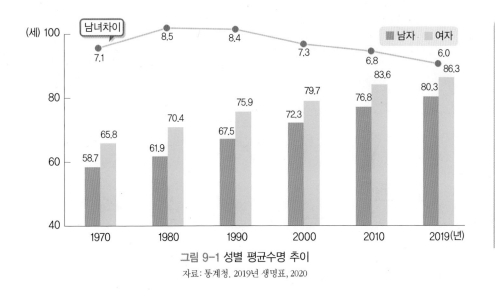

그림 9-1 성별 평균수명 추이

자료: 통계청. 2019년 생명표, 2020

평균수명이 증가하였다. 2019년 우리나라의 평균수명은 37개 OECD 국가의 평균수명보다 남자는 2.2세, 여자는 2.9세 더 길었다. 여자의 평균수명은 일본 87.3세에 이어 스페인과 같았고 OECD 국가 중 2위이나, 남자의 평균수명은 OECD 국가 중 11위로 네덜란드와 같았다.

2. 유병률과 사망원인의 변화

우리나라의 유병률 발생 경향을 비교해 보면, 감염성 질환은 과거에 비해 크게 감소하였으나 최근 항생제 내성 균주의 대두 그리고 새로운 병원균의 출현으로 다시 서서히 감염성 질환이 증가하고 있다. 한편, 서구사회에서 큰 문제를 일으켜 왔던 심혈관질환이 최근 점차 감소 추세에 있으며, 또한 우울증 등의 정신질환이 늘어나고 있다(그림 9-2). 암도 시대 변화에 따라 호발암의 종류 및 발생률이 달라진다.

2019년 사망원인 통계결과에 의하면, 암(악성신생물), 심장질환, 폐렴, 뇌혈관질환, 고의적 자해(자살)이 우리나라의 5대 사망원인으로 이로 인한 사망자 수가 전체 사망자의 57.9%를 차지하고 있었다. 연령별 사망원인은 30대까지는 운수사고 및 고의적 자해(자살)에 의한 사망이 많고, 40대 이상에서는 암으로 인한 사망률이 높았다. 특히, 60대와 70세 이상에서는 암에 이어 심장질환, 뇌혈관질환 및 폐렴에 의해 사망하는 경우가 많았다(표 9-1).

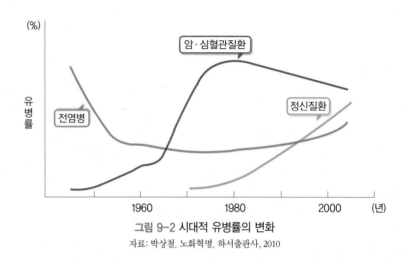

그림 9-2 시대적 유병률의 변화

자료: 박상철. 노화혁명. 하서출판사, 2010

표 9-1 연령별 사망원인

연령	1~9세	10대	20대	30대	40대	50대	60대	70대	80세 이상	전체
1위	악성신생물	고의적 자해	고의적 자해	고의적 자해	악성신생물	악성신생물	악성신생물	악성신생물	악성신생물	악성신생물
2위	운수사고	악성신생물	악성신생물	악성신생물	고의적 자해	고의적 자해	심장질환	심장질환	심장질환	심장질환
3위	자해(타살)	운수사고	운수사고	심장질환	간질환	심장질환	뇌혈관질환	뇌혈관질환	폐렴	폐렴
4위	선천기형	심장질환	심장질환	운수사고	심장질환	간질환	고의적 자해	폐렴	뇌혈관질환	뇌혈관질환
5위	심장질환	익사 및 익수	뇌혈관질환	간질환	뇌혈관질환	뇌혈관질환	간질환	당뇨병	알츠하이머	고의적 자해

자료: 통계청. 2019년 사망원인 통계, 2020

3. 고령화 사회

유엔UN은 전체 인구에서 65세 이상 노인 인구가 차지하는 비율이 7%면 '고령화사회aging society', 14%면 '고령사회aged society', 20%면 '초고령사회super-aged society'로 분류하고 있다. 우리나라의 경우 65세 이상 노인 인구가 차지하는 비율이 점차 늘어 2000년에 7%를 넘어서며 이미 고령화사회가 되었다. 2017년에는 노인 인구가 총 인구의 14.2%로 고령사회로 전환되었으며, 2025년에는 노인 인구가 총 인구의 20.3%를 넘어서는 초고령사회가 될 것으로 전망된다(그림 9-3). 우리나라는 고령화사회에서 고령사회로, 고령사회에서 초고령사회로 도달하는데 걸리는 시간이 각각 17년과 8년으로 세계에서 가장 빠른 속도로 인구의 고령화가 진행되고 있다.

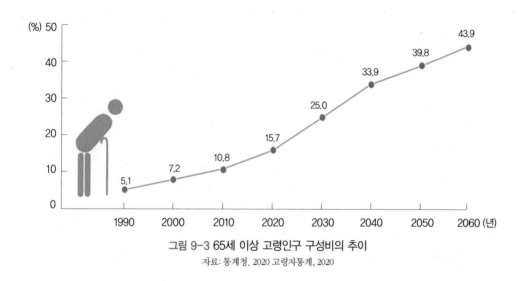

그림 9-3 65세 이상 고령인구 구성비의 추이
자료: 통계청. 2020 고령자통계, 2020

65세 이상의 인구가 총인구에서 차지하는 비율		
7% 이상	고령화사회 —— 2000년(7.2%)	⎤ 17년
14% 이상	고 령 사 회 —— 2017년(14.2%)	◄ ⎦
20% 이상	초고령사회 —— 2025년(20.3% 예상)	⎦ 8년

4. 건강수명과 건강장수

우리나라의 2019년 평균수명은 83.3세이나 건강수명이 73.1세로 건강수명 이후에는 각종 질병이나 부상으로 인한 활동 장애 속에서 살게 된다. 즉, 건강장수란 단순한 수명연장이 아니라 삶의 질을 높이고 인간의 존엄성을 생애 마지막 순간까지 지킬 수 있는 건강한 장수를 의미한다. 노화연구의 궁극적인 목표는 건강하게 오래 살다가 사망하게 되는 생존곡선의 직각화라고 할 수 있다(그림 9-4).

♥ 건강수명
전체 평균수명에서 질병이나 부상으로 고통받은 기간을 제외한 건강한 삶을 유지한 기간

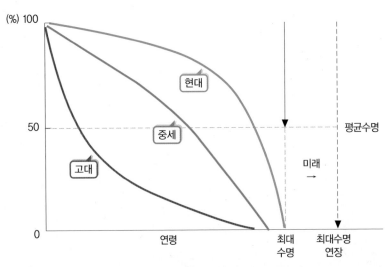

그림 9-4 시대적 생존률 변화와 생존곡선의 직각화

자료: 박상철. 노화혁명. 하서출판사, 2010

노화와 영양

1. 노 화

노화란 나이가 들면서 신체 전반에 걸쳐 일어나는 기능·구조 및 생화학적 변화로 수정에서 시작되어 사망에 이르기까지 연속되는 과정이다. 그러나 일반적으로 노화는 신체의 구조와 기능이 질병·상처 등의 퇴행성 변화로부터 회복되는 능력을 점차 상실해 가는 과정으로 노쇠현상만을 말한다.

노화과정에서 성별이나 가족력 등의 유전 요인이 노화의 속도 및 수명을 결정짓는 1차적 요인이라고 보고 있다. 그러나 유전 요인만으로 얼마나 오랫동안 건강하게 살 수 있는지를 예측하기는 어렵다. 실제로 생활습관, 환경, 건강관리 여건은 노화과정에 직접적으로 영향을 미칠 뿐만 아니라 노인성 만성질환의 예방과 치료에 중요하다 (그림 9-5).

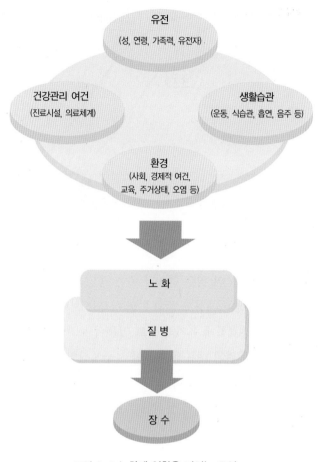

그림 9-5 노화에 영향을 미치는 요인

2. 노화와 영양

1) 식이제한

　적게 먹으면 오래 산다는 식이제한 이론은 현재 가장 널리 인정되고 있는 이론이다. 식이제한에 대한 실험은 이미 1930년대부터 시작되었는데 젖을 막 뗀 흰쥐를 대상으로 하여 마음대로 먹게 한 자유식이군과 식이를 60~70%로 적게 먹인 식이제한군의 수명을 비교해 보았더니 식이제한군의 수명이 30% 이상 연장되었다(그림 9-6). 이후 선충, 초파리, 개, 원숭이 등의 여러 다른 동물들을 대상으로 한 실험에

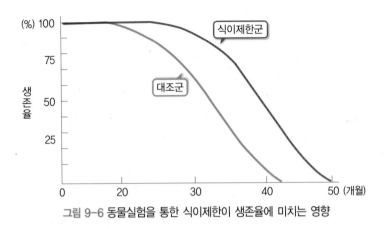

그림 9-6 동물실험을 통한 식이제한이 생존율에 미치는 영향

서도 입증되었다.

또한 식이제한은 실험동물의 경우 암이나 다른 종양의 발생을 억제하고 심혈관 지표를 개선하며, 당뇨병을 억제하고 생체 활동 상태를 보다 능동적으로 바꾸는 등 여러 가지 생리 기능을 양호하게 유지해 주고 있음이 보고되었다. 특히, 열량 섭취 의 제한에 따라 노화와 관련된 대표적 질환인 사구체신염의 발생률이 감소하였고 동맥주위염, 심근의 퇴화도 억제되었다.

그러나 열량과 영양소를 너무 적게 섭취하면 오히려 질병 저항력 감소 등으로 인 해 건강을 해칠 수 있기 때문에 너무 심하게 식이제한을 하면 안 된다. 또한 성숙기 이전의 식이제한은 성장의 지연 및 구조·기능·행동적인 결함을 일으킬 수 있다. 최근, 식사를 정상으로 하더라도 체내 흡수도를 저하시킨다든지 대사량을 제한하는 등의 방법을 약물로 유도하면 실제의 식이제한과 유사한 효과를 얻을 수 있을 것으 로 기대하여 이러한 약물을 개발하려는 노력들이 경쟁적으로 이루어지고 있다.

2) 항산화 영양소

생명체의 경우 일상 호흡으로 소모하는 산소 중에서 적어도 2% 정도는 산소라디 칼을 발생하고 생성된 산소라디칼은 지질, 단백질 및 DNA 등 생체 구성 성분의 산 화를 촉진하여 노화를 가져온다. 실제로 산소라디칼을 처리하면 거의 모든 세포들 이나 동물들에서 노화현상이 유도되고 항산화 물질을 처리하면 노화를 예방할 수

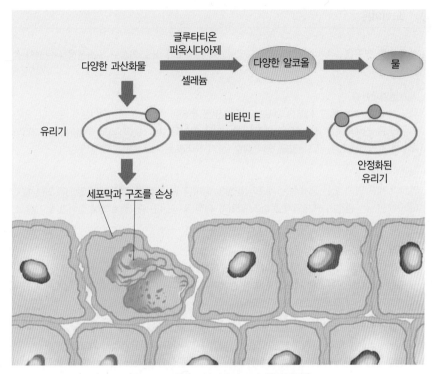

그림 9-7 셀레늄과 비타민 E의 항산화작용
자료: 김미경 외. 생활 속의 영양학. 라이프사이언스, 2016

있다는 사실이 보고되었다. 그러므로 산소라디칼의 발생을 억제하거나 제거하는 생체 내의 다양한 효소계가 관심을 받아왔으며 이들의 기능을 제어하거나 직접적으로 산소라디칼을 제거하는 다양한 항산화제들이 널리 개발되어 왔다.

항산화 영양소로는 셀레늄selenium, Se, 비타민 E, 비타민 C 등이 있다(그림 9-7). 또한 식물성 식품에서 존재하는 생리활성물질phytochemical인 β-카로틴, 리코펜lycopene, 플라보노이드flavonoid, 루테인lutein, 이소플라본isoflavone 등도 항산화제로 노화와 질병을 예방하는 데 도움을 준다. 평소에 채소와 과일을 자주 섭취하는 것은 항산화 효과를 볼 수 있는 바람직한 노화방지 방법일 것이다.

TiP 노화이론

노화에 관한 연구를 통하여 노화이론을 규명하고자 하였으나 어느 가설도 노화현상을 완전히 설명하지는 못하고 있다.

- **세포분열제한설**

  세포는 살아 있는 동안 정해진 세포분열 횟수만큼 분열을 한 후에 죽어간다는 이론이다. 인간의 수명은 인체세포가 40~60회 분열한다는 것을 근거로 110~120세라고 추산되었다. 그러나 대부분의 인체세포는 세포분열을 하나 척수, 신경, 뇌세포는 세포분열을 하지 못한다.

- **텔로미어설**

  인체의 세포 안에 있는 염색체는 세포가 분열할 때마다 복제되지만 염색체의 말단에 있는 텔로미어telomere는 완전히 복제되지 못하고 길이가 점점 짧아진다. 즉, 텔로미어 길이가 짧아져 소실되면 세포가 사멸되고 노화가 된다는 이론이다.

- **산화적 스트레스설(산소라디칼설)**

  산화적 대사과정 중 생성된 반응성이 크고 불안정한 산소라디칼이 세포의 단백질, 지질, 탄수화물 또는 DNA를 산화시켜 세포의 산화적 손상이 일어난다. 이에 세포의 기능이 감퇴하고 형태적 변화가 일어나 노화가 된다는 이론이다.

- **가교설**

  나이가 들어감에 따라 콜라겐collagen같은 단백질 분자 사이에 비가역적인 가교결합cross linkage이 생성되어 결체조직의 용해성, 탄력성 등이 떨어져 물질의 투과가 감소하고 각 조직이나 기관의 기능이 저하되어 노화가 진행된다는 이론이다.

- **유해물질 축적설**

  대사과정 중 생성된 독성물질이 배설되지 못하고 체내에 축적되어 여러 장기의 기능에 영향을 미쳐 노화가 된다는 이론이다.

- **실책설**

  환경오염 등에 의해 특정 유전자 배열에 오류가 생겨 비정상적인 단백질을 생성하여 노화가 된다는 이론이다.

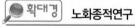 노화종적연구

한 시점에서 여러 계층을 비교·조사하는 횡적단면조사cross-sectional연구가 노화와 건강장수의 기전을 밝히는 데 많은 제한점이 있음이 확인되면서, 노화종적연구longitudinal study of aging가 주목받고 있다. 노화종적연구에서 가장 대표적인 성과를 보여준 미국 국립노화연구소NIA에서 주관한 볼티모어노화종적연구BLSA에 의하면 노화란 신체와 정신의 일률적인 기능저하가 아니며 인간 노화가 결코 단순하고 동일한 과정이 아니므로 사람 개체마다 그리고 개체에서는 장기별로 노화되는 차이가 있고 노화에 대한 생체의 적응 현상을 밝혀 노화에도 불구하고 개체는 생존력을 유지하고 있다고 보고되었다.

🔍 **확대경** 노화와 운동

운동은 비용도 적게 드는 가장 중요한 노화방지 방법이다. 적절한 운동은 만성질환을 예방해 주며 면역 기능을 높여주고 나이가 들어감에 따라 감소하는 호르몬 분비를 증가시킨다. 적당한 운동량에 대한 연구는 다양하지만 운동(유산소운동, 근육운동, 스트레칭 등)을 하루 30분 이상, 일주일에 3~5회 이상 꾸준히 실천하면 8~9년 더 젊어지고 오래 살 수 있다고 한다. 그러나 지나친 운동은 노화를 촉진할 수 있다. 고강도 운동 범위에서 운동 강도가 높아질수록 근육·인대 손상이나 골절, 심혈관계 질환 등의 위험이 점차 증가하고 유해 활성산소가 많이 생겨 세포가 노화되며 면역력이 감소한다.

노인기의 생리적 특성

인체의 여러 생리적 기능은 연령이 증가함에 따라 감소한다(그림 9-8). 30세와 비교하였을 때 폐 기능(최대산소섭취량, 최대호흡능력, 폐활량)이 가장 많이 감소하고 콩팥 기능(콩팥 혈류량), 심장 기능(심박출량) 순으로 감소한다. 뇌 기능(신경전달속도)의 감소는 비교적 다른 기관에 비해 적다.

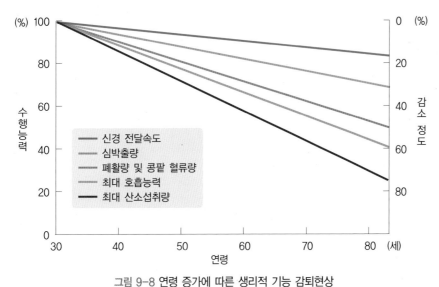

그림 9-8 연령 증가에 따른 생리적 기능 감퇴현상

자료: Shock NW. Nutrition in old age. Sysmposia Swedish Nutrition Foundation. 1972

1. 세포수의 감소

세포의 종류에 따라 감소 정도는 다르지만 세포의 수는 노화가 진행될수록 점차 감소한다(그림 9-9). 성장 후 신경세포는 세포분열이 불가능하여 세포가 손상을 입게 되면 세포수가 감소한다. 또한 피부, 점막의 상피세포, 간이나 콩팥세포와 같이 재생이 가능한 세포의 경우에도 노화가 진행됨에 따라 재생속도가 느려지고 효율성이 떨어져 세포수가 줄어들게 된다. 체내 세포수의 감소는 노화에 따른 생리 기능의 저하로 이어진다.

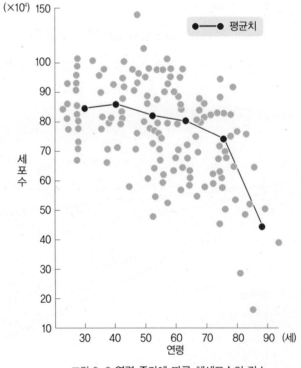

그림 9-9 연령 증가에 따른 체세포수의 감소

2. 신체구성분의 변화

신체 조성도 노화에 따라 변화한다. 그림 9-10은 25세 청년과 70세 노인의 체성분 비율을 비교하였는데, 70세 노인은 25세 청년에 비해 근육량은 감소하고 체지방은 증가하였음을 알 수 있다. 지방조직에는 수분이 적게 들어 있기 때문에 지방량이 증가하면 이 체내 수분량, 특히 세포내액이 현저하게 감소한다. 지방이 과잉 축적되면 관상동맥, 심장질환, 당뇨병 같은 만성질환이 발병할 확률이 높아진다.

또한 사람의 골질량은 30~35세에 최고를 이루다가 그 이후 감소한다. 나이가 들수록 골세포수가 감소되고 뼈 망상구조를 이루는 콜라겐 합성과 무기질 침착이 부족하게 되어 긴뼈의 두께가 얇아지고 골수강이 넓어진다.

♥ 골수강
골수공간, 골강이라고도 하며 긴뼈의 몸통 속에 골수가 차 있는 공간

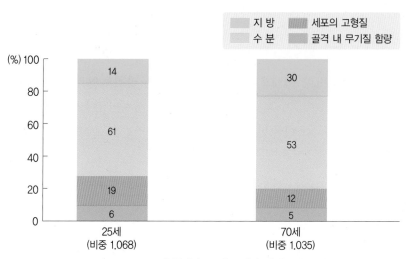

그림 9-10 25세 청년과 70세 노인의 신체구성분 비교

자료: Fryer JH, Biological aspects of aging. Columbia University Press, 1962

3. 기초대사량의 감소

기초대사율은 연령이 증가함에 따라 감소한다. 노인기에 티록신을 분비하는 갑상선 기능과 단위세포당 기초산소 소비량은 일정하게 유지되지만, 노화에 따른 세포수의 감소, 특히 근육세포수의 감소로 인해 기초대사율이 감소하게 된다(그림 9-11).

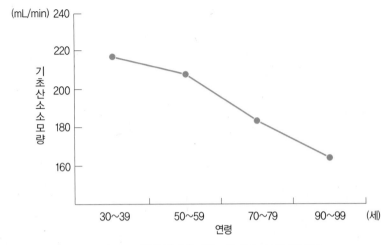

그림 9-11 연령 증가에 따른 기초산소 소모량의 감소
자료: Shock et al. J Gerontol 18:1-8, 1963

4. 뇌 · 신경계의 변화

나이가 들어감에 따라 뇌세포의 수가 감소하고 도파민dopamine, 세로토닌 serotonin, 아세틸콜린acetylcholine 등의 신경전달물질의 합성이 감소하며, 뇌 신경전 달속도가 둔화되어 자극에 대한 반응이 느려진다.

5. 혈액 성분의 변화

나이가 들어감에 따라 혈액의 기본조성에는 큰 변화가 없으나 골수에서의 조혈작 용은 감소되어 적혈구의 양이 감소되고 용혈성이 증가되어 빈혈이 증가된다(그림 9-12).

혈중 콜레스테롤 수치는 남자의 경우 30세부터 증가하여 50대까지 증가하다가 60대부터 감소하나, 여자는 50세 이전에는 조금씩 증가하다 50세 이후에는 급격히 증가하여 50세 이후에는 여자가 남자보다 고콜레스테롤혈증 유병률이 높아진다(그 림 9-13). 그 이유는 여자는 50세 전후에 폐경이 되면서 에스트로겐의 분비가 감소 되어 혈중 콜레스테롤 농도가 증가하기 때문이다.

또한 연령이 증가함에 따라 혈액 내 지방을 제거하는 능력이 감소되어 혈중 중성 지방 농도가 증가하게 된다. 따라서 고령자에게 심혈관계 질병 발생이 급증한다.

♥ 용혈성
적혈구가 혈액순환 도중 파괴되어 헤모글로빈이 적혈구 밖으로 나가는 현상

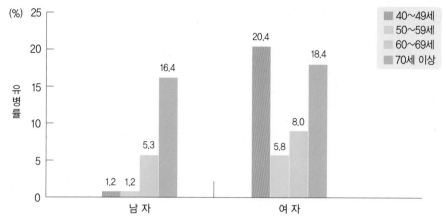

*빈혈 유병률: 헤모글로빈(g/dL) 수치가 여자 12 미만, 남자 13 미만인 분율

그림 9-12 연령 증가에 따른 빈혈 유병률

자료: 보건복지부 · 질병관리본부. 2018 국민건강통계, 2019

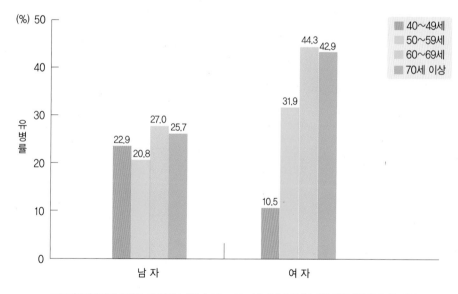

*고콜레스테롤혈증 유병률: 총 콜레스테롤이 240mg/dL 이상이거나 콜레스테롤 강하제를 복용하는 분율

그림 9-13 연령 증가에 따른 고콜레스테롤혈증 유병률

자료: 보건복지부 · 질병관리본부. 2018 국민건강통계, 2019

6. 심혈관 순환계 기능의 변화

나이가 들어감에 따라 심장 근육의 감소와 동맥의 탄력성 감소로 인해 심장의 박동이 약화된다. 또한 동맥경화성 침착이 생김으로 인해 말초저항이 증가되어 혈압이 상승하며 심장 활동에 부담을 주게 된다. 수축기 혈압은 55세 이후부터 증가하지만 확장기 혈압은 25~35세 사이에 증가하다가 그 이후부터는 거의 변함이 없다. 이러한 심혈관 순환계의 기능 저하는 수명단축의 주요한 요인이 된다.

7. 폐 기능의 감소

나이가 들어감에 따라 폐포 표면적이 감소하고 탄력성이 줄게 되어 폐활량과 폐용량이 감소하고 호흡 기능도 약화된다. 폐는 여러 장기 중에서 감소율이 가장 큰 기관으로 고령에서는 총 폐용량과 폐활량이 각각 40%, 50%까지 감소한다. 노인기에는 만성기관지염, 폐기종, 폐쇄성 폐질환, 기관지협착, 노인성 천식이 일어나기 쉽다(그림 9-14).

> **▾ 폐쇄성 폐질환**
> 만성기관지염이나 폐기종 등에 의하여 호흡된 공기의 흐름에 폐쇄를 가져오는 폐질환

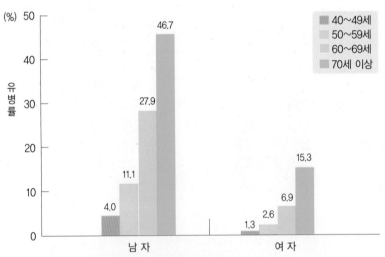

*만성폐쇄성 폐질환 유병률: 폐기능 검사 결과 기류제한이 있는 분율

그림 9-14 연령 증가에 따른 만성폐쇄성 폐질환 유병률
자료: 보건복지부·질병관리본부. 2018 국민건강통계, 2019

8. 소화 기능의 변화

연령이 증가할수록 소화기관에 노화현상이 일어나 소화기관이 위축된다. 나이가
들면 소화액의 분비량이 감소하고 흡수율을 감소시킨다. 위장관 근육층의 탄성이 없
어져 소화불량이나 만성적 변비를 일으키기도 하고 장내 부패를 증가시켜 가스가 차
고 설사를 일으킨다.

1) 구 강

노인기에는 치근이 위축되어 이가 빠지기 쉽다. 치아가 빠졌거나 치아상태가 나쁜
경우 음식 씹기가 어려워 음식물을 잘 먹지 못하게 되므로 영양불량이나 편식의 원인
이 된다. 또한 노인은 타액분비가 감소하므로 음식을 씹고 삼키는 능력이 감소된다
(그림 9–15, 9–16).

나이가 많아지면서 미뢰 수가 감소하고 미뢰가 위축되어 미각이 점차 둔해져 맛
을 잘 느끼지 못한다. 60세 이상의 노인에서 4가지 기본적인 맛에 대한 역치를 30대

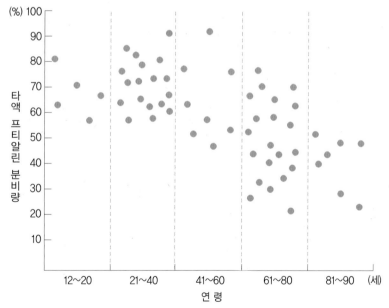

그림 9–15 연령 증가에 따른 타액 프티알린 분비량의 감소

자료: Meyer et al. Arch Intern Med(Chic) 65:171-7, 1940

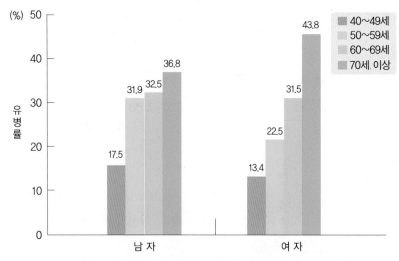

*저작불편호소율: 현재 치아나 틀니, 잇몸 등 입안의 문제로 인해 저작불편을 느낀 분율

그림 9-16 연령 증가에 따른 저작불편호소율

자료: 보건복지부 · 질병관리본부. 2018 국민건강통계, 2019

와 비교해 보면 맛의 역치가 모두 증가하였다. 특히 짠맛과 단맛의 역치가 증가하므로 나트륨과 단순당의 과잉 섭취를 유의해야 한다.

2) 위

위의 수축력 등 운동 기능도 가령과 함께 감퇴되어 위 내 음식물 이동시간이 지연된다. 위액 분비량도 감소되고 위점막 위축으로 인한 내적 인자intrinsic factor, IF의 분비 감소는 비타민 B12의 흡수를 감소시킨다. 노인은 비타민 B12의 부족에 의한 거대적아구성 빈혈이 나타날 수 있으므로 노인은 비타민 B12가 많이 함유된 육류, 간 등 동물성 식품을 충분히 섭취하는 것이 중요하다.

또한 노인의 경우 위산 분비의 감소로 철 흡수율이 감소한다. 헴철은 비헴철에 비해 흡수율이 높고 위산이나 다른 식이 인자에 의해 많은 영향을 받지 않으나 신선한 채소 및 과일 섭취를 통해 비헴철을 섭취할 때는 철의 흡수율이 낮으므로 비헴철 흡수를 돕는 비타민 C와 함께 섭취하도록 한다. 위장의 위산 분비 감소로 칼슘의 흡수율도 감소한다.

3) 소 장

탄수화물의 흡수율은 80세 이상에서도 감소하지 않으나 장에서 분비되는 락타아제lactase의 양과 활성이 감소하므로 유당을 함유한 우유 등의 식품 섭취에 유의하는 것이 좋다.

노인기에는 지질 분해효소의 활성이 저하되고, 담즙의 분비도 감소하므로 전반적으로 지질의 흡수능력이 떨어지게 되어 지질의 소화와 흡수는 탄수화물이나 단백질에 비해 저하된다.

4) 대 장

결장에서는 운동성이나 탄력성 감소로 변비가 초래되기도 한다. 식이섬유와 물의 섭취가 부족하고 활동량이 적으면 변비 증상이 악화되므로 규칙적인 운동과 적절한 수분 및 식이섬유의 섭취가 필요하다.

9. 콩팥 기능의 감소

연령이 증가함에 따라 콩팥 기능도 감소하게 되어 만성 콩팥병 유병률이 증가한다(그림 9-17). 사구체에서는 여과율이 낮아져서 혈액 내 약물 또는 대사물질을 제거하는 데 드는 시간이 길어진다. 또한 세뇨관에서는 포도당, 혈장 단백질, 비타민 C 등의 재흡수율이 저하된다. 노인의 경우, 콩팥에서 요를 농축할 수 있는 기능이 감소하므로 쉽게 탈수가 일어날 수 있다.

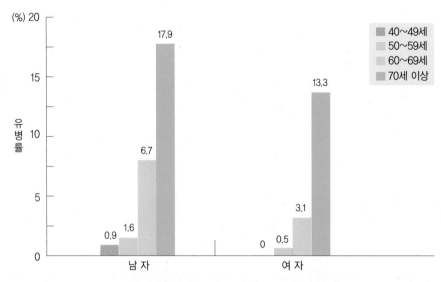

(%) 20

■ 40~49세
■ 50~59세
■ 60~69세
■ 70세 이상

17.9

15

13.3

유
병
률

10

6.7

5

3.1

0.9 1.6

0   0.5

0

남 자   여 자

*만성콩팥병(중등도 이상) 유병률: 사구체 여과율이 60mL/min/1.73m² 미만인 분율

그림 9-17 연령 증가에 따른 만성콩팥병 유병률

자료: 보건복지부 · 질병관리본부. 2018 국민건강통계, 2019

10. 호르몬의 변화

연령이 증가함에 따라서 호르몬의 분비 기능에 이상이 오고 표적세포의 감수성
이 저하되어 이용률이 저하되며 배설이 지연되는 등 호르몬 평형을 유지하려는 기
능이 약화된다. 성장호르몬은 연령이 증가함에 따라 분비량이 점차 감소하여 60세
가 넘으면 정상의 50% 이하로 분비량이 감소한다. 남성에서는 테스토스테론
testosterone 분비량이 연령 증가에 따라 점차 감소하여 80세 이후에는 50세 이전에
비하여 혈청 테스토스테론이 40%로 감소한다. 여성도 폐경 후 에스트로겐estrogen
분비가 감소한다.

뇌하수체 후엽 호르몬인 항이뇨호르몬antidiuretic hormone, ADH 조절에도 이상이
생겨 노년층에서 요 농축능력이 저하된다. 레닌renin과 알도스테론aldosterone 분비
도 연령이 증가함에 따라 감소한다.

연령의 증가에 따른 혈청 부갑상샘호르몬 수준에는 유의적인 변화가 없으나 혈청
총 칼슘량이 감소하는데, 그 원인은 아직 불분명하다. 간과 콩팥에서는 비타민 D의
활성화가 저하되어 1,25-디히드록시콜레칼시페롤1,25-dihydroxycholecalciferol

수치가 감소한다.

호르몬 보충이란 연령이 증가함에 따라 분비가 감소하는 호르몬을 투여하는 방법으로 주로 성장호르몬, DHEA^{dehydroepialdrosterone}, 멜라토닌^{melatonin}, 에스트로겐, 테스토스테론 등이 이용되고 있다. 노인에게 성장호르몬을 주사하면 근육량, 피부두께, 골밀도가 증가하고 지방량은 감소한다. 또한 노인에서 발생하는 근력 및 의욕 저하, 골다공증 등 여러 노화 변화를 몇 년 전 상태로 바꾸어 놓는 데 기여한다고 하여, 성인용 성장호르몬 시장이 급팽창하고 있다. DHEA는 성호르몬의 전구체인데 골격 및 근육의 강도를 증가시키고 면역 기능을 향상시킨다고 한다. 멜라토닌은 송과선에서 분비되는 호르몬으로, 멜라토닌 분비 감소는 신체리듬을 변화시켜 노화를 촉진한다. 이 호르몬을 투여하면 수면주기를 조절하고 일종의 항산화제로 면역 기능을 향상시킬 수 있다. 에스트로겐을 투여하면 폐경으로 인한 장애는 어느 정도 예방, 치료될 수 있다. 즉, 체구성의 변화를 막을 수 있고 심장병 유발을 지연시키며, 골 손실을 억제하고 정신 기능 향상에 도움을 준다.

그러나 이와 같은 호르몬 보충요법은 비용 부담이 크며 당뇨병이나 악성종양 발생의 위험과 같은 부작용이 있고 장기적 안정성에 대한 연구가 끝나지 않았으므로 신중하게 고려해야 한다.

노인기의 영양소 섭취기준

1. 에너지

에너지 필요량은 기초대사량과 신체활동 수준에 따라 결정되는데 노인의 경우 기초대사량과 신체활동량이 적어 전체 에너지 필요량은 감소한다. 기초대사량은 연령이 증가함에 따라 감소하여, 80세 때는 30세 때보다 약 300kcal 정도 감소한다. 노인들은 은퇴, 활력의 감소, 질병 등에 의한 활동의 부자유 등의 이유로 신체활동량도 감소한다.

노인의 에너지 필요추정량은 성인과 동일한 방법으로 산출되며, 활동계수로는 '저활동적 수준'을 적용하고 있다. 에너지 필요추정량 산출 결과, 남자 노인에서 65~74세는 2,000kcal/일, 75세 이상은 1,900kcal/일, 여자 노인에서 65~74세는 1,600kcal/일, 75세 이상은 1,500kcal/일로 설정되었다(표 9-2).

표 9-2 노인의 에너지 필요추정량

성 별	연령(세)	체중(kg)	신장(cm)	에너지 필요추정량(kcal/일)
남 자	65~74	62.4	166.2	2,000
	75 이상	60.1	163.1	1,900
여 자	65~74	50.0	152.9	1,600
	75 이상	46.1	146.7	1,500

자료: 보건복지부 · 한국영양학회. 2020 한국인 영양소 섭취기준, 2020

2. 단백질

노인기 단백질 필요량은 성인기와 동일하게 질소 평형을 위한 단백질 필요량에 이용효율을 적용하고 연령별 기준 체중을 곱하여 산출된다. 노인기 단백질 이용효율이 성인에 비해 감소하는 반면, 체중당 근육의 비율도 감소하므로 체중당 단백질 평균필요량은 성인과 동일하게 0.73g/kg/일로 산정하였다. 65~74세 노인의 단백질 평균필요량은 남자 50g/일, 여자 40g/일이었으며, 75세 이상 노인의 경우에는 기준 체중이 65~74세 노인에 비해 낮아 65~74세 기준에 비해 평균필요량이 감소되는 것으로 계산되지만, 낮은 단백질 섭취에 따른 근감소증 위험도를 고려하여 75세 이상 노인의 단백질 영양섭취기준은 65~74세와 동일하게 설정되었다(표 9-3). 만성질환 이상이 있고 활동이 부족한 노인이 단백질을 불충분하게 섭취할 경우 근육감소증이 빨리 진행되며, 각종 장애와 사망의 원인이 되므로, 노인기의 충분한 단백질 섭취에 대한 주의가 요구된다.

표 9-3 노인의 단백질 섭취기준

성 별	연령(세)	평균필요량(g/일)	권장섭취량(g/일)
남 자	65~74	50	60
	75 이상	50	60
여 자	65~74	40	50
	75 이상	40	50

자료: 보건복지부 · 한국영양학회. 2020 한국인 영양소 섭취기준, 2020

3. 탄수화물

2018년 국민건강통계에 의하면 탄수화물의 에너지 섭취비율로 40대는 61.7%, 50대는 54.1%, 60대는 68.9%, 70세 이상에서는 73.0%로 나타나 연령이 증가할수록 탄수화물로부터 섭취하는 에너지 섭취비율이 증가하였다. 특히 여자 노인은 남자 노인에 비해 탄수화물로부터 섭취하는 에너지 섭취비율이 높은 편인데, 탄수화물의 섭취 비율이 높을 경우 평균 단백질 및 지질의 섭취비율이 낮을 수 있기 때문에 균형있는 식사를 하도록 해야 한다. 당내응력이 저하되는 노인에서 탄수화물 에너지 섭취비율의 증가는 당뇨병 유발의 원인이 될 수 있다. 또한 혈중 중성지방 농도의 상승과 더불어 대부분의 만성질환과 관련된 위험인자들을 증가시킬 수 있다. 탄수화물 권장섭취량은 130g/일로 설정되었고, 에너지 적정 비율은 총 에너지 섭취량의 55~65%를 권장하고 있으므로 65%를 넘지 않도록 유의한다.

노인들은 저작 불편 등의 이유로 채소·과일을 기피하는 경향이 있지만 치아 상태, 소화능력을 고려하여 가급적 신선한 과일, 채소, 해조류, 두류를 많이 섭취하도록 한다. 노인의 경우 식이섬유를 하루에 남자 25g, 여자 20g 섭취할 것을 권장한다.

4. 지 질

노인기 지방의 에너지 적정섭취비율은 15~30%이다. 적절한 지방 섭취는 소화기에 대한 부담을 덜어주고 지용성 비타민과 필수지방산의 공급을 위하여 필요하나, 노인기에는 담즙과 리파아제 분비가 감소하여 지질의 소화·흡수 저하로 소화가 잘

표 9-4 노인의 지질 섭취기준

성 별	연령(세)	지방 에너지적정비율(%)	리놀레산(g/일)	알파-리놀렌산(g/일)	EPA+DHA(mg/일)
			충분섭취량		
남 자	65~74	15~30	7.0	1.2	310
	75 이상		5.0	0.9	280
여 자	65~74	15~30	4.5	1.0	150
	75 이상		3.0	0.4	140

자료: 보건복지부·한국영양학회. 2020 한국인 영양소 섭취기준, 2020

되지 않으므로 과잉 섭취하지 않도록 조심한다. 또한 지방의 과잉 섭취는 심장순환기 질환 및 일부 암의 원인이 될 수 있으므로, 지방의 종류별 적절한 섭취가 필요하다. 표 9-4에는 2013~2017년 국민건강영양조사에서의 노인의 평균 섭취량으로 산출한 리놀레산, 알파-리놀렌산, EPA+DHA의 충분섭취량이 제시되어 있다.

5. 비타민

노인이 되면 식사의 섭취상태가 양호하지 못하므로 미량 영양소의 부족이 오기 쉽다. 그러므로 비타민의 영양소 섭취기준은 성인에 비해 낮거나 동일한 수준으로 노인의 지용성 비타민과 수용성 비타민 섭취기준은 표 9-5와 표 9-6에 제시하였다.

1) 지용성 비타민

노인의 비타민 A 평균필요량은 건강한 사람들의 체내 비타민 A pool을 적정한 수준으로 유지할 수 있는데 필요한 비타민 A의 양을 기초로 설정되었으며, 성별·연령별 기준 체중을 고려하여 산출되었다. 그 결과 65세 이상 남자 노인의 비타민 A의 권장섭취량은 700 μg RAE/일이며, 65~74세 여자 노인은 600 μg RAE/일로 산출되었다. 75세 이상 여자 노인의 경우 체중의 감소로 인해 비타민 A의 필요량 역시 감소되지만 노화에 따른 영양소 흡수 저하 등의 영향을 고려하여 65~74세 여자 노인과 동일하게 섭취기준이 설정되었다. 특히 항산화 작용을 하는 프로비타민 A인 카로티노이드는 노화와 관련된 여러 가지 질병의 발생을 지연시킬 수 있으므로 충분히 섭

표 9-5 노인의 지용성 비타민 섭취기준

성 별	연령(세)	비타민 A(μg RAE/일)	비타민 D(μg/일)	비타민 E(mg-TE/일)	비타민 K(μg/일)
		권장섭취량	충분섭취량	충분섭취량	충분섭취량
남 자	65~74	700	15	12	75
	75 이상	700	15	12	75
여 자	65~74	600	15	12	65
	75 이상	600	15	12	65

자료: 보건복지부·한국영양학회. 2020 한국인 영양소 섭취기준, 2020

취하도록 한다.

　노인이 되면 비타민 D의 대사율은 매우 떨어지고 피부에서 비타민 D의 합성 능력이 감소한다. 더욱이 노인은 활동의 제약으로 자외선 노출 기회가 적을 뿐만 아니라 콩팥에서 활성형 비타민 D로 전환되는 효율도 감소하므로 비타민 D는 부족하게 되기 쉽다. 그러므로 비타민 D의 충분섭취량은 성인의 1.5배인 15 μg/일로 설정하였다. 한편 비타민 D의 과잉 섭취는 고칼슘혈증hypercalcemia을 초래할 수 있으므로 비타민 D를 과량 함유한 보충제 섭취에 주의하여야 한다.

2) 수용성 비타민

　노인에서 에너지 대사와 관련된 수용성 비타민인 티아민, 리보플라빈, 니아신의 요구량은 연령이 증가함에 따라 필요량이 증가하거나(티아민), 젊은 성인과 차이가 없고(리보플라빈), 관련된 연구가 부족한 상황이다(니아신). 이에 2020 한국인 영양소 섭취기준에서 티아민, 리보플라빈, 니아신의 평균필요량 설정 시 성인의 평균필요량에 에너지 대사를 감안한 체중비율을 적용하여 설정되었다(표 9-6). 비타민 B₆의 필요량은 성인의 권장섭취량과 같게 설정되었다. 비타민 B₆는 엽산, 비타민 B₁₂와 함께 심장질환이나 뇌졸중의 위험인자로 인식되고 있는 호모시스테인homocysteine을 감소시키는 데 관여한다. 그러므로 이들 영양소를 충분하게 섭취하여 노인에게 발생하기 쉬운 심장질환이나 뇌졸중을 예방하여야 한다.

　비타민 B₁₂는 동물성 식품에 주로 포함되어 있는데, 노인들의 경우 저작능력의 저

표 9-6 노인의 수용성 비타민 권장섭취량

성별	연령(세)	티아민 (mg/일)	리보플라빈 (mg/일)	니아신 (mg NE/일)	비타민 B₆ (mg/일)	엽산 (μg DFE/일)	비타민 B₁₂ (μg/일)	비타민 C (mg/일)
남 자	65~74	1.1	1.4	14	1.5	400	2.4	100
	75 이상	1.1	1.3	13	1.5	400	2.4	100
여 자	65~74	1.0	1.1	13	1.4	400	2.4	100
	75 이상	0.8	1.0	12	1.4	400	2.4	100

자료: 보건복지부 · 한국영양학회. 2020 한국인 영양소 섭취기준, 2020

고호모시스테인혈증과 동맥경화증

비타민 B6, 엽산, 비타민 B12은 고호모시스테인혈증을 예방한다. 호모시스테인은 동맥경화증 유발물질로서 엽산과 비타민 B12가 부족하면 호모시스테인이 메티오닌으로 전환되지 못하고, 비타민 B6가 부족하면 호모시스테인이 시스테인으로 전환되지 못하여 호모시스테인이 혈액 속에서 높은 농도로 존재하면서 혈관벽을 손상시킨다.

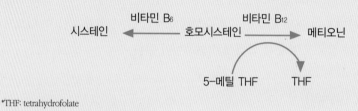

*THF: tetrahydrofolate

하로 동물성 식품을 기피하게 되어 섭취가 부족하기 쉽다. 또한 위점막의 수축과 더불어 위염, 위산 분비 감소 등으로 비타민 B12의 흡수가 감소되므로, 비타민 B12의 권장섭취량은 성인과 동일하게 설정되었다. 노인의 비타민 C 필요량이 성인에 비해 감소한다는 증거가 없으므로 노인의 권장섭취량은 성인과 마찬가지로 100mg/일이다.

6. 무기질

1) 칼 슘

노인은 성인에 비해 칼슘이 소변으로 손실되는 양이 증가하고 흡수율이 감소하며 옥외 신체활동 부족으로 칼슘이 부족하게 되기 쉽다. 특히 폐경기 이후 여자 노인들은 골다공증과 골절의 위험률이 높다. 노인의 충분한 칼슘 섭취는 골질량 손실 억제를 통해 골다공증 예방 및 치료에 도움을 주므로 노인의 칼슘 권장섭취량은 65세 이상 남자에서 700mg/일, 여자에서 800mg/일이다(표 9-7). 칼슘 급원으로 우유 및 유제품을 섭취할 경우, 칼슘 섭취와 더불어 칼슘 흡수에 필요한 비타민 D, 유당까지도 공급받을 수 있다.

최근 칼슘 등의 영양제 복용이 빈번하여 과잉 섭취할 경우가 있다. 다른 무기질

표 9-7 노인의 무기질 권장섭취량

성 별	연령(세)	칼슘(mg/일)	인(mg/일)	마그네슘(mg/일)	철(mg/일)	아연(mg/일)
남 자	65~74	700	700	370	9	9
	75 이상	700	700	370	9	9
여 자	65~74	800	700	280	8	7
	75 이상	800	700	280	7	7

자료: 보건복지부 · 한국영양학회. 2020 한국인 영양소 섭취기준, 2020

섭취를 부족하게 하는 노인이 칼슘을 과잉 섭취할 경우 특히 철, 아연, 마그네슘 등의 흡수와 이용에 영향을 줄 수 있어 칼슘의 상한섭취량을 2,000mg/일로 정하였다.

2) 나트륨

연령이 증가함에 따라 혈압 증가가 동반되며, 미뢰 수가 감소하고 미뢰가 위축되어 미각이 점차 둔화되며, 특히 짠맛에 대한 역치가 증가하므로 노인기에는 나트륨의 과잉 섭취를 유의해야 한다. 이에 만성질환의 위험을 감소시키기 위하여 만성질환 위험감소를 위한 섭취 기준 미만으로 나트륨을 섭취하는 것이 필요하다. 65~74세 노인에서 만성질환 위험감소를 위한 나트륨의 섭취 기준은 2,100mg/일, 75세 이상 노인에서 만성질환 위험감소를 위한 나트륨의 섭취 기준은 1,700mg/일으로 설정되었다.

2013~2017년 국민건강영양조사를 통해 살펴본 결과에 의하면 나트륨을 만성질환 위험감소를 위한 섭취기준 이상으로 섭취한 분율이 남녀 각각 65~74세 82.2%와 63.3%, 75세 이상 79.6%와 56.5%인 것으로 확인되었다. 따라서 노인기 만성질환의 예방을 위해 나트륨 섭취량을 줄이기 위한 노력이 필요하다.

3) 철

노인은 철 급원식품을 적게 섭취하는 경향이 있으며, 나이가 들어감에 따라 위산 분비가 감소되어 헴철의 흡수율은 감소하지 않으나 비헴철은 흡수율이 저하한다. 또한 노인이 되면 철의 흡수 장소인 장점막의 형태가 변하며, 위내 pH를 상승시키는 약물의 복용으로 철의 흡수와 이용률이 저하된다. 그러므로 노인에게 철은 부족하기 쉬운 영양소이다. 철 섭취권장량은 65세 이상 남자 노인에서는 9mg/일이었으며, 여자 노인의 경우 65~74세 8mg/일, 75세 이상 7mg/일로 정하였다(표 9-7). 또한 철 영양제의 과량 복용으로 인한 유해 영향 때문에 상한섭취량으로 45mg/일을 설정하였다.

7. 수 분

노인은 체내 총 수분량이 감소하여 수분 필요량이 적어진다. 그러나 나이가 들면 갈증을 예민하게 느끼지 못하여 수분 섭취량이 적어져 탈수가 생길 수 있다. 특히 혼자서 물을 마실 수 없는 노인이나 요실금으로 인해 수분 섭취를 적게 하려고 하는 경우 수분 섭취가 부족하게 된다.

또한 노인들은 항이뇨호르몬의 분비가 감소하기 때문에 소변을 농축시키는 능력이 저하되므로 소변으로 손실되는 수분량이 많다. 따라서 노인기 수분 충분섭취량의 충족은 매우 중요한데, 이를 위해서는 갈증을 해소할 정도로 마시는 것으로는 충분하지 않으며 그 이상으로 틈틈이 섭취하도록 유의해야 한다. 65세 이상 남자 노인에서 2,100mL/일, 여자 노인에서 1,800mL/일이 수분의 충분섭취량으로 설정되었다(표 9-8).

표 9-8 노인의 수분 충분섭취량

성 별	연령(세)	음식(mL/일)	액체(mL/일)	총 수분(mL/일)
남 자	65~74	1,100	1,000	2,100
	75 이상	1,000	1,100	2,100
여 자	65~74	900	900	1,800
	75 이상	800	1,000	1,800

자료: 보건복지부 · 한국영양학회. 2020 한국인 영양소 섭취기준, 2020

노인기의 영양과 건강문제

노인이 되면 활동감소, 식욕감퇴, 미각의 둔화, 치아의 손상 및 소화기관 기능의 감소로 생리적 기능이 저하되어 영양 섭취 부족이 되기 쉽다. 이와 함께 만성퇴행성 질환의 증가, 장기간의 흡연과 음주, 경제력의 저하, 독거노인의 증가, 우울증, 치매 등으로 식생활이 위축된다.

1. 노인기의 영양 섭취 실태

우리나라 노인은 성인기에 비해 탄수화물 위주의 단조로운 식사를 하고 있다. 식품 섭취가 저조하여 대부분 비타민과 무기질 등 미량영양소의 섭취 수준이 권장수준에 미치지 못하고 있다. 2018년 국민건강통계에 의하면, 65세 이상 노인의 에너지 섭취량은 에너지 필요추정량의 91.8%였다(그림 9-18). 영양소 섭취기준에 대한 영양소 섭취비율을 보면 단백질, 인, 나트륨, 철, 티아민을 제외한 모든 영양소의 섭

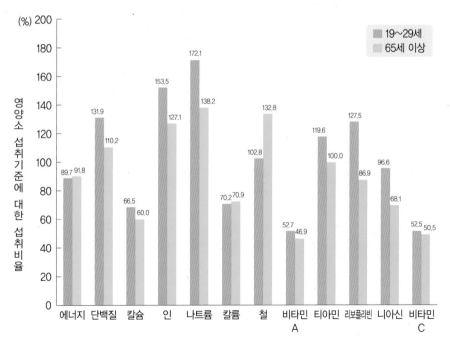

*에너지 필요추정량 적용: 에너지, 권장섭취량 적용: 단백질, 칼슘, 인, 철, 비타민 A, 티아민, 리보플라빈, 니아신, 비타민 C, 충분섭취량 적용: 칼륨, 목표섭취량 적용: 나트륨

그림 9-18 노인의 영양소별 영양소 섭취기준에 대한 영양소의 섭취비율
자료: 보건복지부 · 질병관리본부, 2018 국민건강통계, 2019

취량이 낮은 편이었다. 특히, 칼슘, 칼륨, 비타민 A, 니아신 및 비타민 C의 섭취가 낮아 노인에 있어서 이들 영양소가 충분한 섭취가 요구된다. 나트륨의 경우 다른 연령층과 마찬가지로 목표섭취량의 약 1.4배로 높은 섭취 수준을 보였다.

2018년 국민건강통계에 의하면, 에너지 섭취량이 75% 미만이면서 칼슘, 철, 비타민 A, 리보플라빈의 섭취량이 평균필요량 미만으로 섭취하는 70세 이상 노인이 16.5%였다. 그러나 이는 성별의 차이를 보여 여자 노인이 남자 노인에 비해 영양섭취 부족자의 비율이 좀 더 높은 특징이 있었다(그림 9-19). 에너지 섭취량이 필요추정량이 125% 이상이면서 지방 섭취량이 에너지적정비율을 초과한 70세 이상 노인은 0.8%에 지나지 않았다. 선진국에서는 고령자들에서 영양 과잉으로 인한 비만, 동맥경화, 고혈압 등이 우려되고 있지만, 한국의 고령자들에게는 영양 과잉보다는 영양 부족이 더 큰 문제로 지적되고 있다.

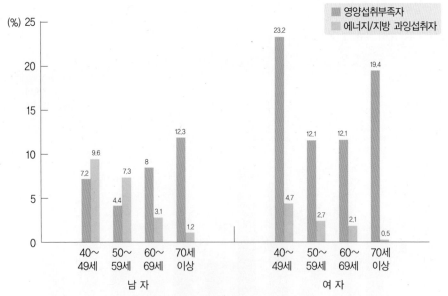

*영양섭취부족자: 에너지 섭취가 필요추정량의 75% 미만이면서, 칼슘, 철, 비타민 A, 리보플라빈의 섭취량이 평균필요량 미만인 분율
*에너지/지방 과잉섭취자: 에너지 섭취량이 필요추정량의 125% 이상이면서, 지방 섭취량이 지방에너지 적정 비율의 상한선을 초과한 분율

그림 9-19 성별·연령별 영양섭취부족자와 에너지/지방 과잉섭취자 비율
자료: 보건복지부·질병관리본부. 2018 국민건강통계, 2019

2. 노인의 영양과 건강문제

단순히 얼마나 오래 사는가보다는 건강한 상태로 얼마나 오래 사는가가 강조되고 있다. 즉, 건강수명을 연장하기 위해서는 알맞은 신체활동과 균형 있는 영양섭취가 필수적이다. 그러나 노화가 되면 생리적인 기능변화와 함께 노인성 만성질환이 삶의 질을 저하시키는데, 이들 대부분은 식이와 관련되어 있다. 특히, 백내장, 관절염, 골다공증, 뇌 기능 장애 등은 영양과 밀접하게 관련되어 있으므로 영양 및 식사요인은 질병 예방과 조기 사망을 낮출 수 있다(그림 9-20).

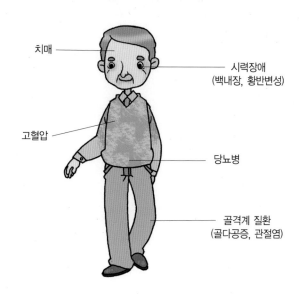

치매

시력장애
(백내장, 황반변성)

고혈압

당뇨병

골격계 질환
(골다공증, 관절염)

그림 9-20 영양과 관련된 노인성 질환

1) 치 매

과거에는 치매dementia를 망령, 노망이라고 하였는데 치매는 뇌세포의 변화로 뇌가 위축되고 신경원이 감소함에 따라 기억력 등 인지적인 기능에 손상이 오는 경우를 말한다. 나이가 많아질수록 치매 유병률은 증가하고 남자보다 여자에서 더 높다. 보건복지부와 중앙치매센터가 발표한 2016년 치매역학조사 결과에 따르면, 65세 이상 노인 중 치매 유병률은 9.95%로, 이는 2008년의 8.4% 보다 1.5%나 증가한 수치

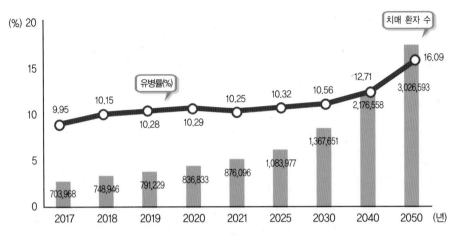

그림 9-21 65세 이상 한국 노인의 치매 유병률 및 치매 환자 수 연도별 추계

자료: 보건복지부 중앙치매센터. 2016 치매역학조사, 2017

이다(그림 9-21). 치매는 일반적으로 알츠하이머 치매, 혈관성 치매 등으로 분류되며 이 중 알츠하이머 치매가 약 74.4%로 제일 큰 비중을 차지하고 있다(그림 9-22).

(1) 알츠하이머성 치매

알츠하이머성 치매는 약속이나 이름을 잊는 것 같은 작은 기억상실로 시작하다가 익숙한 환경에서도 방향감각을 잃기 시작한다. 병이 진행됨에 따라 자신의 이름을 잊고 가족들을 알아볼 수 없다.

알츠하이머성 치매 환자는 콜린choline과 아세틸 CoA로부터 신경전달물질인 아세틸콜린acetyl choline을 합성하는 효소의 농도가 감소되어 있다. 그러므로 콜린이 많이 함유된 레시틴을 투여하여 기억력이나 치매 증상이 나아지는 효과를 기대하였으나 그 효과는 불분명하였다. 또한 알츠하이머성 치매는 알루미늄 농도와 관련이 있다. 치매 환자 뇌조직의 알루미늄 농도는 정상 뇌조직의 농도보다 10~30배 정도 높기 때문이다.

알츠하이머성 치매 환자에서 과산화 지질과 산화적으로 손상된 DNA의 양이 증가되어 있음이 관찰되어 산화적 손상을 억제하는 비타민 E 등의 항산화 비타민과 항산화 생리활성 물질은 알츠하이머성 치매로 인한 기능 손실을 지연시킬 수 있을

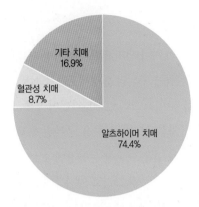

그림 9-22 65세 이상 치매환자의 유형별 분포(2017년 추산)
자료: 보건복지부 중앙치매센터, 2016 치매역학조사, 2017

것이다. 또한 비타민 B_{12}, 엽산, 비타민 B_6, 니아신 부족에 의해서도 알츠하이머성 치매가 생길 수 있다고 보고되었다. 여성에게는 에스트로겐이, 남성에게는 테스토스테론 및 DHEA^{dehydroepialdrosterone}가 알츠하이머성 치매의 예방 및 치료에 좋은 역할을 한다고 보고되고 있다.

(2) 혈관성 치매

혈관성 치매는 다발성 뇌경색^{multi-infarction}성 치매라고 하는데 뇌혈관 손상, 뇌졸중 등으로 뇌의 일부분이 손상되어 발생하는 치매를 말한다. 치매는 경미한 뇌졸중으로 인해 일어나기 때문에 뇌졸중의 원인이 되는 고혈압, 동맥경화 등의 철저한 관리가 치매 예방을 위해 중요하다. 비만을 방지하고 나트륨을 제한하며 칼륨과 칼슘 섭취를 증가시키고 지질 섭취를 조정하면 뇌졸중의 위험이 줄어들면서 혈관성 치매를 예방할 수 있다.

(3) 알코올성 치매

알코올성 치매는 만성적인 알코올 남용으로 인해 뇌손상이 일어난 것이다. 이것은 술에 취하지 않은 상태에서도 술에 많이 취한 것처럼 기억력과 인지력이 손상되나 금주를 계속 한다면 천천히 개선될 수 있다.

2) 파킨슨병

파킨슨병은 신경퇴행성 질환의 하나이다. 알츠하이머병 다음으로 흔한 질환으로, 도파민이라는 신경전달물질을 생산하는 두뇌의 신경세포가 소실될 때 생긴다. 도파민은 근육활동 조절에 필요한 중요한 물질이다. 그러므로 도파민이 부족하면 초기에는 팔다리가 자주 떨리고 걸음이 느려지다가 차츰 허리와 무릎을 구부린 구부정한 자세가 되며, 근육이 굳어져서 동작이 둔해진다. 이와 같은 단순한 운동장애나 보행장애 뿐만 아니라, 자율신경장애, 우울증과 같은 감정 및 감각장애 그리고 인지장애 등의 다양한 증상이 동반된다. 또한 파킨슨병인 경우 치매가 흔히 나타나는데, 이를 파킨슨병 치매라 하며, 파킨슨병 환자의 약 40%가 파킨슨병 치매이다. 파킨슨병은 50세 이하에서는 거의 발병되지 않지만, 연령이 증가되면 발병률이 높아져 75세에 최고에 달한다.

3) 시력장애

(1) 백내장

백내장은 노화가 진행되면서 눈의 수정체가 두꺼워져 시력장애가 온 상태이다. 수정체의 단백질은 일생 동안 햇빛에 노출되어 산화가 되는데, 노화에 의해 항산화 효소의 기능은 저하되고, 항산화 영양소의 농도도 감소하여 방어 기능이 저하되므로 수정체 단백질의 비가역적인 산화적 손상이 초래되고 이로 인해 백내장이 유발된다.

많은 역학 연구에서 항산화 영양소인 비타민 C, E와 β-카로틴이 풍부한 음식을 많이 먹거나 또는 비타민 제제를 복용할 때 백내장 위험률이 상당히 감소한다고 보고하였다.

(2) 노인황반변성

황반변성도 나이가 증가함에 따라 유병률이 증가된다(그림 9-23). 황반변성은 망막의 중앙에 위치하고 있는 '황반'이 빛에 의해 산화적으로 손상되어 망막의 기능이 손상되는 질환으로 노인황반변성age-related macular degeneration, AMD 환자는 처음에는 물체와 초점을 맞추지 못하다가 점점 시력을 잃어 결국 주위 사람들조차 알아보지 못하게 될 정도로 시력을 상실한다.

황반은 망막의 중앙 및 후면부에 위치해 있으며, 그 특징적인 황색으로 인해 '황색반점'이라고도 한다. 황반에는 루테인lutein으로 구성된 황색 색소가 들어 있다. 식이로 섭취하는 루테인이 노인황반변성으로부터 보호하는 효과가 나타난 연구 결과들이 보고되고 있으며 루테인 함유 식품이 눈 조직에 침전되는 루테인의 양에 영향을 줄 수 있다.

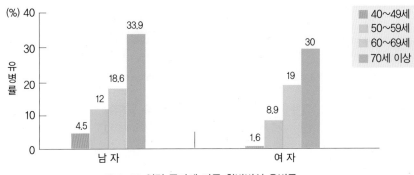

그림 9-23 연령 증가에 따른 황반변성 유병률
자료: 보건복지부 · 질병관리본부. 2018 국민건강통계, 2019

4) 골격계 질환

(1) 골다공증

골다공증osteoporosis은 골량의 감소 및 미세구조의 약화로 인한 골격계 질환으로 뼈가 쉽게 부러질 수 있는 상태를 증가시키는 질병으로, 골밀도 측정 결과 T-score가 −2.5 이하인 경우 골다공증으로 진단한다. 우리나라 노인의 골다공증 유병률은 2010년 국민건강통계에 의하면 70세 이상에서 남자는 20.0%, 여자는 65.2%로 보고되어, 여자 노인이 남자 노인에 비해 유병률이 월등히 높으며 남녀 모두 연령이 높을수록 유병률이 높았다(그림 9-24).

골다공증이 있으면 활동이 제한되고 뼈의 손실로 인해 손목 위나 대퇴골 상부, 고관절 등에 골절이 생기기 쉽다. 노인들의 고관절 골절은 합병증으로 1년 내에 사망할 확률이 20%나 될 정도로 치명적이다. 그러므로 노인들은 빙판이나 목욕탕에서

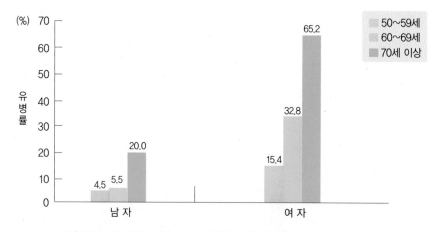

* 골다공증 유병률: 폐경 후 여자, 만 50세 이상 남자에서 대퇴경부, 대퇴골, 요추 골밀도 검사 결과, 가장 낮은 T-score가 -2.5 이하인 분율

그림 9-24 연령 증가에 따른 골다공증 유병률

자료: 보건복지부 · 질병관리본부. 2010 국민건강통계, 2011

미끄러져 넘어지지 않도록 주의해야 한다.

골다공증의 예방을 위해서 운동 또는 활발한 신체활동을 하여 뼈조직에 자극을 주면 뼈조직의 보존과 신생이 촉진된다. 특히, 옥외 활동은 자외선으로 인한 체내 비타민 D_3 생성을 자극하여 골다공증의 예방과 치료에 더욱 좋다. 우유나 유제품 등 칼슘 급원식품의 섭취가 적은 노인은 칼슘 보충이 필요하다.

 골다공증 진단

이중에너지 방사선 흡수법dual energy x-ray absorptionmetry, DEXA 등을 이용해 요추와 대퇴골 골밀도를 측정하면 Z-score와 T-score를 알 수 있는데, Z-score는 그 결과를 대상자의 성별, 나이별 평균치와 비교한 것이고 T-score는 젊은 정상인의 최대 골밀도와 비교한 것이다. T-score가 -1.0 이상이면 정상, -1.0 미만에서 -2.5 초과이면 골감소증, -2.5 이하면 골다공증으로 진단한다.

(2) 골관절염

골관절염은 관절의 통증과 함께 관절이 부어오르는 증상으로 노인에게 매우 흔한 질병이며, 활동을 제한하는 주요 원인이다. 뼈 말단은 신체를 움직이는 동안 연골이나 윤활 작용을 하는 활액(점액)에 의해서 보호된다(그림 9-25). 그러나 나이가 들면서 보호작용이 약해지거나 뼈가 어긋나거나, 관절에 염증이 생기면 통증을 느끼게 된다. 우리나라 노인의 골관절염 유병률은 2018년 국민건강통계 결과 70세 이상 여자에서는 44.7%로 나타났으며, 여자 노인이 남자 노인에 비해 유병률이 약 3.7배 높았다(그림 9-26).

골관절염은 비만하면 악화되므로 정상 체중을 유지해야 한다. 비만인 골관절염 환자가 체중을 줄이면 손 부위 관절 통증까지도 완화된다고 한다.

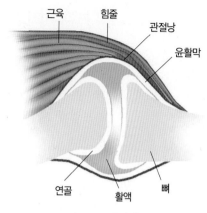

그림 9-25 관절의 구조

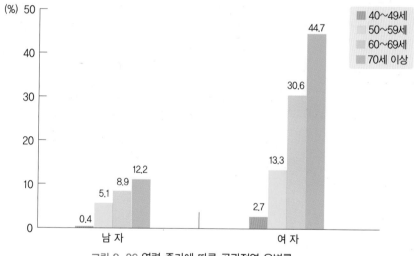

그림 9-26 연령 증가에 따른 골관절염 유병률
자료: 보건복지부·질병관리본부. 2018 국민건강통계, 2019

5) 당뇨병

2018년 국민건강통계에 의하면, 우리나라 노인의 당뇨병 유병률은 70세 이상에서 남자 28.8%, 여자 29.4%로 보고되었으며, 남녀 모두 연령이 높을수록 유병률이 높았다(그림 9-27). 노인에서 발생하는 당뇨병은 대부분 2형당뇨병으로 포도당 내성이 떨어지게 되어 당뇨병이 발생된다. 노인의 공복 시 혈당은 젊은 성인과 비슷하지만 노인은 급격하게 혈당치가 올라가며 정상치로 회복될 때까지의 시간도 길다(그림 9-28). 그 원인은 노인이 되면 근육량이 감소하고 체지방량이 증가하며, 활동량이 감소하기 때문이다. 노인들의 포도당 내성을 향상시키기 위해서는 저탄수화물·고식이섬유 식사가 좋다. 농축된 당류는 피하고, 노인은 씹는 것이 어려우므로 부드럽게 조리된 채소, 과일류, 해조류 등을 충분히 먹도록 한다.

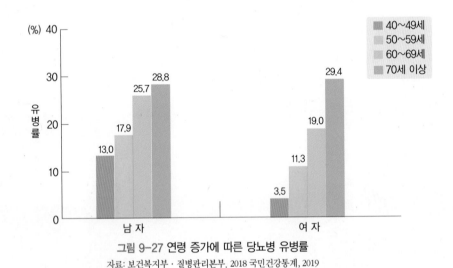

그림 9-27 연령 증가에 따른 당뇨병 유병률

자료: 보건복지부·질병관리본부. 2018 국민건강통계, 2019

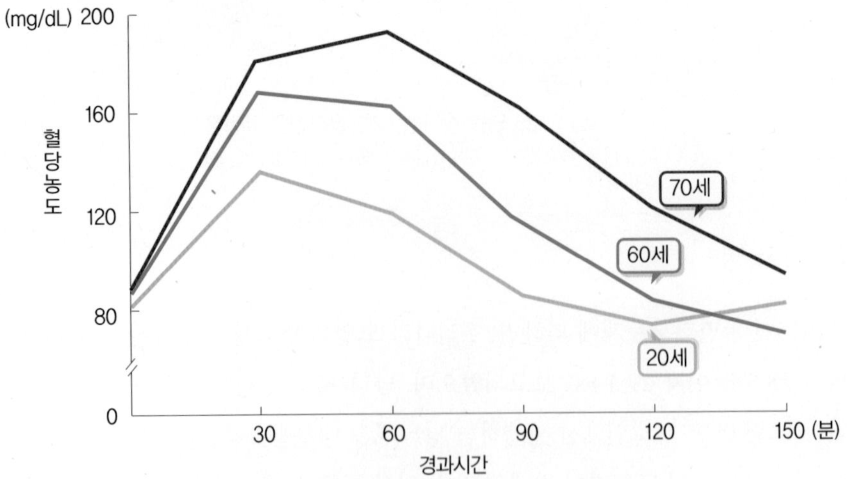

그림 9-28 연령 증가에 따른 포도당 내성의 변화

6) 고혈압

　55세 이후부터 심장 및 대동맥과 세동맥의 기능적 감퇴로 수축기 혈압이 증가하며 스트레스도 고혈압의 원인이 된다. 2018년 국민건강통계에 의하면, 연령이 증가함에 따라 남녀 모두 고혈압 유병률이 증가하며, 70세 이상 여자 노인의 경우 고혈압 유병률은 73.7%로 남자의 65.1%에 비해 높은 양상을 보인다(그림 9-29). 고혈압은 특히 심근경색, 뇌경색, 팔다리 말단부위의 괴저 등을 일으키고, 특히 뇌경색 등의 뇌혈관질환은 후유증으로 지체장애 및 언어장애가 나타나 활동에 큰 제한을 주어 노인은 물론 가족·사회에까지 심각한 문제를 주는 질병이다. 고혈압의 주요 위험 요인으로 과량의 나트륨 섭취를 들 수 있다. 미각이 둔화되는 노인은 성인에 비해 더욱 짜게 먹게 되므로 가능한 한 싱겁게 먹고 나트륨 섭취를 줄이기 위한 노력이 필요하다.

> **ꁠ 괴저**
> 피의 공급이 제대로 이루어지지 않아 조직이 죽어가거나 썩어가는 현상

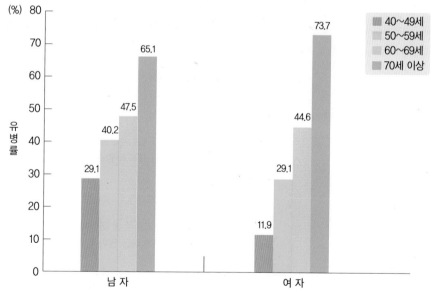

* 고혈압 유병률: 수축기 혈압이 140mmHg 이상이거나 이완기 혈압이 90mmHg 이상 또는 고혈압 약물을 복용하는 분율

그림 9-29 연령 증가에 따른 고혈압 유병률
자료: 보건복지부·질병관리본부. 2018 국민건강통계, 2019

7) 약물 복용

노인들은 심혈관계 질환, 당뇨병, 고혈압, 골다공증, 암, 관절염, 알츠하이머 치매 등 여러 가지 질환을 앓고 있어 대체로 한 종류 이상의 약물을 사용하고 있다. 약물 복용은 메스꺼움, 구토, 미각변화를 일으켜 식욕을 감퇴시키고 졸음, 허약 등 부작용을 가져온다.

또한 약물복용은 소화효소가 분비되는 것을 방해하거나 장내 pH를 변화시켜 영양소의 흡수를 저해시킨다. 약물과 영양소는 장점막 세포에서 결합 부위를 놓고 서로 경쟁하므로 영양소의 흡수를 감소시키기도 하고 일부 약물들은 영양소와 불용성 화합물을 형성하여 영양소가 흡수되지 못하고 그대로 배설되게 한다. 약물이 건강과 영양에 미치는 영향은 표 9-9와 같다.

표 9-9 약물이 건강과 영양에 미치는 영향

종 류	특 징
고혈압 치료제, 항우울증제, 진통제	구강 건조를 유발하여 음식의 맛을 느끼지 못하게 한다.
아스피린	위를 자극하여 소량의 출혈을 유도해 철 손실을 일으켜 빈혈의 원인이 된다.
콜레스테롤 저하제(콜레스티라민)	지용성 비타민, 비타민 B₁₂, 철 및 엽산의 흡수를 방해한다.
제산제	알루미늄이나 마그네슘이 함유한 제산제는 위에서 인과 결합하여 불용성염을 형성하므로 칼슘 흡수가 감소하여 장기 복용 시 골다공증 발생을 일으킨다.
변비치료제	칼슘이나 칼륨의 배설을 증가시킨다.
항응고제	비타민 K와 동시 복용하면 오히려 출혈을 유도하기도 한다. 항응고제 복용 시 오메가-3계 지방산을 많이 함유한 생선기름을 보충하지 않는다.

노인기의 식사지도

노인의 경우도 각종 영양소가 골고루 들어가게 균형 잡힌 식사를 하는 것이 가장 중요한 식사의 원칙이다. 요즘 건강 관련 광고에 가장 많이 등장하는 것이 몸에 좋은 특정 식품이다. 예를 들어 토마토가 전립선에 좋다고 하여 토마토를 너무 많이 섭취하면 단백질 부족으로 인한 근육 위축이 유발될 수 있고, 콩팥 기능이 좋지 않은 사람에서는 칼륨의 증가로 인해 무리가 유발될 수도 있다.

노인은 성인과 비교해 에너지 필요량은 적으나 영양소 섭취기준은 큰 차이가 없을 뿐만 아니라 노인은 소화능력이 저하되어 있어 한꺼번에 많은 양을 먹지 못하기 때문에 적은 양으로 영양밀도가 높은 음식을 규칙적으로 자주 섭취해야 한다.

또한 혈당지수가 낮은 음식을 섭취하도록 한다. 특히, 단맛에 대한 역치가 증가되어 있어서 단맛이 강한 부드러운 음식이나 음료를 좋아하게 되므로 혈당지수가 높은, 즉 당이 많이 함유되어 있는 식품들을 과잉 섭취하지 않도록 주의하여야 한다.

채소와 정제되지 않는 잡곡 등의 식이섬유는 대부분의 노인에서 나타나는 변비를 해소시켜 주고 동맥경화, 암, 당뇨병 등과 같이 노인들에게 빈번히 발생하는 질병을 예방하는 데 효과가 있다. 그러나 식이섬유는 소화가 잘 되지 않으므로 노인의 기호, 치아여건, 소화능력 등을 감안하여 식품 및 조리방법의 선택에 주의를 기울여야 한다.

TiP 우리나라 100세 이상 장수인의 식생활 특성

우리나라 100세 이상 장수인들은 자신의 건강에 대해 자신감이 높아 아직도 건강하다고 생각하는 대상자가 70%였다. 100세 이상 장수인은 대부분 가족과 함께 식사하며 식사를 규칙적이고 일정한 양으로 하루 세 끼 섭취하고 있었다. 좋아하는 식품군은 두류, 버섯류, 채소류 등 식물성 식품군으로 나타났으며 실제 섭취량은 채소류가 가장 많았다. 식물성 식품과 동물성 식품의 섭취비율이 85 : 15로 쌀밥을 주식으로 하는 식물성 식품 위주의 식사를 하고 있었다. 평균에너지 추정량은 한국인 영양섭취기준(75세 이상)과 비교했을 때 77%였고 영양소의 적정도와 질적지수가 비교적 높은 편이었다. 또한 보약, 영양제, 건강식품 등을 섭취하는 장수인은 약 30%였으며 지속적으로 섭취하지는 않았다. 장수인은 충분한 신체적 활동과 9시간 이상의 수면을 취하였다.

자료: 이미숙, 대한지역사회영양학회지 13:855-66, 2008

노인은 포화지방산을 피하고 불포화 지방산, 특히 오메가-3 불포화지방산을 충분히 섭취하도록 한다. 일반적으로 육류는 포화지방산을 많이 함유하고 있으므로 고혈압, 동맥경화증 및 심장병이 있는 노인은 지방을 제거하고 섭취하도록 한다.

노인은 칼슘이 풍부한 우유 및 유제품을 적절히 섭취하여 골다공증을 예방하도록 한다. 그러나 혈압이 높거나 심장질환이 있는 노인의 경우에는 무지방우유나 저지방우유를 사용하는 것이 안전하다.

노인은 싱겁게 먹어야 한다. 미각이 둔화되는 노인은 성인에 비해 더욱 짜게 먹게 된다. 과량의 나트륨 섭취는 노인에게 고혈압, 심장병의 위험 요인이므로 가능한 한 싱겁게 먹고 가공식품의 섭취를 감소시켜 나트륨 섭취를 줄이도록 한다.

- **각 식품군을 매일 골고루 먹자.**
  - 고기, 생선, 달걀, 콩 등의 반찬을 매일 먹습니다.
  - 다양한 채소 반찬을 매끼 먹습니다.
  - 다양한 우유제품과 두유를 매일 먹습니다.
  - 신선한 제철 과일을 매일 먹습니다.

- **짠 음식을 피하고 싱겁게 먹자.**
  - 음식을 싱겁게 먹습니다.
  - 국과 찌개의 국물을 적게 먹습니다.
  - 음식에 소금이나 양념을 더 넣지 않습니다.

- **식사는 규칙적이고 안전하게 하자.**
  - 세끼 식사를 꼭 합니다.
  - 외식할 때는 영양과 위생을 고려하여 선택합니다.
  - 오래된 음식을 먹지 않고, 신선하고 청결한 음식을 먹습니다.
  - 식사로 건강을 지키고 식이보충제가 필요한 경우는 신중히 선택합니다.

- **물은 많이 마시고 술은 적게 마시자.**
  - 목이 마르지 않더라도 물을 자주 충분히 마십니다.
  - 술은 하루 1잔을 넘기지 않습니다.
  - 술을 마실 때에는 반드시 다른 음식과 같이 먹습니다.

- **활동량을 늘리고 건강한 체중을 갖자.**
  - 앉아 있는 시간을 줄이고 가능한 한 많이 움직입니다.
  - 건강한 체중을 알고 나의 체중이 되도록 노력합니다.
  - 매일 최소 30분 이상 숨이 찰 정도로 유산소운동을 합니다.
  - 일주일에 최소 2회, 20분 이상 힘이 들 정도로 근육운동을 합니다.

자료: 보건복지부. 어르신을 위한 식생활지침, 2010

10

스포츠
영양

운동 수행 능력을 향상시키기 위해서 적절한 양의 영양소가 제공되어야 하고 영양소들 간의 균형도 매우 중
요하다. 운동 수행 능력과 각종 영양소와의 관계 및 경기력을 향상시키기 위한 식사에 관한 연구가 진행되
고 있으나 운동의 특성, 훈련의 강도나 시간 그리고 선수의 체격에 따라 영양소 필요량이 달라지고 에너지
의 공급원도 변화하므로 모든 운동에 적용되는 원칙을 제시하기는 어렵다.

10

스포츠
영양

운동이 신체에 미치는 영향

1. 체력의 증가

　체력은 운동을 통해 향상된다. 체력은 근력이나 순발력과 같은 운동을 일으키는 능력, 근지구력이나 심폐지구력과 같이 운동을 지속하는 능력, 그리고 평형성, 민첩성, 유연성 등과 같이 운동을 조절하는 능력을 말한다.

2. 근육의 발달

　골격근에 규칙적으로 자극을 주는 운동을 하면 근력이 증가하고 근육의 횡단면이 증가한다. 몇 주 동안 지속적인 훈련을 하면 훈련 전보다 근력이 약 20~40% 정도 증가한다. 더 장기간 훈련을 하면 근육의

표 10-1 지구력 훈련에 대한 골격근육의 변화

변 화	이 점
글리코겐 저장능력 향상	경기 후반부의 글리코겐 사용 가능
근육 내 중성지방량 증가	글리코겐 절약 가능
미토콘드리아의 수와 크기 증가	중성지방의 사용량 증대, 글리코겐 절약 가능
미오글로빈 양 증가	근육 내 산소운반량 증가, 중성지방 사용 능력 증대

횡단면이 약 25% 정도 증가하여 근육 굵기에 있어서도 변화가 오게 된다. 또한 근력 훈련이나 지구력 훈련을 하면, 근지구력이 증가하고 근육을 뼈에 고정시켜 주는 역할을 하는 힘줄과 인대 등을 보다 강하게 하여 신체활동 시 일어날 수 있는 부상의 위험성이 감소한다. 지구력 훈련에 의한 골격근육의 변화는 표 10-1과 같다.

3. 심폐 기능의 증가

운동을 지속적으로 하면 심폐 기능이 향상되어 골격근에 산소를 충분히 공급할 수 있다.

1) 순환계

유산소성 지구력 운동을 지속하면 심장 크기의 증가·심장박동수의 감소·심박출량의 증가·혈액량과 헤모글로빈 양이 증가한다. 운동선수의 심장은 일반인들의 심장보다 상대적으로 크다. 일반인들의 안정 시 분당 심장박동수는 약 70~80회/분 정도지만, 장시간 강도 있는 훈련을 받은 운동선수들의 경우는 그보다 더 낮고, 고도로 훈련된 선수의 경우는 약 40회/분 정도나 그 이하의 심장박동수를 갖는다. 일반인들의 병적인 서맥 증상과는 달리, 운동선수에게서 나타나는 심장박동수 감소는 '운동성 서맥'이라고 하는데, 이는 장기간의 강도 있는 훈련에 의해 나타나며, 훈련에 의한 안정 시 심장박동수 감소는 심폐능력이 더 우수하다는 것을 나타낸다.

심박출량의 경우에는 일반인의 안정 시 1회 심박출량은 약 70mL 정도인데 훈련을 지속적으로 하게 되면 평균 100mL 이상이 된다. 이 변화는 심실강이 커져서 심

♥ 서맥brady cardia
느린 맥이라고도 하며 심장박동수가 60회/분 이하로 느려지는 상태이다. 미주신경의 자극, 교감신경의 마비, 심장 내 중추의 자극 또는 마비 등에 의해서 일어난다.

실확장 시 보다 많은 혈액이 유입되기 때문이다.

산소 운반에 중요한 역할을 하는 혈액량과 헤모글로빈 양은 훈련에 의해서 증가한다. 그러므로 신체 각 기관은 더 충분한 산소를 공급받아 활동에 필요한 에너지를 효율적으로 생산할 수 있게 되므로 운동을 하지 않는 사람들보다 상대적으로 신체의 무력감을 덜 느끼며 활기찬 생활을 할 수 있게 된다.

2) 호흡계

운동을 하면 폐용적이 증가하여 폐용량이 증가한다. 이는 폐활량에 직접적인 영향을 미치게 된다. 또한 지구성 훈련을 하면 폐포들이 증가하고 이로 인하여 폐확산 용적이 증가한다. 그 결과, 모세혈관과 폐포 간의 산소확산 능력이 증가하여 더 많은 산소가 혈액과 결합할 수 있다.

최대 산소소모량

개인의 운동 강도를 높여 달성할 수 있는 최대한의 산소 섭취 능력이다. 즉, 트레드밀 또는 자전거 에르고미터를 이용하여 점진적으로 운동부하를 증가시키면서 운동을 지속하는 과정 중 소모하는 산소량이 더 이상 증가하지 않는 최대치를 말한다. 최대 산소소모량으로 심폐 능력, 혈액의 산소 운반 능력 및 조직(주로 근육)의 산소 이용 능력을 알 수 있다. 훈련에 의해 최대 산소소모량은 증가하는데 특히 지구력 훈련에 의해 상승한다.

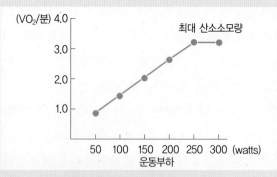

점진적 운동부하 시 산소소모량의 변화

운동 시 에너지 대사

1. 운동 시 에너지 공급

운동선수가 자신의 능력을 최대로 발휘하려면 운동을 수행하는 근육에 충분한 에너지를 공급할 수 있어야 한다. 운동하는 동안 주요 에너지 공급원은 근육의 글리코겐, 혈당, 혈장 지방산, 근육과 지방조직의 중성지방이다. 체내 총 에너지 값은 몸의 크기, 체내 지질과 단백질량, 그리고 식이에 따라 매우 다르지만 영양상태가 양호한 건강한 성인(70kg)이 이용 가능한 주요한 에너지의 종류, 체내 저장형태 및 총 열량은 표 10-2와 같다.

운동을 하는 근육은 골격근에 저장되어 있던 글리코겐이나 혈당을 이용하여 에너지원으로 사용한다. 이때 혈당은 간에 저장되어 있던 글리코겐이 분해되어 생성된 포도당과 당신생gluconeogenesis에 의해 합성된 포도당이다. 지방조직과 근육 내에 저장되어 있던 중성지방이 분해되어 생성된 유리지방산이 산화되어 에너지원으로 이용된다. 또한 근육에 저장된 단백질도 분해되어 에너지를 공급하는 데 이용되지

표 10-2 체내 에너지 저장상태

에너지원	주된 에너지 형태	총 체내 열량(kcal)
ATP	조직	1
크레아틴 인산	조직	4
탄수화물	혈액의 포도당	20
	간의 글리코겐	400
	근육의 글리코겐	1,500
지질	혈액의 유리지방산	7
	혈액의 중성지방	75
	근육의 중성지방	2,500
	지방조직의 중성지방	80,000
단백질	근육의 단백질	30,000

자료: Williams et al. Nutrition for health, fitness & sport(7th ed.). McGraw-Hill, 2016

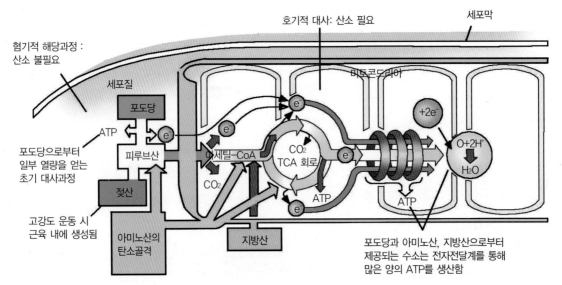

그림 10-1 운동 시 에너지 공급을 위한 대사경로

자료: 김미경 외. 생활 속의 영양학. 라이프사이언스, 2016

만 주요 에너지원은 체내에 저장된 글리코겐과 중성지방이다.

근육세포에서 이용되는 주된 고에너지 화합물인 ATP는 근육세포 내에서 두 가지 대사 경로에 의해 계속적으로 생성된다. 두 가지 대사 경로는 산소를 필요로 하는 호기적 대사 경로aerobic process와 산소 없이도 가능한 혐기적 대사 경로anaerobic process이다. 두 가지 경로가 동시에 진행되기도 하나 운동하는 동안 각각의 경로가 진행되는 정도는 수많은 요인에 의해 결정되는데, 그중 산소의 이용 가능성이 가장 중요하다. 운동 시 에너지 공급을 위한 대사경로는 그림 10-1과 같다.

1) ATP와 크레아틴 인산

체내에서 일어나는 각종 대사의 최종 산물로 열과 화학적 에너지인 ATPadenosine triphosphate가 생성되는데 ATP는 에너지를 필요로 하는 모든 과정에 이용된다. 근육이 즉시 사용 가능한 에너지도 ATP이며, ATP가 ADP와 인산으로 분해되면서 근육세포가 기능을 수행할 수 있는 에너지를 제공한다. 그러나 휴식하고 있는 근육세포는 소량의 ATP를 가지고 있기 때문에 최대 강도로 근육이 작용하면 2~4초 정도 지속할 수 있는 에너지를 제공한다.

더 오랫동안 근육이 수축하기 위해 필요한 ATP를 생성하기 위한 에너지원은 크레아틴 인산creatine phosphate, CP이다. 휴식 시 크레아틴creatine과 ATP로부터 고에너지 결합을 가지고 있는 크레아틴 인산이 합성되고 수축 시 크레아틴 인산은 분해되어 에너지를 방출한다(그림 10-2). 또한 크레아틴 인산 분해로 생성된 인산은

CP

ATP

CP + ADP → ATP +Cr

CP

ATP

휴식 시 근육
CP 농도가 ATP 농도보다 약 5배 큼

운동 시 근육
CP 농도가 ATP를 재생하기 위해 낮아짐

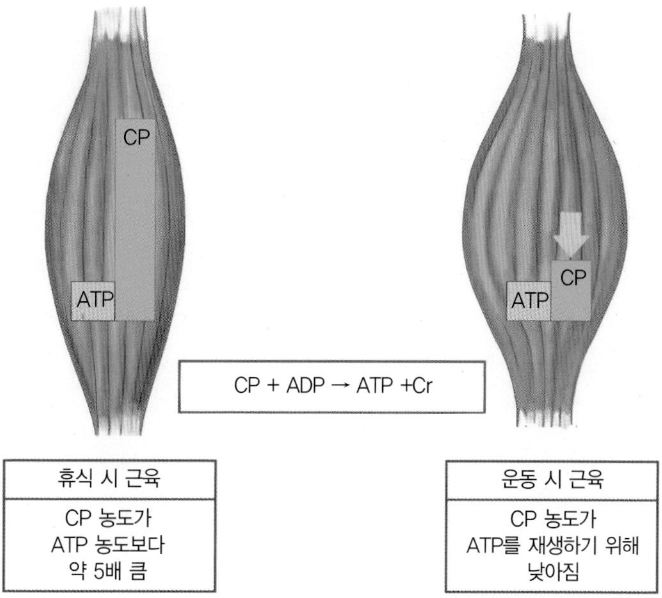

그림 10-2 신속한 열량 공급을 담당하는 크레아틴 인산

♥ 크레아틴
Creatine

크레아틴은 질소를 함유한 아민이다. 음식물, 특히 고기, 생선 및 다른 동물성 식품으로부터 섭취할 수 있고 체내에서도 간, 신장 및 췌장에서 글리신, 아르기닌 및 메티오닌으로부터 합성된다.

🔍 확대경 **크레아틴 보충과 운동 수행 능력**

크레아틴을 보충하면 근육 내의 크레아틴 및 크레아틴 인산을 합한 총 크레아틴의 농도를 증가시킨다. 단기간의 고강도 운동을 하였을 경우 크레아틴의 보충은 ATP-크레아틴 인산 에너지 대사를 향상시키기 때문에 운동 수행 능력을 증진시킨다고 한다. 그러나 지구력을 필요로 하는 운동에서는 크레아틴 보충 효과가 확실히 밝혀지지는 않았으며 장기간 크레아틴 보충에 대한 안정성도 아직 검증되지 않았다.

자료: Earnest et al, Acta Physiol Scand 153:207-9, 1995

ADP와 결합하여 ATP를 생성한다.

크레아틴 인산은 순간적으로 활성화되므로 운동 시 재빠르게 에너지를 제공하지만 저장량이 많지 않다. 그러므로 ATP를 제공하는 다른 경로가 없다면 크레아틴 인산 분해만으로 근육수축을 10초 정도 지속할 수 있고 포도당과 지질 대사로 ATP가 공급된다면 크레아틴 인산이 절약되어 1분 정도 운동을 지속할 수 있다.

2) 탄수화물

(1) 포도당

근육에 산소가 불충분하게 공급되거나 운동 강도가 고강도일 때 근육세포의 세포질에서 생성된 피루브산은 젖산이 된다. 이 혐기적 대사과정(해당 과정)은 근육에 ATP를 공급하는 데 있어서 크레아틴 인산의 다음으로 빠르게 ATP를 공급하는 대사 경로로 ATP 제공 시간은 약 30초~2분 정도이다. 혐기성 대사 경로는 포도당 한 분자가 두 분자의 ATP만을 생성하므로 에너지 생성량이 적고 ATP를 지속적으로 생성할 수 없다. 또한 근육세포에 젖산이 빠르게 축적되면 젖산으로 인해 산도가 증가하고 근육 피로감이 온다.

근육에 산소가 충분하게 공급되거나 운동 강도가 중ㆍ저강도일 때 근육세포의 세포질에서 생성된 피루브산은 미토콘드리아로 이동하여 이산화탄소와 물로 완전히 산화되면서 ATP를 생성한다. 이와 같은 호기적 대사 경로는 ATP를 생성하는 속도가 느리나 혐기적 대사 경로에 비해 훨씬 더 많은 ATP를 생성한다. 그러므로 포도당의 호기적 대사 경로는 2분에서 3~4시간까지 운동을 지속할 수 있게 한다.

(2) 글리코겐

글리코겐은 포도당의 중합체로서 포도당의 체내 저장 형태이다. 글리코겐은 간과 근육에 저장되어 있다. 그림 10-3과 같이 간의 글리코겐은 포도당으로 분해되어 혈액으로 방출되므로 감소된 혈당을 증가시킬 수 있다. 그러므로 간의 글리코겐이 소모되면 혈당이 저하된다. 근육 글리코겐은 포도당으로 전환되지 못하고 근육의 에너지원으로 이용되는데 그 이유는 근육에는 간에 존재하는 포도당 6-인산 분해효

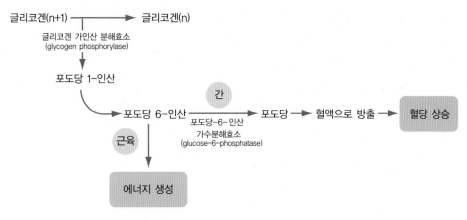

그림 10-3 간과 근육에서의 글리코겐 분해과정

소가 없기 때문이다. 그러므로 근육의 글리코겐이 소모되면 피로감이 오게 되고 운동선수의 운동 수행 능력은 최대 역량의 약 50% 정도만을 발휘하게 된다.

3) 지질

지질은 저·중 정도의 강도로 지속적인 운동을 할 때 사용되는 중요한 에너지원이다. 당질은 간과 근육의 글리코겐 형태로 존재하며 체내 저장량이 한정되나, 중성지방은 체내 저장량이 많다. 그러므로 마라톤과 같이 장시간 운동을 하는 경우 혈장과 지방조직으로부터 공급되는 유리지방산free fatty acid, FFA은 중요한 에너지원으로 이용된다.

장시간 운동을 하면 중성지방이 분해되어 생성된 유리지방산의 양이 증가하게 되고 이 유리지방산의 산화능이 증가하고 지방조직과 골격근육에 있는 지단백 리파아제lipoprotein lipase의 활성도 증가한다(그림 10-4). 지질은 운동 시 에너지의 25~90%를 공급할 수 있으며 훈련된 근육일수록 지질을 연소하는 능력이 크다.

4) 단백질

운동 시 단백질이 에너지원으로 이용되는 비율은 근육의 글리코겐 저장량에 따라 다르다. 근육에 글리코겐이 충분할 경우 운동 시 단백질을 에너지로 사용하는 비중

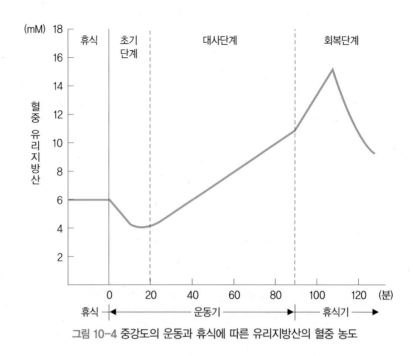

그림 10-4 중강도의 운동과 휴식에 따른 유리지방산의 혈중 농도

이 낮아진다. 최대 산소소모량의 60% 운동 강도에서 1시간 동안 자전거를 타는 경우 근육에 글리코겐이 충분하면 단백질이 총 에너지의 4.4%를 제공하나 근육에 글리코겐이 없으면 단백질이 총 에너지의 10.4%를 제공한다.

2. 운동 강도와 시간에 따른 에너지원의 이용

운동을 시작할 때는 산소가 풍부한 혈액이 아직 근육에 도착하지 않았으며, 도착한다 해도 대사과정에 필요한 산소를 끌어내는 데는 어느 정도의 시간이 걸린다. 그러므로 운동 시작 후 수 분간에는 산소 공급이 없이도 가능한 혐기적 대사 경로를 통해 운동에 필요한 에너지를 공급한다. 그 후 호기적 대사 경로를 통한 에너지 공급이 점차 증가한다(표 10-3). 호기적 대사 경로에 의해 공급되는 에너지의 이용성은 운동 강도와 밀접한 관련이 있으므로 지구력을 요하는 경기에서는 운동속도가 매우 중요하다. 또한 산소의 흡입량과 운동하는 근육으로의 산소운반 능력은 훈련을 통하여 증가하므로 훈련 역시 중요하다. 운동별 사용하는 열량원의 비율은 그림

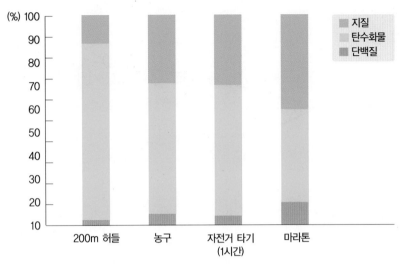

그림 10-5 운동별 열량원의 사용 비율

표 10-3 운동 시 근육세포에서 사용하는 열량원

열량원	사용시기	운동의 종류
ATP	모든 시기	모든 종류
크레아틴 인산	운동 초기	
탄수화물(혐기적)	특히, 30초~2분 지속 운동, 고강도 운동	20m 스프린트
탄수화물(호기적)	2분~3시간 지속운동, 고강도 운동	농구, 수영
지질(호기적)	수분 이상 지속 운동, 저강도 운동	장거리 달리기, 장거리 사이클
단백질(호기적)	모든 운동 시 적은 양 사용, 지구력 운동에 탄수화물 부족 시 어느 정도 사용	장거리 달리기

10-5와 같다.

　중 또는 저 강도 운동이 진행되면서 주된 에너지 기질로 처음에는 근육 내 저장 글리코겐과 포도당이 이용되다가 시간이 흐름에 따라 유리지방산이 이용된다. 그림 10-6에서 보는 바와 같이 저강도에서 30분 이상 운동을 지속하는 경우 탄수화물을 에너지 기질로 사용하다가 점차적으로 지질을 사용하는 쪽으로 옮겨간다.

　고강도의 순발력을 요구하는 운동은 크레아틴 인산으로부터 얼마나 효율적으로

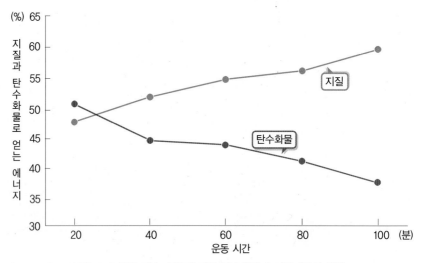

그림 10-6 운동 지속 시간에 따른 탄수화물과 지질대사의 변화

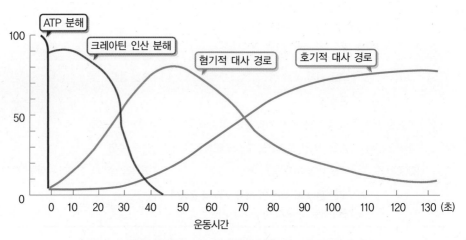

그림 10-7 중강도의 운동 시 시간경과에 따른 주된 에너지원의 변화

에너지를 얻을 수 있는가가 중요하다. 그러므로 훈련을 통해 크레아틴 인산으로부터의 에너지 동원능력을 높인다면 운동 수행 능력이 향상된다. 운동이 지속되면 포도당이 분해되어 ATP를 생성하여 에너지를 공급하는데 이 과정은 운동 중 산소 공급 여부에 따라 나누어진다(그림 10-7). 혐기적 대사 경로는 포도당 1분자가 분해하여 생성하는 에너지가 적지만, 근육활동에 필요한 에너지를 신속히 공급할 수 있

운동 시 호흡계수의 변화

운동을 하는 동안 당질과 지질이 에너지원으로 얼마나 이용되는지는 호흡계수(respiratory quotient, RQ)로 알 수 있다. 당질만을 이용하는 경우 호흡계수는 1.0이고 지질만을 이용할 경우 0.7이다. 운동을 시작하면 호흡계수는 1에 가까우나 운동을 지속적으로 하면 RQ는 점차 감소하게 된다. 근육 운동을 할 때 포도당 및 글리코겐이 먼저 연소하여 에너지원으로 이용되고 장기간 운동을 계속할 경우 지질의 연소가 많아지기 때문이다. 또한 운동 강도가 심해지면 지질보다는 당질에 더 의존하게 된다.

호흡계수 = 생산된 이산화탄소양/소모된 산소양

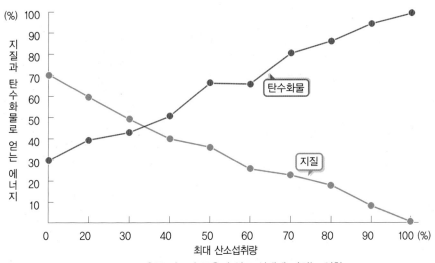

그림 10-8 운동 강도가 근육의 연료 선택에 미치는 영향

자료: 최대혁 · 소위영 편저. 파워 운동생리학. 라이프사이언스, 2018

다. 혐기적 대사 경로는 1~3분에 최대 운동 수행 능력을 요구하는 운동에 적합한 에너지 공급체계이고, 이를 초과하는 운동량은 젖산 축적의 원인이 된다. 혐기적 대사 경로는 짧고 강도가 높은 운동 시 주로 이용되고 탄수화물, 즉 포도당의 소비에 의해 이루어지고 지방의 소비는 거의 없다. 또한 운동 강도에 따라 사용하는 열량원은 달라진다(그림 10-8). 그림 10-9와 같이 훈련이 지속되면 혈중 젖산의 축적이 비훈련자보다 매우 적어지는 적응 현상이 나타나므로 훈련으로 젖산 축적량을 어느 정도 감소시킬 수 있다.

호기적 대사 경로는 장시간의 근육활동에 사용되는 에너지 체계로 젖산의 축적이 없다. 호기적 대사 경로는 탄수화물과 지방 모두를 에너지 기질로 사용할 수 있고 포도당과 지방의 에너지 사용 비율은 운동 강도 및 종류, 시간에 따라 달라지며 낮은 강도로 운동 시간이 지속될수록 지질의 에너지 소비가 높아진다.

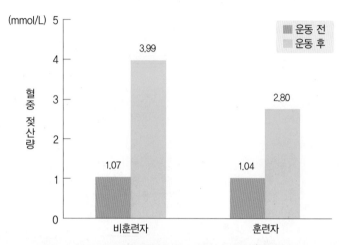

그림 10-9 훈련자와 비훈련자의 운동 전후의 혈중 젖산 축적 상태

🔍 확대경 운동 강도

운동 강도는 최대 분당 심장박동수(220−나이)를 기준으로 저강도 운동은 최대 심장박동수의 40% 이하, 중등도 운동은 40~70%, 고강도 운동은 70% 이상으로 구분할 수 있다. 또한 운동 소모열량을 기준으로 주당 1,000~2,000kcal(하루 150~400kcal)를 소모하면 중등도 운동이라 할 수 있으며 이보다 적으면 저강도, 이보다 많으면 고강도 운동으로 분류할 수 있다. 중등도 운동의 효과는 주당 2,000kcal 안팎을 소모할 때 최대가 된다. 그리고 최대 산소섭취량을 기준으로 자신의 VO_2max의 60~80% 수준이 중등도이며 그 이하는 저강도, 그 이상은 고강도라 할 수 있다.

🔍 확대경 운동 후 젖산의 제거

운동 중 근육세포에 생성된 젖산은 간으로 이동되어 포도당으로 전환되며(20%), 아미노산으로 되기도 한다(10%). 나머지 대부분의 젖산(70%)은 다시 피루브산으로 전환된 후 골격근육이나 심장근육에서 산화되어 에너지를 생성한다. 즉, 젖산은 운동 중 에너지원으로 사용된다.

운동선수의 영양소 필요량

운동선수가 필요로 하는 적정한 양의 에너지와 영양소를 공급받지 못하면 에너지가 부족하게 되고 대사가 활발하지 못하고 체조직이나 효소의 합성능력이 떨어지므로 경기력은 감소한다. 과다하게 공급된 에너지도 경기력 감소를 초래하는데 정상적인 생리과정과 체구성 비율에 바람직하지 못한 영향을 미치기 때문이다. 그러므로 운동선수가 최고의 운동 수행 능력을 발휘하려면 열량, 탄수화물, 단백질, 지질, 비타민, 무기질, 물 등을 적당하게 함유하고 있는 균형적인 식사가 바람직하다.

그러나 운동선수들의 적절한 영양소 필요량은 개인적인 특성, 운동 종목, 운동 조건 등에 따라 다르므로 운동 종목별 또는 개인별로 일정한 양의 영양소를 권장하는 것은 실제로 어렵다.

1. 에너지

운동선수들의 에너지 섭취량은 개인차가 매우 크다. 운동선수의 체격, 체구성 성분, 훈련의 수준과 정도, 경기의 종류와 운동량 등에 따라 다르다. 그러나 일반적으

(a) 조깅
(10km/30분
340kcal 소비)

(b) 저항운동
(리프팅 15분+ 휴식 15분
60~150kcal 소비)

그림 10-10 운동 종목에 따른 에너지 소비량 비교

표 10-4 종목별 운동선수들의 총 열량섭취 실태조사 비교 분석

종목	열량(kcal)	
	남 자	여 자
스케이팅, 싸이클, 경보, 수영, 조정, 카누(남), 마라톤	5,500	3,000
레슬링(남), 유도, 복싱(남)	4,500	3,500
배드민턴, 야구(남), 하키, 핸드볼, 축구, 농구, 배구, 탁구, 테니스	4,000	3,500
역도, 사격, 양궁, 보디빌딩	3,500	3,000
체조	3,000	2,500

자료: 이명천 · 김미혜. 한국운동영양학회 춘계연합학술대회, 2001

로 신체 활동량이 많아지면 에너지 필요량도 증가한다. 운동선수는 일반인보다 신체 활동량이 많으므로 에너지 필요량이 증가하게 된다. 에너지 필요량은 운동 특성에 따라 달라지는데 근육 수축을 많이 할수록 그 횟수에 비례하여 에너지 필요량이 증가한다. 또한 근육을 수축하였을 때 근육의 수축 상태를 그대로 유지하는 것보다 근육 수축을 시작할 때 더 많은 에너지를 사용한다. 그러므로 근육의 수축 상태가 유지되는 운동보다는 근육 수축과 이완이 반복되는 스케이팅, 수영, 마라톤이 더 많은 에너지를 필요로 한다(그림 10-10). 종목별 운동선수들의 총 열량섭취 실태조사 비교는 표 10-4와 같다. 그러나 같은 종목이라도 운동 강도, 훈련시간, 신체의 크기에 따라 그 차이가 크다.

만약 선수가 피로를 느낀다면 에너지 요구량이 충족되는지 의심해 보아야 하며, 선수의 1일 에너지 섭취량을 점검하거나 체지방의 변화를 통해 에너지 부족을 추정해 볼 수 있다. 청소년기의 운동선수는 에너지가 부족하기 쉬우므로 성장과 발육에 필요한 에너지를 더 고려해야 한다. 일반적으로 운동선수에게 권장되는 식사의 에너지 구성비는 탄수화물이 55%로 가장 높고 지질이 30%이며 단백질은 15% 정도로 하고 있다.

2. 단백질

　단백질은 운동 시 주된 에너지원이 되지 못하고 지방산 또는 포도당이 부족할 때 이용된다. 단백질은 호기적 대사과정에서만 이용될 수 있으므로 운동 강도가 낮은, 또는 중간 정도의 운동을 하는 동안만 에너지를 제공한다.

　운동선수의 단백질 필요량을 체중당 1g으로 정하고 있으나 최근에 발표된 연구결과에 의하면 운동을 하였을 경우 단백질 필요량이 증가한다고 한다. 지구력을 요하는 운동 시는 체중당 1.2~1.5g의 단백질이 필요하고, 순발력을 요하는 운동 시는 체중당 1.5g의 단백질이 필요하다고 보고되었다.

　한편, 운동선수에게 다량의 단백질 섭취가 필요하다고 결론을 내린 연구들을 보면 에너지 섭취량이 평가되지 않는 등 방법상의 문제점을 안고 있다. 따라서 증가한 단백질 요구량에는 충족되지 못한 에너지 공급을 위한 필요량이 반영되어 있을 가능성이 있다.

🔍 확대경 　아미노산 보충제와 운동 수행 능력 향상

최근 아르기닌arginine과 오르니틴ornithine을 주성분으로 하는 아미노산 보충제가 근육을 만들 뿐만 아니라 지방조직을 감소시키고 에너지를 공급한다고 하여 이를 복용하는 운동선수들이 많다. 이와 같은 아미노산 보충제의 효과는 과학적으로 증명되지 않았을 뿐만 아니라 일반 식품에 포함된 양 이상의 섭취로 아미노산 간의 불균형 및 독성을 나타낼 수도 있다. 근육세포가 에너지원으로 사용하는 측쇄아미노산의 보충 효과도 확실하지 않으며, 다량의 측쇄아미노산의 보충은 암모니아 생성을 증가시키는 부작용도 있을 수 있다.

3. 비타민

　수용성 비타민은 에너지 생성에 포함되는 여러 가지 대사과정에 보조효소로 작용하는 매우 중요한 영양소이다. 운동선수의 비타민 보충에 대한 연구결과들을 보면 열량 섭취가 매우 낮을 때를 제외하고는 다양한 식품을 균형 있게 섭취하는 한 비타민의 보충은 필요 없다고 한다. 수용성 비타민은 물에 녹으며 과량 섭취하면 필요량 이상은 소변으로 배설되기 때문에 독성수준에 도달하기 어렵다고 생각하기 쉬우나 수용성 비타민 중 비타민 B6와 니아신 등은 과량 복용 시 독성이 보고되었다.

비타민 B1, 비타민 B2, 니아신 필요량은 총 에너지 섭취량에 따라 달라진다. 즉, 에너지 섭취량이 증가할수록 비타민 B1, 비타민 B2, 니아신의 섭취량도 증가해야 한다. 특히 저체중을 유지해야 하는 종목의 여성 운동선수의 경우 열량을 적게 섭취하기 때문에 비타민 B군이 부족하기 쉽다.

운동 후 비타민 B6 대사가 항진되었는데 글리코겐이 포도당으로 전환되는 과정에 글리코겐 가인산분해효소glycogen phosphorylase의 조효소로서 피리독살 인산pyridoxal phosphate, PLP이 관여하기 때문이다.

비타민 C는 운동선수들이 가장 보편적으로 복용하는 비타민 영양제로서 비타민 C의 보충이 유익한 영향을 주는지 확실하지 않지만, 부적당한 비타민 C 섭취는 운동선수의 운동 수행 능력을 감소시킨다.

4. 무기질

운동 수행 능력을 최대로 발휘하려면 무기질을 적당히 섭취해 주어야 한다. 운동선수들은 식품섭취량이 많기 때문에 대부분 충분한 무기질을 섭취하고 있으며 운동선수에게 무기질을 권장량 이상으로 보충해 주었을 때 도움이 된다는 증거는 없다.

우리나라의 일반적인 식사를 살펴보면, 무기질 중 칼슘과 철분이 부족하기 쉽다.

1) 칼 슘

육체활동의 증가는 칼슘의 이용률을 증가시켜 뼈의 형성과 강도를 유지하는 데 매우 중요하다. 지구성 운동선수와 체중조절을 위해 식이섭취를 제한하는 운동 종목의 선수들에게서 칼슘 대사 장애가 나타났다. 저체중을 유지해야 하는 종목의 여성 운동선수의 경우 열량을 적게 섭취하면 칼슘이 부족할 우려가 있다.

또한 심한 훈련으로 인한 스트레스는 성호르몬 분비를 방해하여 생리를 중단시킬 수 있다. 여자 운동선수들의 약 2~37%가 무월경athletic을 경험하고 있다. 낮은 에스트로겐 농도와 낮은 칼슘 섭취로 인해 골량이 손실될 위험이 있고 골밀도가 감소된다. 뼈, 특히 요골의 손실을 가속화시켜 골다공증의 위험이 높다. 그러므로 운동으로 인한 무월경 증세가 있는 여자선수는 1일 1,000~1,500mg의 칼슘 섭취가 필요하다.

2) 철

철은 에너지 생성과 유산소 운동 시 산소를 조직으로 운반하므로 운동선수, 특히 지구성 운동선수들에게 중요하다. 또한 운동선수 중에서도 특히 월경을 하는 여자 운동선수, 체중조절을 위하여 식사제한을 하는 선수, 채식주의자인 선수, 급성장기의 청소년 선수들은 철 결핍의 위험이 크다.

부적당한 철 섭취 시 체력과 지구력이 감소하고, 피로가 쉽게 오며, 집중력이 감소하고, 시력의 감퇴 및 학습능력이 저하됨이 보고되었다. 그러므로 철 결핍으로 진단된 운동선수들은 철 보충제의 보충이 필요하며, 철이 풍부한 급원식품에 대한 교육을 통하여 철의 섭취를 증가시켜야 한다. 철이 부족한 선수들에게 철 보충제의 복용은 운동 수행 능력을 향상시킬 수 있으나 무분별한 철 보충은 운동 수행 능력을 증가시키지 않는다.

일부 선수들에게 운동 초기에 헤모글로빈 농도가 저하되어 빈혈이 되기 쉬운데 이를 운동성 빈혈sports anemia이라고 한다. 운동성 빈혈은 훈련을 통해 증가한 혈장부피가 적혈구 증가를 훨씬 초과함으로써 발생하는데 격렬한 훈련으로 인한 장의 출혈 및 장의 적혈구 파괴에 의해서 오는 현상이다. 특히 운동성 빈혈은 지구성 운동선수에게 일반적으로 발생한다. 한 보고에 의하면 남녀 마라톤 선수들의 경기 후 대변을 조사한 결과, 그중 약 23%에서 장출혈의 증거가 되는 혈액이 대변에서 검출되었다고 한다. 그러므로 운동선수는 1년에 한 번씩 철 영양상태 판정을 받는 것이 바람직하다.

3) 나트륨

우리 신체는 나트륨의 공급을 조절하는 매우 효율적인 기전을 가지고 있다. 알도스테론aldosterone은 소변으로 배설되는 나트륨 양을 조절할 뿐만 아니라 땀을 통한 나트륨 손실이 지나치게 클 때는 땀샘을 조절하여 땀 중의 나트륨 농도를 감소시킨다. 그러므로 운동 시 특별히 나트륨을 보충할 필요는 없다.

그러나 땀 분비량이 체중의 5~7% 이상일 경우에는 나트륨 보충이 필요하다. 보충 방법은 정상 식사에 소금을 첨가하거나 희석한 소금물(1.5g/L 이하)이나 시중에 판매되는 스포츠 음료를 섭취한다.

수분 공급 없이 소금만 섭취하면 혈장 나트륨의 농축으로 운동선수에게 오심, 구토, 탈수를 유발할 수 있다. 또한 매우 오랜 시간 동안의 운동 후 소금 보충 없이 물만을 마셨을 경우 저나트륨혈증hyponatremia을 유발할 수 있다. 즉, 장시간의 운동으로 상당량의 나트륨이 손실되었고 계속해서 마신 물이 남아 있는 나트륨을 희석하는 결과를 초래하기 때문이다. 저나트륨혈증의 증세로는 현기증, 무력감, 근육강직, 정신혼란, 발작증 등이 있다.

4) 칼 륨

신장이 정상이라면 땀으로 칼륨이 과도하게 손실되지 않으므로 칼륨은 쉽게 고갈되지 않는다. 따라서 원칙적으로 칼륨의 보충은 필요 없다. 그러나 아주 극단적인 지구력이 필요한 경기, 예를 들면 80.45km 육상, 160.9km 자전거 경기 등에서는 칼륨 보충이 필요하다.

5. 수 분

운동을 하는 동안 체내에서 생성된 열은 땀을 통해 발산되므로 운동 중 수분이 손실된다. 땀 1L가 피부로부터 증발될 때 제거되는 열의 양은 600kcal이다. 땀의 분비로 운동 중 수분이 2~3L 손실되면 체내 수분보유를 위한 인체 반응 기구가 작동하여 땀 분비가 감소하고 그 결과 체온이 상승하게 된다. 운동하는 동안 생성된 열을 제거하지 못한다면 보통 강도의 운동을 15~20분만 하여도 체온은 치명적인 상태까지 증가하게 된다. 그러므로 발한을 지속시키고 체온을 낮게 유지하기 위해서 수분 보충은 필요하다.

수분 부족으로 탈수현상이 발생하면 혈액량이 감소하고 심장박동수와 혈압이 증가한다. 산소와 영양소를 순환시키는 능력, 최대 산소소비량, 운동 능력은 감소하고 근육의 경련, 열손실, 쇠약 등을 유발한다. 또한 신체를 냉각시킬 수 있는 능력이 저하되어 고열과 일사병을 일으킬 수 있다.

그러므로 땀으로 인한 수분 손실이 없도록 계획을 세워 수분을 섭취하는 것이 필요하다. 보통 날씨에 운동을 하면 시간당 2~3L의 수분이 손실되는데 이때 운동 20분마다 약 1컵 정도의 충분한 물을 마셔야 한다. 또한 더운 날씨에 운동하는 경우 매 훈련 또는 경기 전후에 체중을 측정하여 체중 차이를 손실된 수분량으로 보고 수분섭취량을 정하는 것이 바람직하다.

일반적으로 운동 중 1kcal가 소모될 때마다 1~1.5mL의 수분이 필요하다. 그러나 매우 오랜 시간의 운동 후 물만을 마실 경우 저나트륨혈증의 위험이 있으므로 전해질 용액의 보충이 필요한데, 시중에 판매되는 스포츠 음료로 충분하다.

🔍확대경 운동 시 음료

운동 중 스포츠 음료를 마시는 것이 물을 마시는 것보다 좋은지는 운동 지속시간에 따라 다르다. 30분 이하의 운동에서도 체내 수분과 전해질은 땀으로 손실되지만 전해질 손실량이 적기 때문에 물만 섭취하여도 된다. 그러나 60~90분 이상 지속되는 운동인 경우 탄수화물과 전해질이 포함된 스포츠 음료가 운동 수행 능력을 향상시킬 수 있기 때문에 스포츠 음료를 섭취하는 것이 좋다. 스포츠 음료에는 체액과 같은 농도인 0.9% 식염수에 당분이 6~8%의 농도로 들어 있어서 체내 흡수가 30% 정도 더 빨리 되어 장거리 훈련이나 고된 훈련 중 또는 훈련 후에 효과적이다. 그러나 온몸이 흠뻑 젖도록 땀을 흘리지 않았거나 1시간 이내의 달리기나 경기 또는 체중을 줄이려고 운동을 할 경우 열량(100mL당 20~30kcal)이 나가는 스포츠 음료를 마실 필요는 없다.

탈수로 인한 근육경련

근육경련은 탈수와 관련이 있다. 심하게 땀을 흘렸을 때 탈수로 인해 발생하는 근육수축heat cramps이 가장 흔하다. 탈수 이외에도 전해질 불균형 또는 근육에 불충분한 혈액 공급으로 인한 국소빈혈ischemia 등으로 인하여 통증과 함께 무의식적인 근육수축이 일어나기도 한다.

운동에 따른 운동선수의 영양관리

1. 순발력을 요하는 운동선수의 영양관리

높이뛰기, 원반던지기, 다이빙 등과 같이 순발력을 요하는 수 분간의 짧은 경기를 해야 하는 운동선수들은 경기 전 충분한 영양소를 섭취하도록 한다. 근육의 글리코겐과 기타 신속하게 에너지를 제공해주는 에너지원이 고갈되지 않도록 한다. 특히 적당량의 당질 공급이 중요하다.

2. 지구력을 요하는 운동선수의 영양관리 - 글리코겐 부하법

마라톤 선수는 42.195km를 2시간 30분 정도 달리기를 해야 하므로 체내에 충분한 양의 에너지를 저장해서 이용해야 한다. 에너지를 저장하는 가장 효과적인 방법으로 글리코겐을 충분히 저장해서 이를 에너지로 이용해야 하는데 식사를 변형시키면 근육 내 글리코겐 저장량을 증가시킬 수 있다. 근육에 글리코겐 저장량을 증가시키기 위한 식이 처방, 즉 글리코겐 부하법glycogen loading은 그림 10-11과 같이 경기 1주일 전부터 시작된다. 식사처방과 더불어 운동처방을 병행하게 되는데 식사는 처음 3일은 당질이 50%인 식사를 하고, 그 후 3일은 70%가 당질인 식사를 하고 경기 전날은 정상 식사를 한다. 운동은 6일까지는 경기 시 사용할 부위의 근육활동을 격렬하게 하고, 경기 전날은 충분히 휴식한다. 이렇게 하면 근육의 글리코겐 합성이 증

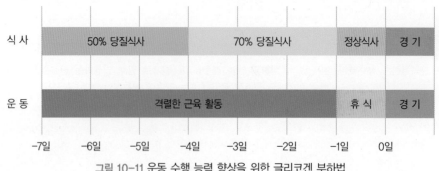

그림 10-11 운동 수행 능력 향상을 위한 글리코겐 부하법

표 10-5 글리코겐 부하법의 장단점

장 점	단 점
• 저혈당hypoglycemia 증세 지연 • 근육의 운동 수행 능력 향상 • 탈수 방지(글리코겐은 저장 시 약 3~4배의 물과 함께 저장)	• 과다한 체중 증가(글리코겐은 저장 시 약 3~4배의 물과 함께 저장) • 위와 장의 거북함(특히, 고당질 섭취를 위하여 상당량의 설탕을 계속적으로 먹는 경우) • 고당질 식사의 어려움(흔히 음식의 양이 너무 많고 맛이 없음)

가되어 지구력을 증가시킨다. 글리코겐 부하법의 장단점은 표 10-5와 같다.

경기 전, 경기 중, 경기 후의 식사지도

1. 경기 전 식사지도

경기 전 식사관리의 목적은 경기하기 전과 경기하는 도중 배고픔을 느끼지 않도록 하면서 경기하는 동안 체력을 충분히 발휘하기 위해서이다.

경기 전 식사는 운동선수가 좋아하는 음식을 우선으로 해야 하며 주로 소화되기 쉬운 당질 위주로 지질과 단백질이 적게 들어 있는 식사를 하게 한다. 또한 경기를 시작할 때에는 위가 완전히 비어 있어야 근육에 혈액을 충분히 공급할 수 있으므로 경기하기 3~4시간 전에 식사를 하여야 한다. 또한 시합하는 날 운동선수가 편안함을 느껴야 하므로 새로운 음식을 먹거나 갑작스럽게 식생활 패턴을 변화시키지 말아야 한다. 또한 심리적으로 그 음식을 먹으면 경기에서 이길 것으로 생각되는 음식을 못 먹게 해서는 안 된다. 60~90분 이상 시합을 하는 선수들은 경기 시작하기 직전 5분 이내에 당질을 섭취하면 피로가 시작되는 것을 늦추고 경기력을 향상시킬 수 있다. 고형식보다 액상의 식사(혼합 과일주스, 저지방우유 등)가 위를 더 빨리 비우기 때문에 경기 직전에는 액상의 식사를 제공한다.

1) 탄수화물

식사의 구성은 주로 당질을 함유한 음식을 섭취하게 한다. 당질은 소화가 잘 되고 위에 머무는 시간이 짧다. 운동 전 1~4시간 사이에 체중 kg당 1~4g의 당질을 섭취하게 하고 경기 시간이 가까울수록 더 적은 양을 섭취하도록 한다. 지나치게 농축된 당질식품(예: 희석하지 않은 꿀, 포도당 정제, 시럽 등)은 위장과 소장 상부에 과량의 물을 보유하게 하여 뱃속을 불편하게 하고 설사를 일으킬 수도 있다. 또한 식이섬유가 많은 식품은 장내 가스를 발생하기 때문에 제외한다.

2) 단백질

경기 전 식사에 단백질을 너무 많이 섭취하면 단백질의 최종 대사물인 요소urea를 다량 배설시켜야 하므로 신장에 부담을 줄 뿐만 아니라 탈수의 위험이 커진다.

3) 지 질

햄버거, 스테이크steak, 기름에 튀기거나 기름을 많이 사용한 음식, 중국음식 등 지질을 많이 함유한 음식은 소화되는 데 시간이 소요되어 위장관을 비우는 시간이 지연된다. 그러므로 심한 운동 직전에 지질이 많은 식사를 하는 것은 바람직하지 않다. 운동하는 도중 위장에 음식이 남아 있으면 소화 장애나 구토의 원인이 되기도 한다.

4) 수 분

탈수를 예방하면서 체내 수분 보유량을 최적 상태로 하려면 충분히 수분을 섭취해야 한다. 운동하기 1시간 전에 500~1,000mL의 수분을 마시고 운동을 하기 직전에 500mL를 마시며 운동을 하면서도 수분을 충분하게 마시게 한다.

수분 공급은 순수한 물이 좋다. 오랜 시간의 경기 시 희석한 과일주스(당질 함량 10~15%)나 과일향의 비탄산음료가 선수들 사이에서 많이 이용되고 있는데, 이러한 것들도 좋다. 그러나 우유는 지방 함량이 높으므로 경기 전의 음료로 부적당하며, 커피와 차tea와 같이 카페인이 함유된 음료는 문제를 불러일으킬 수도 있다. 카페인은 신경의 긴장을 증가시키기 때문이다.

🔍 확대경 **경기 전의 수분 저장**

운동하기 20~30분 전에 찬물 1/2~1L를 마시는 경기 전의 수분 저장Water loading은 특히 더운 날씨에 효과가 크다. 여러 연구에 의하면 경기 전에 충분한 양의 수분을 마시면 심장박동수와 체온이 낮아지고 땀의 분비속도가 유의적으로 낮아졌다고 한다.

2. 경기 중 영양관리

운동을 지속하게 되면 근육의 글리코겐이 모두 소모되고 혈당이 에너지원으로 사용하게 되어 어지러움, 메스꺼움을 가져오는 저혈당증세가 나타나고 결국 근육 피로가 일어나서 운동 수행 능력이 감소한다. 운동시간이 60분을 넘게 되면 약 15~20g의 당질이 함유된 5~10%의 음료를 15~20분마다 마시게 한다. 주의해야 할 것은 저혈당상태가 되기 전에 당질을 공급해야 하며, 농축된 음료는 흡수를 느리게 한다. 최근에는 쉽게 흡수되며 근육경련 등의 부작용이 없는 포도당 중합체 glucose polymer를 함유한 새로운 형태의 음료가 개발되어 이용되기도 한다. 경기 바로 전 또는 경기 중 과당 섭취는 근육 글리코겐 절약에 도움이 되지 않을 뿐만 아니라 장관에서 천천히 흡수되기 때문에 삼투압 효과로 설사를 유발할 수 있다.

90분 이상 경기를 할 경우 경기 중에 땀을 통해 배설된 수분을 보충해 주기 위해 감소된 체중량 이상의 시원한 액체를 공급한다. 찬물은 따뜻한 물보다 더 빨리 흡수된다.

3. 경기 후의 식사지도

강도 높은 경기를 끝낸 후 다음의 경기를 위해 소모된 글리코겐을 재저장시켜야 한다. 경기 후 근육으로 흐르는 혈액량이 많고, 근육세포가 인슐린에 대해 민감해져 더 많은 포도당을 근육으로 흡수한다. 또한 글리코겐 합성효소glycogen synthase의 활성이 증가하여 더 많은 글리코겐을 합성할 수 있다.

운동 후 15~30분 이내에 100g의 당질을 섭취하는데, 이 경우 운동 직후라서 배가 고프지 않고 소화액의 분비도 감소한 상태이므로 스포츠 음료, 과일주스 등이 좋다.

그 이후에는 고당질 식사를 한다. 당질 섭취가 늦어지면 근육 글리코겐 저장이 감소하며 회복이 늦어진다.

부 록

2020 한국인 영양소 섭취기준
2017 소아청소년 성장도표

2020 한국인 영양소 섭취기준

자료: 보건복지부 · 한국영양학회. 2020 한국인 영양소 섭취기준, 2020

1. 2020 한국인 영양소 섭취기준이란?

한국인 영양소 섭취기준Dietary Reference Intakes Koreans: KDRIs은 건강한 개인 및 집단을 대상으로 우리나라 국민의 건강을 유지 · 증진하고 식사와 관련있는 만성질환의 위험을 감소시키기 위한 목적으로 설정된 에너지 및 영양소의 섭취 기준이다. 2020 한국인 영양소 섭취기준은 에너지 및 다량영양소 12종(에너지, 탄수화물, 당류, 식이섬유, 단백질, 아미노산, 지방, 리놀레산, 알파-리놀렌산, EPA+DHA, 콜레스테롤, 수분), 비타민 13종(비타민 A, 비타민 D, 비타민 E, 비타민 K, 비타민 C, 티아민, 리보플라빈, 나이신, 비타민 B_6, 엽산, 비타민 B_{12}, 판토텐산, 비오틴), 무기질 15종(Ca, P, Na, Cl, K, Mg, Fe, Zn, Cu, F, Mn, I, Se, Mo, Cr)의 총 40종 영양소에 대해 설정되었다. 2020 한국인 영양소 섭취기준은 섭취 부족의 예방을 목표로 하는 3가지 지표, 평균필요량Estimated Average Requirement, EAR, 권장섭취량Recommended Nutrient Intake, RNI, 충분섭취량Adequate Intake, AI, 과잉섭취로 인한 건강문제의 예방을 목표로 하는 상한섭취량Tolerable Upper Intake Level, UL, 만성질환위험 감소를 고려한 에너지적정비율과 만성질환위험감소섭취량Chronic Disease Risk Reduction intake, CDRR으로 구성되어 있다.

평균필요량은 건강한 사람들의 일일 영양소 필요량의 중앙값으로부터 산출한 수치이다. 권장섭취량은 인구 집단의 약 97~98%에 해당하는 사람들의 일일 영양소 필요량을 충족시키는 섭취수준으로, 평균필요량에 표준편차 또는 변이계수의 2배를 더하여 산출하였다. 충분섭취량은 영양소 필요량을 추정하기 위한 과학적 근거가 미비할 경우, 실험연구 또는 관찰연구에서 확인된 건강한 사람들의 영양소 섭취량 중앙값을 기준으로 정한 수치이다. 상한섭취량은 인체 건강에 유해 영향이 나타나지 않는 최대 영양소 섭취 수준이다. 만성질환위험감소섭취량은 건강한 인구집단에서 만성질환의 위험을 감소시킬 수 있는 영양소의 최저 수준의 섭취량을 의미하며, 섭취량이 그 기준치보다 높을 경우 전반적으로 섭취량을 감소시키면 만성질환에 대한 위험을 낮출 수 있다는 근거를 중심으로 도출된 섭취기준이다. 2020 한국인 영양소 섭취기준에서는 심혈관질환과 고혈압 등의 만성질환 위험감소를 위해 나트륨에 대해 만성질환위험감소섭취량을 설정하였고(성인 2,300mg/일), 당류와 콜레스테롤은 권고치를 설정하였다. 에너지적정비율은 각 영양소(탄수화물, 단백질, 지방, 포화지방산, 트랜스지방산)를 통해 섭취하는 에너지의 양이 전체 에너지 섭취량에서 차지하는 비율의 적정 범위를 의미하며, 각 다량 영양소의 에너지 섭취 비율이 설정된 범위에서 벗어나는 것은 건강 문제가 발생할 위험성이 증가한다는 것을 뜻한다.

2020 한국인 영양소 섭취기준 요약표

2020 한국인 영양소 섭취기준 - 에너지적정비율

보건복지부 · 한국영양학회, 2020

성별	연령	에너지적정비율(%)				
		탄수화물	단백질	지질[1]		
				지방	포화지방산	트랜스지방산
영아	0-5(개월)	–	–	–	–	–
	6-11	–	–	–	–	–
유아	1-2(세)	55-65	7-20	20-35	–	
	3-5	55-65	7-20	15-30	8 미만	1 미만
남자	6-8(세)	55-65	7-20	15-30	8 미만	1 미만
	9-11	55-65	7-20	15-30	8 미만	1 미만
	12-14	55-65	7-20	15-30	8 미만	1 미만
	15-18	55-65	7-20	15-30	8 미만	1 미만
	19-29	55-65	7-20	15-30	7 미만	1 미만
	30-49	55-65	7-20	15-30	7 미만	1 미만
	50-64	55-65	7-20	15-30	7 미만	1 미만
	65-74	55-65	7-20	15-30	7 미만	1 미만
	75 이상	55-65	7-20	15-30	7 미만	1 미만
여자	6-8(세)	55-65	7-20	15-30	8 미만	1 미만
	9-11	55-65	7-20	15-30	8 미만	1 미만
	12-14	55-65	7-20	15-30	8 미만	1 미만
	15-18	55-65	7-20	15-30	8 미만	1 미만
	19-29	55-65	7-20	15-30	7 미만	1 미만
	30-49	55-65	7-20	15-30	7 미만	1 미만
	50-64	55-65	7-20	15-30	7 미만	1 미만
	65-74	55-65	7-20	15-30	7 미만	1 미만
	75 이상	55-65	7-20	15-30	7 미만	1 미만
임신부		55-65	7-20	15-30		
수유부		55-65	7-20	15-30		

1) 콜레스테롤: 19세 이상 300 mg/일 미만 권고

2020 한국인 영양소 섭취기준 - 당류

보건복지부 · 한국영양학회, 2020

총당류 섭취량을 총 에너지섭취량의 10~20%로 제한하고, 특히 식품의 조리 및 가공 시 첨가되는 첨가당은 총 에너지섭취량의 10% 이내로 섭취하도록 한다. 첨가당의 주요 급원으로는 설탕, 액상과당, 물엿, 당밀, 꿀, 시럽, 농축과일주스 등이 있다.

2020 한국인 영양소 섭취기준 – 에너지와 다량영양소

보건복지부 · 한국영양학회, 2020

성별	연령	에너지(kcal/일) 필요추정량	권장섭취량	충분섭취량	상한섭취량	탄수화물(g/일) 평균필요량	권장섭취량	충분섭취량	상한섭취량	식이섬유(g/일) 평균필요량	권장섭취량	충분섭취량	상한섭취량
영아	0~5(개월)	500						60					
	6~11	600						90					
유아	1~2(세)	900				100	130					15	
	3~5	1,400				100	130					20	
남자	6~8(세)	1,700				100	130					25	
	9~11	2,000				100	130					25	
	12~14	2,500				100	130					30	
	15~18	2,700				100	130					30	
	19~29	2,600				100	130					30	
	30~49	2,500				100	130					30	
	50~64	2,200				100	130					30	
	65~74	2,000				100	130					25	
	75 이상	1,900				100	130					25	
여자	6~8(세)	1,500				100	130					20	
	9~11	1,800				100	130					25	
	12~14	2,000				100	130					25	
	15~18	2,000				100	130					25	
	19~29	2,000				100	130					20	
	30~49	1,900				100	130					20	
	50~64	1,700				100	130					20	
	65~74	1,600				100	130					20	
	75 이상	1,500				100	130					20	
임신부[1]		+0 +340 +450				+35	+45					+5	
수유부		+340				+60	+80					+5	

성별	연령	지방(g/일) 평균필요량	권장섭취량	충분섭취량	상한섭취량	리놀레산(g/일) 평균필요량	권장섭취량	충분섭취량	상한섭취량	알파-리놀렌산(g/일) 평균필요량	권장섭취량	충분섭취량	상한섭취량	EPA + DHA(mg/일) 평균필요량	권장섭취량	충분섭취량	상한섭취량
영아	0~5(개월)			25				5.0				0.6				200[2]	
	6~11			25				7.0				0.8				300[2]	
유아	1~2(세)							4.5				0.6					
	3~5							7.0				0.9					
남자	6~8(세)							9.0				1.1				200	
	9~11							9.5				1.3				220	
	12~14							12.0				1.5				230	
	15~18							14.0				1.7				230	
	19~29							13.0				1.6				210	
	30~49							11.5				1.4				400	
	50~64							9.0				1.4				500	
	65~74							7.0				1.2				310	
	75 이상							5.0				0.9				280	
여자	6~8(세)							7.0				0.8				200	
	9~11							9.0				1.1				150	
	12~14							9.0				1.2				210	
	15~18							10.0				1.1				100	
	19~29							10.0				1.2				150	
	30~49							8.5				1.2				260	
	50~64							7.0				1.2				240	
	65~74							4.5				1.0				150	
	75 이상							3.0				0.4				140	
임신부								+0				+0				+0	
수유부								+0				+0				+0	

1) 1,2,3분기별 부가량

2) DHA

성별	연령	단백질(g/일)				메티오닌 + 시스테인(g/일)				류신(g/일)			
		평균필요량	권장섭취량	충분섭취량	상한섭취량	평균필요량	권장섭취량	충분섭취량	상한섭취량	평균필요량	권장섭취량	충분섭취량	상한섭취량
영아	0~5(개월)			10				0.4				1.0	
	6~11	12	15			0.3	0.4			0.6	0.8		
유아	1~2(세)	15	20			0.3	0.4			0.6	0.8		
	3~5	20	25			0.3	0.4			0.7	1.0		
남자	6~8(세)	30	35			0.5	0.6			1.1	1.3		
	9~11	40	50			0.7	0.8			1.5	1.9		
	12~14	50	60			1.0	1.2			2.2	2.7		
	15~18	55	65			1.2	1.4			2.6	3.2		
	19~29	50	65			1.0	1.4			2.4	3.1		
	30~49	50	65			1.1	1.4			2.4	3.1		
	50~64	50	60			1.1	1.3			2.3	2.8		
	65~74	50	60			1.0	1.3			2.2	2.8		
	75 이상	50	60			0.9	1.1			2.1	2.7		
여자	6~8(세)	30	35			0.5	0.6			1.0	1.3		
	9~11	40	45			0.6	0.7			1.5	1.8		
	12~14	45	55			0.8	1.0			1.9	2.4		
	15~18	45	55			0.8	1.1			2.0	2.4		
	19~29	45	55			0.8	1.0			2.0	2.5		
	30~49	40	50			0.8	1.0			1.9	2.4		
	50~64	40	50			0.8	1.1			1.9	2.3		
	65~74	40	50			0.7	0.9			1.8	2.2		
	75 이상	40	50			0.7	0.9			1.7	2.1		
임신부[1]		+12 +25	+15 +30			1.1	1.4			2.5	3.1		
수유부		+20	+25			1.1	1.5			2.8	3.5		

성별	연령	이소류신(g/일)				발린(g/일)				라이신(g/일)			
		평균필요량	권장섭취량	충분섭취량	상한섭취량	평균필요량	권장섭취량	충분섭취량	상한섭취량	평균필요량	권장섭취량	충분섭취량	상한섭취량
영아	0~5(개월)			0.6				0.6				0.7	
	6~11	0.3	0.4			0.3	0.5			0.6	0.8		
유아	1~2(세)	0.3	0.4			0.4	0.5			0.6	0.7		
	3~5	0.3	0.4			0.4	0.5			0.6	0.8		
남자	6~8(세)	0.5	0.6			0.6	0.7			1.0	1.2		
	9~11	0.7	0.8			0.9	1.1			1.4	1.8		
	12~14	1.0	1.2			1.2	1.6			2.1	2.5		
	15~18	1.2	1.4			1.5	1.8			2.3	2.9		
	19~29	1.0	1.4			1.4	1.7			2.5	3.1		
	30~49	1.1	1.4			1.4	1.7			2.4	3.1		
	50~64	1.1	1.3			1.3	1.6			2.3	2.9		
	65~74	1.0	1.3			1.3	1.6			2.2	2.9		
	75 이상	0.9	1.1			1.1	1.5			2.2	2.7		
여자	6~8(세)	0.5	0.6			0.6	0.7			0.9	1.3		
	9~11	0.6	0.7			0.9	1.1			1.3	1.6		
	12~14	0.8	1.0			1.2	1.4			1.8	2.2		
	15~18	0.8	1.1			1.2	1.4			1.8	2.2		
	19~29	0.8	1.1			1.1	1.3			2.1	2.6		
	30~49	0.8	1.0			1.0	1.4			2.0	2.5		
	50~64	0.8	1.1			1.1	1.3			1.9	2.4		
	65~74	0.7	0.9			0.9	1.3			1.8	2.3		
	75 이상	0.7	0.9			0.9	1.1			1.7	2.1		
임신부		1.1	1.4			1.4	1.7			2.3	2.9		
수유부		1.3	1.7			1.6	1.9			2.5	3.1		

1) 단백질: 임신부 - 2,3 분기별 부가량

아미노산: 임신부, 수유부 - 부가량 아닌 절대필요량임

성별	연령	페닐알라닌 + 티로신(g/일)				트레오닌(g/일)				트립토판(g/일)			
		평균필요량	권장섭취량	충분섭취량	상한섭취량	평균필요량	권장섭취량	충분섭취량	상한섭취량	평균필요량	권장섭취량	충분섭취량	상한섭취량
영아	0~5(개월)			0.9				0.5				0.2	
	6~11	0.5	0.7			0.3	0.4			0.1	0.1		
유아	1~2(세)	0.5	0.7			0.3	0.4			0.1	0.1		
	3~5	0.6	0.7			0.3	0.4			0.1	0.1		
남자	6~8(세)	0.9	1.0			0.5	0.6			0.1	0.2		
	9~11	1.3	1.6			0.7	0.9			0.2	0.2		
	12~14	1.8	2.3			1.0	1.3			0.3	0.3		
	15~18	2.1	2.6			1.2	1.5			0.3	0.4		
	19~29	2.8	3.6			1.1	1.5			0.3	0.3		
	30~49	2.9	3.5			1.2	1.5			0.3	0.3		
	50~64	2.7	3.4			1.1	1.4			0.3	0.3		
	65~74	2.5	3.3			1.1	1.3			0.2	0.3		
	75 이상	2.5	3.1			1.0	1.3			0.2	0.3		
여자	6~8(세)	0.8	1.0			0.5	0.6			0.1	0.2		
	9~11	1.2	1.5			0.6	0.9			0.2	0.2		
	12~14	1.6	1.9			0.9	1.2			0.2	0.3		
	15~18	1.6	2.0			0.9	1.2			0.2	0.3		
	19~29	2.3	2.9			0.9	1.1			0.2	0.3		
	30~49	2.3	2.8			0.9	1.2			0.2	0.3		
	50~64	2.2	2.7			0.8	1.1			0.2	0.3		
	65~74	2.1	2.6			0.8	1.0			0.2	0.2		
	75 이상	2.0	2.4			0.7	0.9			0.2	0.2		
임신부[1]		3.0	3.8			1.2	1.5			0.3	0.4		
수유부		3.7	4.7			1.3	1.7			0.4	0.5		

성별	연령	히스티딘(g/일)				수분(mL/일)					
		평균필요량	권장섭취량	충분섭취량	상한섭취량	음식	물	음료	충분섭취량 (액체)	충분섭취량 (총수분)	상한섭취량
영아	0~5(개월)			0.1					700	700	
	6~11	0.2	0.3			300			500	800	
유아	1~2(세)	0.2	0.3			300	362	0	700	1,000	
	3~5	0.2	0.3			400	491	0	1,100	1,500	
남자	6~8(세)	0.3	0.4			900	589	0	800	1,700	
	9~11	0.5	0.6			1,100	686	1.2	900	2,000	
	12~14	0.7	0.9			1,300	911	1.9	1,100	2,400	
	15~18	0.9	1.0			1,400	920	6.4	1,200	2,600	
	19~29	0.8	1.0			1,400	981	262	1,200	2,600	
	30~49	0.7	1.0			1,300	957	289	1,200	2,500	
	50~64	0.7	0.9			1,200	940	75	1,000	2,200	
	65~74	0.7	1.0			1,100	904	20	1,000	2,100	
	75 이상	0.7	0.8			1,000	662	12	1,100	2,100	
여자	6~8(세)	0.3	0.4			800	514	0	800	1,600	
	9~11	0.4	0.5			1,000	643	0	900	1,900	
	12~14	0.6	0.7			1,100	610	0	900	2,000	
	15~18	0.6	0.7			1,100	659	7.3	900	2,000	
	19~29	0.6	0.8			1,100	709	126	1,000	2,100	
	30~49	0.6	0.8			1,000	772	124	1,000	2,000	
	50~64	0.6	0.7			900	784	27	1,000	1,900	
	65~74	0.6	0.7			900	624	9	1,000	1,800	
	75 이상	0.5	0.7			800	552	5	1,000	1,800	
임신부		0.8	1.0							+200	
수유부		0.8	1.1						+500	+700	

아미노산: 임신부, 수유부 - 부가량 아닌 절대필요량임

보건복지부 · 한국영양학회, 2020

성별	연령	비타민 A(μg RAE/일)				비타민 D(μg/일)			
		평균 필요량	권장 섭취량	충분 섭취량	상한 섭취량	평균 필요량	권장 섭취량	충분 섭취량	상한 섭취량
영아	0~5(개월)			350	600			5	25
	6~11			450	600			5	25
유아	1~2(세)	190	250		600			5	30
	3~5	230	300		750			5	35
남자	6~8(세)	310	450		1,100			5	40
	9~11	410	600		1,600			5	60
	12~14	530	750		2,300			10	100
	15~18	620	850		2,800			10	100
	19~29	570	800		3,000			10	100
	30~49	560	800		3,000			10	100
	50~64	530	750		3,000			10	100
	65~74	510	700		3,000			15	100
	75 이상	500	700		3,000			15	100
여자	6~8(세)	290	400		1,100			5	40
	9~11	390	550		1,600			5	60
	12~14	480	650		2,300			10	100
	15~18	450	650		2,800			10	100
	19~29	460	650		3,000			10	100
	30~49	450	650		3,000			10	100
	50~64	430	600		3,000			10	100
	65~74	410	600		3,000			15	100
	75 이상	410	600		3,000			15	100
임신부		+50	+70		3,000			+0	100
수유부		+350	+490		3,000			+0	100

성별	연령	비타민 E(mg α-TE/일)				비타민 K(μg/일)			
		평균 필요량	권장 섭취량	충분 섭취량	상한 섭취량	평균 필요량	권장 섭취량	충분 섭취량	상한 섭취량
영아	0~5(개월)			3				4	
	6~11			4				6	
유아	1~2(세)			5	100			25	
	3~5			6	150			30	
남자	6~8(세)			7	200			40	
	9~11			9	300			55	
	12~14			11	400			70	
	15~18			12	500			80	
	19~29			12	540			75	
	30~49			12	540			75	
	50~64			12	540			75	
	65~74			12	540			75	
	75 이상			12	540			75	
여자	6~8(세)			7	200			40	
	9~11			9	300			55	
	12~14			11	400			65	
	15~18			12	500			65	
	19~29			12	540			65	
	30~49			12	540			65	
	50~64			12	540			65	
	65~74			12	540			65	
	75 이상			12	540			65	
임신부				+0	540			+0	
수유부				+3	540			+0	

2020 한국인 영양소 섭취기준 – 수용성 비타민

보건복지부 · 한국영양학회, 2020

성별	연령	비타민 C(mg/일)				티아민(mg/일)			
		평균 필요량	권장 섭취량	충분 섭취량	상한 섭취량	평균 필요량	권장 섭취량	충분 섭취량	상한 섭취량
영아	0~5(개월)			40				0.2	
	6~11			55				0.3	
유아	1~2(세)	30	40		340	0.4	0.4		
	3~5	35	45		510	0.4	0.5		
남자	6~8(세)	40	50		750	0.5	0.7		
	9~11	55	70		1,100	0.7	0.9		
	12~14	70	90		1,400	0.9	1.1		
	15~18	80	100		1,600	1.1	1.3		
	19~29	75	100		2,000	1.0	1.2		
	30~49	75	100		2,000	1.0	1.2		
	50~64	75	100		2,000	1.0	1.2		
	65~74	75	100		2,000	0.9	1.1		
	75 이상	75	100		2,000	0.9	1.1		
여자	6~8(세)	40	50		750	0.6	0.7		
	9~11	55	70		1,100	0.8	0.9		
	12~14	70	90		1,400	0.9	1.1		
	15~18	80	100		1,600	0.9	1.1		
	19~29	75	100		2,000	0.9	1.1		
	30~49	75	100		2,000	0.9	1.1		
	50~64	75	100		2,000	0.9	1.1		
	65~74	75	100		2,000	0.8	1.0		
	75 이상	75	100		2,000	0.7	0.8		
임신부		+10	+10		2,000	+0.4	+0.4		
수유부		+35	+40		2,000	+0.3	+0.4		

성별	연령	리보플라빈(mg/일)				니아신(mg NE/일)[1]			
		평균 필요량	권장 섭취량	충분 섭취량	상한 섭취량	평균 필요량	권장 섭취량	충분 섭취량	상한 섭취량 니코틴산/니코틴아미드
영아	0~5(개월)			0.3				2	
	6~11			0.4				3	
유아	1~2(세)	0.4	0.5			4	6		10/180
	3~5	0.5	0.6			5	7		10/250
남자	6~8(세)	0.7	0.9			7	9		15/350
	9~11	0.9	1.1			9	11		20/500
	12~14	1.2	1.5			11	15		25/700
	15~18	1.4	1.7			13	17		30/800
	19~29	1.3	1.5			12	16		35/1000
	30~49	1.3	1.5			12	16		35/1000
	50~64	1.3	1.5			12	16		35/1000
	65~74	1.2	1.4			11	14		35/1000
	75 이상	1.1	1.3			10	13		35/1000
여자	6~8(세)	0.6	0.8			7	9		15/350
	9~11	0.8	1.0			9	12		20/500
	12~14	1.0	1.2			11	15		25/700
	15~18	1.0	1.2			11	14		30/800
	19~29	1.0	1.2			11	14		35/1000
	30~49	1.0	1.2			11	14		35/1000
	50~64	1.0	1.2			11	14		35/1000
	65~74	0.9	1.1			10	13		35/1000
	75 이상	0.8	1.0			9	12		35/1000
임신부		+0.3	+0.4			+3	+4		35/1000
수유부		+0.4	+0.5			+2	+3		35/1000

1) 1 mg NE(니아신 당량) = 1 mg 니아신 = 60 mg 트립토판

성별	연령	비타민 B$_6$(mg/일)				엽산(µg DFE/일)[1]			
		평균 필요량	권장 섭취량	충분 섭취량	상한 섭취량	평균 필요량	권장 섭취량	충분 섭취량	상한 섭취량[2]
영아	0~5(개월)			0.1				65	
	6~11			0.3				90	
유아	1~2(세)	0.5	0.6		20	120	150		300
	3~5	0.6	0.7		30	150	180		400
남자	6~8(세)	0.7	0.9		45	180	220		500
	9~11	0.9	1.1		60	250	300		600
	12~14	1.3	1.5		80	300	360		800
	15~18	1.3	1.5		95	330	400		900
	19~29	1.3	1.5		100	320	400		1,000
	30~49	1.3	1.5		100	320	400		1,000
	50~64	1.3	1.5		100	320	400		1,000
	65~74	1.3	1.5		100	320	400		1,000
	75 이상	1.3	1.5		100	320	400		1,000
여자	6~8(세)	0.7	0.9		45	180	220		500
	9~11	0.9	1.1		60	250	300		600
	12~14	1.2	1.4		80	300	360		800
	15~18	1.2	1.4		95	330	400		900
	19~29	1.2	1.4		100	320	400		1,000
	30~49	1.2	1.4		100	320	400		1,000
	50~64	1.2	1.4		100	320	400		1,000
	65~74	1.2	1.4		100	320	400		1,000
	75 이상	1.2	1.4		100	320	400		1,000
임신부		+0.7	+0.8		100	+200	+220		1,000
수유부		+0.7	+0.8		100	+130	+150		1,000

성별	연령	비타민 B$_{12}$(µg/일)				판토텐산(mg/일)				비오틴(µg/일)			
		평균 필요량	권장 섭취량	충분 섭취량	상한 섭취량	평균 필요량	권장 섭취량	충분 섭취량	상한 섭취량	평균 필요량	권장 섭취량	충분 섭취량	상한 섭취량
영아	0~5(개월)			0.3				1.7				5	
	6~11			0.5				1.9				7	
유아	1~2(세)	0.8	0.9					2				9	
	3~5	0.9	1.1					2				12	
남자	6~8(세)	1.1	1.3					3				15	
	9~11	1.5	1.7					4				20	
	12~14	1.9	2.3					5				25	
	15~18	2.0	2.4					5				30	
	19~29	2.0	2.4					5				30	
	30~49	2.0	2.4					5				30	
	50~64	2.0	2.4					5				30	
	65~74	2.0	2.4					5				30	
	75 이상	2.0	2.4					5				30	
여자	6~8(세)	1.1	1.3					3				15	
	9~11	1.5	1.7					4				20	
	12~14	1.9	2.3					5				25	
	15~18	2.0	2.4					5				30	
	19~29	2.0	2.4					5				30	
	30~49	2.0	2.4					5				30	
	50~64	2.0	2.4					5				30	
	65~74	2.0	2.4					5				30	
	75 이상	2.0	2.4					5				30	
임신부		+0.2	+0.2					+1.0				+0	
수유부		+0.3	+0.4					+2.0				+5	

1) Dietary Folate Equivalents, 가임기 여성의 경우 400 µg/일의 엽산보충제 섭취를 권장함
2) 엽산의 상한섭취량은 보충제 또는 강화식품의 형태로 섭취한 µg/일에 해당됨

2020 한국인 영양소 섭취기준 – 다량 무기질

보건복지부 · 한국영양학회, 2020

성별	연령	칼슘(mg/일)				인(mg/일)				나트륨(mg/일)			
		평균 필요량	권장 섭취량	충분 섭취량	상한 섭취량	평균 필요량	권장 섭취량	충분 섭취량	상한 섭취량	평균 필요량	권장 섭취량	충분 섭취량	만성질환위험 감소섭취량
영아	0~5(개월)			250	1,000			100				110	
	6~11			300	1,500			300				370	
유아	1~2(세)	400	500		2,500	380	450		3,000			810	1,200
	3~5	500	600		2,500	480	550		3,000			1,000	1,600
남자	6~8(세)	600	700		2,500	500	600		3,000			1,200	1,900
	9~11	650	800		3,000	1,000	1,200		3,500			1,500	2,300
	12~14	800	1,000		3,000	1,000	1,200		3,500			1,500	2,300
	15~18	750	900		3,000	1,000	1,200		3,500			1,500	2,300
	19~29	650	800		2,500	580	700		3,500			1,500	2,300
	30~49	650	800		2,500	580	700		3,500			1,500	2,300
	50~64	600	750		2,000	580	700		3,500			1,500	2,300
	65~74	600	700		2,000	580	700		3,500			1,300	2,100
	75 이상	600	700		2,000	580	700		3,000			1,100	1,700
여자	6~8(세)	600	700		2,500	480	550		3,000			1,200	1,900
	9~11	650	800		3,000	1,000	1,200		3,500			1,500	2,300
	12~14	750	900		3,000	1,000	1,200		3,500			1,500	2,300
	15~18	700	800		3,000	1,000	1,200		3,500			1,500	2,300
	19~29	550	700		2,500	580	700		3,500			1,500	2,300
	30~49	550	700		2,500	580	700		3,500			1,500	2,300
	50~64	600	800		2,000	580	700		3,500			1,500	2,300
	65~74	600	800		2,000	580	700		3,500			1,300	2,100
	75 이상	600	800		2,000	580	700		3,000			1,100	1,700
임신부		+0	+0		2,500	+0	+0		3,000			1,500	2,300
수유부		+0	+0		2,500	+0	+0		3,500			1,500	2,300

성별	연령	염소(mg/일)				칼륨(mg/일)				마그네슘(mg/일)			
		평균 필요량	권장 섭취량	충분 섭취량	상한 섭취량	평균 필요량	권장 섭취량	충분 섭취량	상한 섭취량	평균 필요량	권장 섭취량	충분 섭취량	상한 섭취량[1)
영아	0~5(개월)			170				400				25	
	6~11			560				700				55	
유아	1~2(세)			1,200				1,900		60	70		60
	3~5			1,600				2,400		90	110		90
남자	6~8(세)			1,900				2,900		130	150		130
	9~11			2,300				3,400		190	220		190
	12~14			2,300				3,500		260	320		270
	15~18			2,300				3,500		340	410		350
	19~29			2,300				3,500		300	360		350
	30~49			2,300				3,500		310	370		350
	50~64			2,300				3,500		310	370		350
	65~74			2,100				3,500		310	370		350
	75 이상			1,700				3,500		310	370		350
여자	6~8(세)			1,900				2,900		130	150		130
	9~11			2,300				3,400		180	220		190
	12~14			2,300				3,500		240	290		270
	15~18			2,300				3,500		290	340		350
	19~29			2,300				3,500		230	280		350
	30~49			2,300				3,500		240	280		350
	50~64			2,300				3,500		240	280		350
	65~74			2,100				3,500		240	280		350
	75 이상			1,700				3,500		240	280		350
임신부				2,300				+0		+30	+40		350
수유부				2,300				+400		+0	+0		350

1) 식품외 급원의 마그네슘에만 해당

2020 한국인 영양소 섭취기준 – 미량 무기질

보건복지부·한국영양학회, 2020

성별	연령	철(mg/일) 평균필요량	권장섭취량	충분섭취량	상한섭취량	아연(mg/일) 평균필요량	권장섭취량	충분섭취량	상한섭취량	구리(μg/일) 평균필요량	권장섭취량	충분섭취량	상한섭취량
영아	0~5(개월)			0.3	40			2				240	
	6~11	4	6		40	2	3					330	
유아	1~2(세)	4.5	6		40	2	3		6	220	290		1,700
	3~5	5	7		40	3	4		9	270	350		2,600
남자	6~8(세)	7	9		40	5	5		13	360	470		3,700
	9~11	8	11		40	7	8		19	470	600		5,500
	12~14	11	14		40	7	8		27	600	800		7,500
	15~18	11	14		45	8	10		33	700	900		9,500
	19~29	8	10		45	9	10		35	650	850		10,000
	30~49	8	10		45	8	10		35	650	850		10,000
	50~64	8	10		45	8	10		35	650	850		10,000
	65~74	7	9		45	8	9		35	600	800		10,000
	75 이상	7	9		45	7	9		35	600	800		10,000
여자	6~8(세)	7	9		40	4	5		13	310	400		3,700
	9~11	8	10		40	7	8		19	420	550		5,500
	12~14	12	16		40	6	8		27	500	650		7,500
	15~18	11	14		45	7	9		33	550	700		9,500
	19~29	11	14		45	7	8		35	500	650		10,000
	30~49	11	14		45	7	8		35	500	650		10,000
	50~64	6	8		45	6	8		35	500	650		10,000
	65~74	6	8		45	6	7		35	460	600		10,000
	75 이상	5	7		45	6	7		35	460	600		10,000
임신부		+8	+10		45	+2.0	+2.5		35	+100	+130		10,000
수유부		+0	+0		45	+4.0	+5.0		35	+370	+480		10,000

성별	연령	불소(mg/일) 평균필요량	권장섭취량	충분섭취량	상한섭취량	망간(mg/일) 평균필요량	권장섭취량	충분섭취량	상한섭취량	요오드(μg/일) 평균필요량	권장섭취량	충분섭취량	상한섭취량
영아	0~5(개월)			0.01	0.6			0.01				130	250
	6~11			0.4	0.8			0.8				180	250
유아	1~2(세)			0.6	1.2			1.5	2.0	55	80		300
	3~5			0.9	1.8			2.0	3.0	65	90		300
남자	6~8(세)			1.3	2.6			2.5	4.0	75	100		500
	9~11			1.9	10.0			3.0	6.0	85	110		500
	12~14			2.6	10.0			4.0	8.0	90	130		1,900
	15~18			3.2	10.0			4.0	10.0	95	130		2,200
	19~29			3.4	10.0			4.0	11.0	95	150		2,400
	30~49			3.4	10.0			4.0	11.0	95	150		2,400
	50~64			3.2	10.0			4.0	11.0	95	150		2,400
	65~74			3.1	10.0			4.0	11.0	95	150		2,400
	75 이상			3.0	10.0			4.0	11.0	95	150		2,400
여자	6~8(세)			1.3	2.5			2.5	4.0	75	100		500
	9~11			1.8	10.0			3.0	6.0	80	110		500
	12~14			2.4	10.0			3.5	8.0	90	130		1,900
	15~18			2.7	10.0			3.5	10.0	95	130		2,200
	19~29			2.8	10.0			3.5	11.0	95	150		2,400
	30~49			2.7	10.0			3.5	11.0	95	150		2,400
	50~64			2.6	10.0			3.5	11.0	95	150		2,400
	65~74			2.5	10.0			3.5	11.0	95	150		2,400
	75 이상			2.3	10.0			3.5	11.0	95	150		2,400
임신부				+0	10.0			+0	11.0	+65	+90		
수유부				+0	10.0			+0	11.0	+130	+190		

성별	연령	셀레늄(μg/일)				몰리브덴(μg/일)				크롬(μg/일)			
		평균 필요량	권장 섭취량	충분 섭취량	상한 섭취량	평균 필요량	권장 섭취량	충분 섭취량	상한 섭취량	평균 필요량	권장 섭취량	충분 섭취량	상한 섭취량
영아	0~5(개월)			9	40							0.2	
	6~11			12	65							4.0	
유아	1~2(세)	19	23		70	8	10		100			10	
	3~5	22	25		100	10	12		150			10	
남자	6~8(세)	30	35		150	15	18		200			15	
	9~11	40	45		200	15	18		300			20	
	12~14	50	60		300	25	30		450			30	
	15~18	55	65		300	25	30		550			35	
	19~29	50	60		400	25	30		600			30	
	30~49	50	60		400	25	30		600			30	
	50~64	50	60		400	25	30		550			30	
	65~74	50	60		400	23	28		550			25	
	75 이상	50	60		400	23	28		550			25	
여자	6~8(세)	30	35		150	15	18		200			15	
	9~11	40	45		200	15	18		300			20	
	12~14	50	60		300	20	25		400			20	
	15~18	55	65		300	20	25		500			20	
	19~29	50	60		400	20	25		500			20	
	30~49	50	60		400	20	25		500			20	
	50~64	50	60		400	20	25		450			20	
	65~74	50	60		400	18	22		450			20	
	75 이상	50	60		400	18	22		450			20	
임신부		+3	+4		400	+0	+0		500			+5	
수유부		+9	+10		400	+3	+3		500			+20	

2. 식사구성안과 식품구성자전거

1) 식사구성안

식사구성안은 일반인이 복잡하게 영양가 계산을 하지 않고도 영양소 섭취기준을 충족할 수 있도록 식품군별 대표 식품과 섭취 횟수를 이용하여 식사의 기본 구성 개념을 설명한 것이다. 식사구성안의 영양적 목표는 한국인 영양소 섭취기준을 바탕으로 설정하였다. 에너지, 비타민, 무기질, 식이섬유는 섭취 필요량의 100%를 충족하며, 탄수화물, 단백질, 지방의 에너지 비율은 각각 55~65%, 7~20%, 15~30% 정도를 유지하고, 설탕이나 물엿과 같은 첨가당 및 소금은 되도록 적게 섭취하도록 구성하였다. 식품군은 곡류, 고기·생선·달걀·콩류, 채소류, 과일류, 우유·유제품류, 유지·당류 이렇게 6개로 결정하였다. 식품군별 대표식품은 국민건강영양조사 최근 5년 치 차료, 즉 국민건강영양조사 제4기 3차년도(2009년), 제5기 1차년도(2010년), 2차년도(2011년), 3차년도(2012년), 제6기 1차년도(2013년) 자료를 통합·분석하여 도출하였다(질병관리본부, 2009~2013). 대표식품의 1인 1회 분량은 동일한 국민건강영양조사 자료를 통합·분석하여 설정하였으며, 일반인들이 쉽게 인지하고 이해할 수 있도록 식품의 분량을 고려하여 에너지를 기준으로 정하였다. 식사구성안의 영양목표를 충족시키는 1일 식사 구성을 제시하기 위해 권장식사패턴을 구성하였다. 한국인 영양소 섭취기준에서 제시되고 있는 체위기준을 참조하여 성별·연령별 기준 에너지를 설정한 후, 생애주기별 식품군의 권장 섭취 횟수가 제시된 권장식사패턴을 제시하였다. 권장식사패턴은 일상적인 식사 섭취 패턴을 반영하도록 하였으며, 유아 1~2세, 3~5세, 소아 6~11세 남녀, 청소년 12~18세 남녀, 성인 19~64세 남녀, 그리고 노인 65세 이상 남녀 이렇게 총 10가지 유형의 생애주기를 위한 권장 식단을 작성하여 사진과 함께 제시하였다. 권장 식단도 국민건강영양조사의 최근 5년 치 자료를 통합·분석하여 도출해 성별·연령별 다빈도 음식 및 식품과 각 식품군의 대표식품을 반영하여 구성하였다.

2) 식품구성자전거

식품구성자전거는 권장식사패턴을 반영한 균형 잡힌 식단과 규칙적인 운동이 건강을 유지하는 데에 중요함을 전달하고자 제작되었다. 앞바퀴에 있는 물에 담긴 컵은 수분의 적당한 섭취가 중요함을 강조하고 있다.

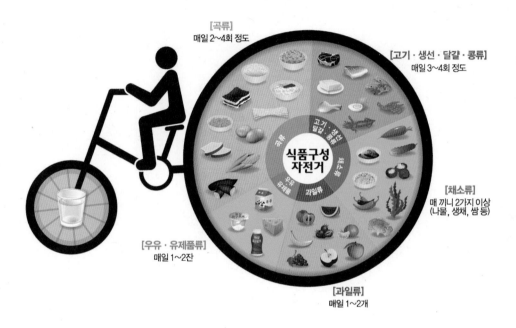

식품구성자전거

2017 소아청소년 성장도표

자료: 질병관리본부 · 대한소아과학회, 2017 소아청소년 성장도표, 2017

체중, 신장, 머리둘레의 성장도표 백분위수

1. 남아(0~12개월 미만)

질병관리본부 · 대한소아과학회, 2017
(단위: 체중 kg, 신장 cm, 머리둘레 cm)

월령 (개월)	구 분	백분위수(남아)										
		3rd	5th	10th	15th	25th	50th	75th	85th	90th	95th	97th
0	체중	2.5	2.6	2.8	2.9	3.0	3.3	3.7	3.9	4.0	4.2	4.3
	신장	46.3	46.8	47.5	47.9	48.6	49.9	51.2	51.8	52.3	53.0	53.4
	머리둘레	32.1	32.4	32.8	33.1	33.6	34.5	35.3	35.8	36.1	36.6	36.9
1	체중	3.4	3.6	3.8	3.9	4.1	4.5	4.9	5.1	5.3	5.5	5.7
	신장	51.1	51.5	52.2	52.7	53.4	54.7	56.0	56.7	57.2	57.9	58.4
	머리둘레	35.1	35.4	35.8	36.1	36.5	37.3	38.1	38.5	38.8	39.2	39.5
2	체중	4.4	4.5	4.7	4.9	5.1	5.6	6.0	6.3	6.5	6.8	7.0
	신장	54.7	55.1	55.9	56.4	57.1	58.4	59.8	60.5	61.0	61.7	62.2
	머리둘레	36.9	37.2	37.6	37.9	38.3	39.1	39.9	40.3	40.6	41.1	41.3
3	체중	5.1	5.2	5.5	5.6	5.9	6.4	6.9	7.2	7.4	7.7	7.9
	신장	57.6	58.1	58.8	59.3	60.1	61.4	62.8	63.5	64.0	64.8	65.3
	머리둘레	38.3	38.6	39.0	39.3	39.7	40.5	41.3	41.7	42.0	42.5	42.7
4	체중	5.6	5.8	6.0	6.2	6.5	7.0	7.6	7.9	8.1	8.4	8.6
	신장	60.0	60.5	61.2	61.7	62.5	63.9	65.3	66.0	66.6	67.3	67.8
	머리둘레	39.4	39.7	40.1	40.4	40.8	41.6	42.4	42.9	43.2	43.6	43.9
5	체중	6.1	6.2	6.5	6.7	7.0	7.5	8.1	8.4	8.6	9.0	9.2
	신장	61.9	62.4	63.2	63.7	64.5	65.9	67.3	68.1	68.6	69.4	69.9
	머리둘레	40.3	40.6	41.0	41.3	41.7	42.6	43.4	43.8	44.1	44.5	44.8
6	체중	6.4	6.6	6.9	7.1	7.4	7.9	8.5	8.9	9.1	9.5	9.7
	신장	63.6	64.1	64.9	65.4	66.2	67.6	69.1	69.8	70.4	71.1	71.6
	머리둘레	41.0	41.3	41.8	42.1	42.5	43.3	44.2	44.6	44.9	45.3	45.6
7	체중	6.7	6.9	7.2	7.4	7.7	8.3	8.9	9.3	9.5	9.9	10.2
	신장	65.1	65.6	66.4	66.9	67.7	69.2	70.6	71.4	71.9	72.7	73.2
	머리둘레	41.7	42.0	42.4	42.7	43.1	44.0	44.8	45.3	45.6	46.0	46.3
8	체중	7.0	7.2	7.5	7.7	8.0	8.6	9.3	9.6	9.9	10.3	10.5
	신장	66.5	67.0	67.8	68.3	69.1	70.6	72.1	72.9	73.4	74.2	74.7
	머리둘레	42.2	42.5	42.9	43.2	43.7	44.5	45.4	45.8	46.1	46.6	46.9
9	체중	7.2	7.4	7.7	7.9	8.3	8.9	9.6	10.0	10.2	10.6	10.9
	신장	67.7	68.3	69.1	69.6	70.5	72.0	73.5	74.3	74.8	75.7	76.2
	머리둘레	42.6	42.9	43.4	43.7	44.2	45.0	45.8	46.3	46.6	47.1	47.4
10	체중	7.5	7.7	8.0	8.2	8.5	9.2	9.9	10.3	10.5	10.9	11.2
	신장	69.0	69.5	70.4	70.9	71.7	73.3	74.8	75.6	76.2	77.0	77.6
	머리둘레	43.0	43.3	43.8	44.1	44.6	45.4	46.3	46.7	47.0	47.5	47.8
11	체중	7.7	7.9	8.2	8.4	8.7	9.4	10.1	10.5	10.8	11.2	11.5
	신장	70.2	70.7	71.6	72.1	73.0	74.5	76.1	77.0	77.5	78.4	78.9
	머리둘레	43.4	43.7	44.1	44.4	44.9	45.8	46.6	47.1	47.4	47.9	48.2

2. 여아(0~12개월 미만)

질병관리본부 · 대한소아과학회, 2017
(단위: 체중 kg, 신장 cm, 머리둘레 cm)

월령 (개월)	구 분	백분위수(여아)										
		3rd	5th	10th	15th	25th	50th	75th	85th	90th	95th	97th
0	체중	2.4	2.5	2.7	2.8	2.9	3.2	3.6	3.7	3.9	4.0	4.2
	신장	45.6	46.1	46.8	47.2	47.9	49.1	50.4	51.1	51.5	52.2	52.7
	머리둘레	31.7	31.9	32.4	32.7	33.1	33.9	34.7	35.1	35.4	35.8	36.1
1	체중	3.2	3.3	3.5	3.6	3.8	4.2	4.6	4.8	5.0	5.2	5.4
	신장	50.0	50.5	51.2	51.7	52.4	53.7	55.0	55.7	56.2	56.9	57.4
	머리둘레	34.3	34.6	35.0	35.3	35.8	36.5	37.3	37.8	38.0	38.5	38.8
2	체중	4.0	4.1	4.3	4.5	4.7	5.1	5.6	5.9	6.0	6.3	6.5
	신장	53.2	53.7	54.5	55.0	55.7	57.1	58.4	59.2	59.7	60.4	60.9
	머리둘레	36.0	36.3	36.7	37.0	37.4	38.3	39.1	39.5	39.8	40.2	40.5
3	체중	4.6	4.7	5.0	5.1	5.4	5.8	6.4	6.7	6.9	7.2	7.4
	신장	55.8	56.3	57.1	57.6	58.4	59.8	61.2	62.0	62.5	63.3	63.8
	머리둘레	37.2	37.5	37.9	38.2	38.7	39.5	40.4	40.8	41.1	41.6	41.9
4	체중	5.1	5.2	5.5	5.6	5.9	6.4	7.0	7.3	7.5	7.9	8.1
	신장	58.0	58.5	59.3	59.8	60.6	62.1	63.5	64.3	64.9	65.7	66.2
	머리둘레	38.2	38.5	39.0	39.3	39.7	40.6	41.4	41.9	42.2	42.7	43.0
5	체중	5.5	5.6	5.9	6.1	6.4	6.9	7.5	7.8	8.1	8.4	8.7
	신장	59.9	60.4	61.2	61.7	62.5	64.0	65.5	66.3	66.9	67.7	68.2
	머리둘레	39.0	39.3	39.8	40.1	40.6	41.5	42.3	42.8	43.1	43.6	43.9
6	체중	5.8	6.0	6.2	6.4	6.7	7.3	7.9	8.3	8.5	8.9	9.2
	신장	61.5	62.0	62.8	63.4	64.2	65.7	67.3	68.1	68.6	69.5	70.0
	머리둘레	39.7	40.1	40.5	40.8	41.3	42.2	43.1	43.5	43.9	44.3	44.6
7	체중	6.1	6.3	6.5	6.7	7.0	7.6	8.3	8.7	8.9	9.4	9.6
	신장	62.9	63.5	64.3	64.9	65.7	67.3	68.8	69.7	70.3	71.1	71.6
	머리둘레	40.4	40.7	41.1	41.5	41.9	42.8	43.7	44.2	44.5	45.0	45.3
8	체중	6.3	6.5	6.8	7.0	7.3	7.9	8.6	9.0	9.3	9.7	10.0
	신장	64.3	64.9	65.7	66.3	67.2	68.7	70.3	71.2	71.8	72.6	73.2
	머리둘레	40.9	41.2	41.7	42.0	42.5	43.4	44.3	44.7	45.1	45.6	45.9
9	체중	6.6	6.8	7.0	7.3	7.6	8.2	8.9	9.3	9.6	10.1	10.4
	신장	65.6	66.2	67.0	67.6	68.5	70.1	71.8	72.6	73.2	74.1	74.7
	머리둘레	41.3	41.6	42.1	42.4	42.9	43.8	44.7	45.2	45.5	46.0	46.3
10	체중	6.8	7.0	7.3	7.5	7.8	8.5	9.2	9.6	9.9	10.4	10.7
	신장	66.8	67.4	68.3	68.9	69.8	71.5	73.1	74.0	74.6	75.5	76.1
	머리둘레	41.7	42.0	42.5	42.8	43.3	44.2	45.1	45.6	46.0	46.4	46.8
11	체중	7.0	7.2	7.5	7.7	8.0	8.7	9.5	9.9	10.2	10.7	11.0
	신장	68.0	68.6	69.5	70.2	71.1	72.8	74.5	75.4	76.0	76.9	77.5
	머리둘레	42.0	42.4	42.9	43.2	43.7	44.6	45.5	46.0	46.3	46.8	47.1

신장별 표준체중(50백분위수)

1. 0~35개월

질병관리본부 · 대한소아과학회, 2017

신장(cm)	남자	여자	신장(cm)	남자	여자	신장(cm)	남자	여자
65.0	7.4	7.2	83.5	11.3	11.0	102.0	15.9	15.8
65.5	7.6	7.4	84.0	11.4	11.1	102.5	16.1	16.0
66.0	7.7	7.5	84.5	11.5	11.3	103.0	16.2	16.1
66.5	7.8	7.6	85.0	11.7	11.4	103.5	16.4	16.3
67.0	7.9	7.7	85.5	11.8	11.5	104.0	16.5	16.4
67.5	8.0	7.8	86.0	11.9	11.6	104.5	16.7	16.6
68.0	8.1	7.9	86.5	12.0	11.8	105.0	16.8	16.8
68.5	8.2	8.0	87.0	12.2	11.9	105.5	17.0	16.9
69.0	8.4	8.1	87.5	12.3	12.0	106.0	17.2	17.1
69.5	8.5	8.2	88.0	12.4	12.1	106.5	17.3	17.3
70.0	8.6	8.3	88.5	12.5	12.3	107.0	17.5	17.5
70.5	8.7	8.4	89.0	12.6	12.4	107.5	17.7	17.7
71.0	8.8	8.5	89.5	12.8	12.5	108.0	17.8	17.8
71.5	8.9	8.6	90.0	12.9	12.6	108.5	18.0	18.0
72.0	9.0	8.7	90.5	13.0	12.8	109.0	18.2	18.2
72.5	9.1	8.8	91.0	13.1	12.9	109.5	18.3	18.4
73.0	9.2	8.9	91.5	13.2	13.0	110.0	18.5	18.6
73.5	9.3	9.0	92.0	13.4	13.1	110.5	18.7	18.8
74.0	9.4	9.1	92.5	13.5	13.3	111.0	18.9	19.0
74.5	9.5	9.2	93.0	13.6	13.4	111.5	19.1	19.2
75.0	9.6	9.3	93.5	13.7	13.5	112.0	19.2	19.4
75.5	9.7	9.4	94.0	13.8	13.6	112.5	19.4	19.6
76.0	9.8	9.5	94.5	13.9	13.8	113.0	19.6	19.8
76.5	9.9	9.6	95.0	14.1	13.9	113.5	19.8	20.0
77.0	10.0	9.6	95.5	14.2	14.0	114.0	20.0	20.2
77.5	10.1	9.7	96.0	14.3	14.1	114.5	20.2	20.5
78.0	10.2	9.8	96.5	14.4	14.3	115.0	20.4	20.7
78.5	10.3	9.9	97.0	14.6	14.4	115.5	20.6	20.9
79.0	10.4	10.0	97.5	14.7	14.5	116.0	20.8	21.1
79.5	10.5	10.1	98.0	14.8	14.7	116.5	21.0	21.3
80.0	10.6	10.2	98.5	14.9	14.8	117.0	21.2	21.5
80.5	10.7	10.3	99.0	15.1	14.9	117.5	21.4	21.7
81.0	10.8	10.4	99.5	15.2	15.1	118.0	21.6	22.0
81.5	10.9	10.6	100.0	15.4	15.2	118.5	21.8	22.2
82.0	11.0	10.7	100.5	15.5	15.4	119.0	22.0	22.4
82.5	11.1	10.8	101.0	15.6	15.5	119.5	22.2	22.6
83.0	11.2	10.9	101.5	15.8	15.7	120.0	22.4	22.8

2. 3~18세

질병관리본부 · 대한소아과학회, 2017

신장(cm)	남자	여자	신장(cm)	남자	여자	신장(cm)	남자	여자
88		12.3	121	23.3	23.1	154	47.1	47.4
89		12.6	122	23.8	23.6	155	47.9	48.3
90	13.2	12.9	123	24.3	24.0	156	48.7	49.2
91	13.4	13.1	124	24.9	24.5	157	49.5	50.1
92	13.7	13.4	125	25.4	25.1	158	50.3	50.9
93	13.9	13.6	126	26.0	25.6	159	51.1	51.6
94	14.2	13.9	127	26.6	26.1	160	52.0	52.4
95	14.5	14.2	128	27.2	26.7	161	52.8	53.2
96	14.7	14.4	129	27.8	27.3	162	53.7	53.9
97	15.0	14.7	130	28.4	27.9	163	54.5	54.6
98	15.2	15.0	131	29.1	28.5	164	55.4	55.3
99	15.5	15.2	132	29.7	29.1	165	56.3	56.0
100	15.8	15.5	133	30.4	29.7	166	57.2	56.8
101	16.0	15.8	134	31.1	30.4	167	58.2	57.6
102	16.3	16.1	135	31.8	31.0	168	59.1	58.3
103	16.6	16.4	136	32.6	31.7	169	60.0	59.1
104	16.9	16.7	137	33.3	32.3	170	60.9	59.9
105	17.2	17.0	138	34.0	33.0	171	61.8	60.7
106	17.6	17.4	139	34.8	33.6	172	62.6	61.4
107	17.9	17.7	140	35.6	34.3	173	63.4	
108	18.2	18.0	141	36.4	35.0	174	64.2	
109	18.6	18.3	142	37.2	35.8	175	65.0	
110	18.9	18.7	143	37.9	36.6	176	65.8	
111	19.2	19.0	144	38.7	37.4	177	66.6	
112	19.6	19.4	145	39.6	38.3	178	67.5	
113	20.0	19.8	146	40.4	39.2	179	68.4	
114	20.4	20.1	147	41.2	40.2	180	69.3	
115	20.7	20.5	148	42.0	41.3	181	70.2	
116	21.1	20.9	149	42.9	42.3	182	71.1	
117	21.5	21.3	150	43.7	43.3	183	72.0	
118	22.0	21.7	151	44.6	44.4	184	72.9	
119	22.4	22.2	152	45.4	45.4	185	73.8	
120	22.8	22.6	153	46.3	46.4	186	74.7	

신장 및 체중의 성장곡선

1. 연령별 신장 백분위수 성장곡선, 3~18세

신장 남아 3~18세

질병관리본부 · 대한소아과학회, 2017

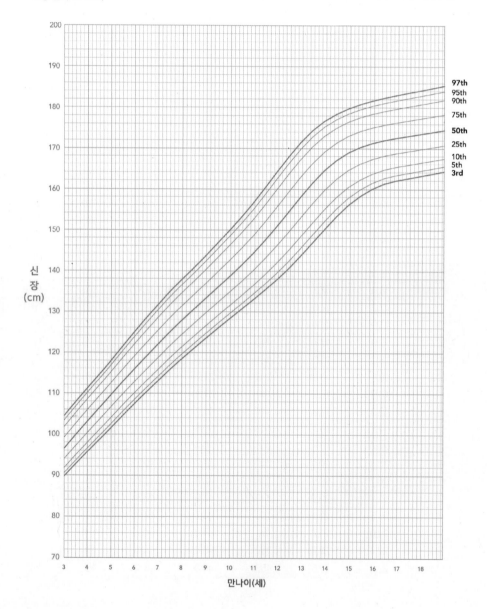

신장 여아 3~18세

질병관리본부 · 대한소아과학회, 2017

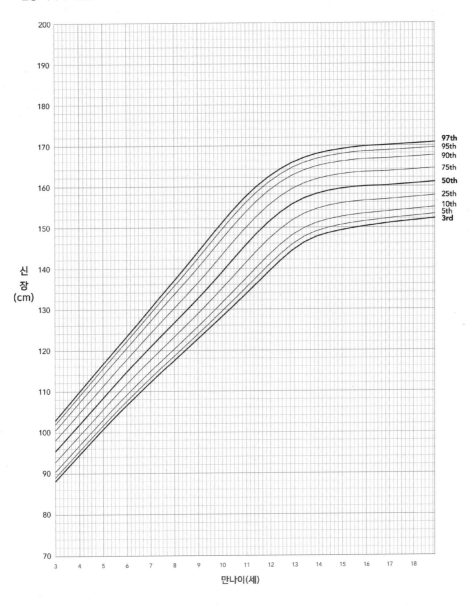

체중 남아 3~18세

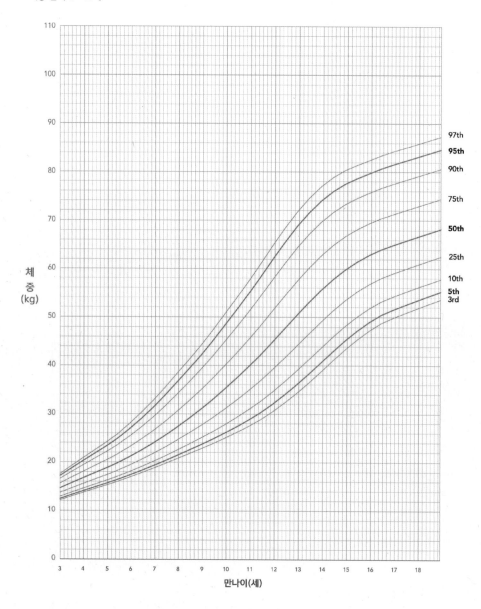

체중 여아 3~18세

질병관리본부 · 대한소아과학회, 2017

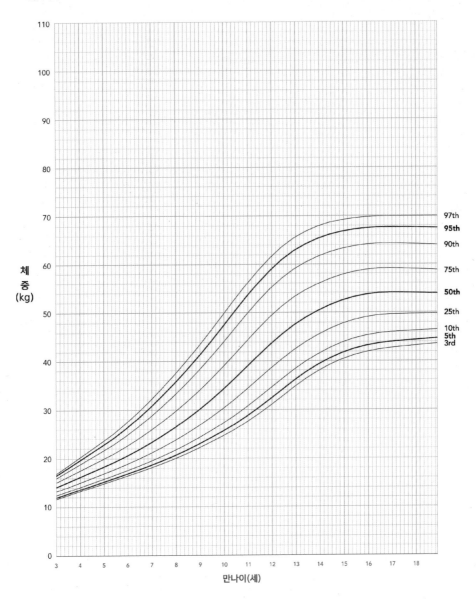

체질량지수 성장도표 백분위수

1. 남아 2~18세

질병관리본부 · 대한소아과학회, 2017

(단위 kg/m²)

만 나이 (세)	만 나이 (개월)	체질량지수 백분위수										
		3rd	5th	10th	15th	25th	50th	75th	85th	90th	95th	97th
2	24	13.9	14.2	14.5	14.8	15.2	16.0	16.9	17.4	17.8	18.3	18.7
	30	13.7	13.9	14.3	14.6	15.0	15.8	16.7	17.2	17.5	18.0	18.4
3	36	13.8	14.1	14.5	14.8	15.2	15.9	16.6	17.0	17.3	17.6	17.8
	42	13.8	14.1	14.5	14.8	15.2	15.9	16.7	17.1	17.4	17.8	18.0
4	48	13.8	14.0	14.4	14.7	15.1	15.9	16.7	17.2	17.5	17.9	18.2
	54	13.7	14.0	14.4	14.7	15.1	15.9	16.8	17.3	17.6	18.1	18.4
5	60	13.7	14.0	14.4	14.6	15.1	15.9	16.8	17.4	17.7	18.3	18.7
	66	13.7	13.9	14.3	14.6	15.1	16.0	16.9	17.5	17.9	18.5	18.9
6	72	13.7	13.9	14.3	14.6	15.1	16.0	17.0	17.6	18.1	18.8	19.2
	78	13.7	14.0	14.4	14.7	15.2	16.2	17.3	18.0	18.4	19.2	19.7
7	84	13.7	14.0	14.5	14.8	15.3	16.4	17.6	18.3	18.8	19.6	20.2
	90	13.8	14.1	14.6	14.9	15.5	16.6	17.9	18.7	19.3	20.2	20.8
8	96	13.8	14.2	14.7	15.1	15.7	16.9	18.3	19.2	19.8	20.7	21.4
	102	13.9	14.3	14.9	15.3	15.9	17.3	18.8	19.7	20.3	21.3	22.1
9	108	14.0	14.4	15.1	15.5	16.2	17.6	19.2	20.2	20.9	22.0	22.7
	114	14.2	14.6	15.3	15.7	16.5	18.0	19.7	20.7	21.4	22.6	23.3
10	120	14.3	14.7	15.5	16.0	16.8	18.4	20.2	21.2	22.0	23.1	23.9
	126	14.4	14.9	15.7	16.2	17.1	18.8	20.6	21.7	22.5	23.7	24.5
11	132	14.6	15.1	15.9	16.5	17.4	19.1	21.1	22.2	23.0	24.2	25.0
	138	14.8	15.3	16.2	16.8	17.7	19.5	21.5	22.6	23.4	24.7	25.5
12	144	15.0	15.5	16.4	17.0	17.9	19.8	21.8	23.0	23.8	25.1	25.9
	150	15.2	15.8	16.6	17.3	18.2	20.1	22.1	23.3	24.1	25.4	26.2
13	156	15.5	16.0	16.9	17.5	18.4	20.3	22.4	23.6	24.4	25.7	26.5
	162	15.7	16.3	17.1	17.7	18.7	20.5	22.6	23.8	24.6	25.8	26.7
14	168	16.0	16.5	17.4	18.0	18.9	20.8	22.8	23.9	24.8	26.0	26.9
	174	16.3	16.8	17.6	18.2	19.1	21.0	23.0	24.1	24.9	26.1	27.0
15	180	16.5	17.0	17.9	18.5	19.4	21.2	23.1	24.2	25.0	26.2	27.0
	186	16.8	17.3	18.1	18.7	19.6	21.4	23.3	24.4	25.1	26.3	27.1
16	192	17.0	17.5	18.3	18.9	19.8	21.6	23.5	24.5	25.3	26.4	27.2
	198	17.2	17.7	18.5	19.1	20.0	21.8	23.6	24.7	25.4	26.5	27.3
17	204	17.4	17.9	18.7	19.3	20.2	21.9	23.8	24.8	25.5	26.6	27.4
	210	17.5	18.1	18.9	19.5	20.4	22.1	23.9	25.0	25.7	26.7	27.5
18	216	17.7	18.3	19.1	19.7	20.6	22.3	24.1	25.1	25.8	26.9	27.5
	222	17.9	18.4	19.3	19.9	20.8	22.5	24.3	25.2	25.9	27.0	27.6

2. 여아 2~18세

질병관리본부 · 대한소아과학회, 2017
(단위 kg/m²)

만 나이 (세)	만 나이 (개월)	체질량지수 백분위수										
		3rd	5th	10th	15th	25th	50th	75th	85th	90th	95th	97th
2	24	24	13.5	13.7	14.1	14.4	14.8	15.7	16.6	17.2	17.5	18.1
	30	18.5	30	13.3	13.6	14.0	14.3	14.7	15.5	16.5	17.0	17.4
3	36	17.9	18.3	36	13.6	13.9	14.3	14.6	15.0	15.8	16.5	16.8
	42	17.1	17.4	17.7	42	13.6	13.9	14.3	14.6	15.0	15.7	16.5
4	48	16.9	17.2	17.6	17.9	48	13.6	13.8	14.2	14.5	14.9	15.7
	54	16.6	17.0	17.3	17.8	18.1	54	13.5	13.8	14.2	14.5	14.9
5	60	15.7	16.6	17.1	17.5	18.0	18.4	60	13.5	13.7	14.1	14.4
	66	14.9	15.7	16.7	17.2	17.6	18.2	18.6	66	13.4	13.7	14.1
6	72	14.4	14.8	15.8	16.8	17.4	17.8	18.4	18.9	72	13.4	13.7
	78	14.1	14.4	14.8	15.8	16.9	17.5	18.0	18.7	19.2	78	13.4
7	84	13.7	14.1	14.4	14.9	15.9	17.1	17.8	18.3	19.1	19.7	84
	90	13.4	13.7	14.2	14.5	15.0	16.1	17.3	18.1	18.6	19.5	20.1
8	96	90	13.5	13.8	14.3	14.6	15.2	16.3	17.7	18.5	19.0	20.0
	102	20.6	96	13.5	13.8	14.4	14.8	15.3	16.6	18.0	18.8	19.5
9	108	20.4	21.1	102	13.6	14.0	14.5	14.9	15.6	16.9	18.4	19.3
	114	19.9	21.0	21.7	108	13.7	14.1	14.7	15.1	15.8	17.2	18.8
10	120	19.7	20.4	21.5	22.2	114	13.8	14.2	14.9	15.3	16.0	17.5
	126	19.2	20.1	20.8	21.9	22.7	120	14.0	14.4	15.1	15.5	16.3
11	132	17.8	19.5	20.6	21.3	22.4	23.2	126	14.1	14.6	15.3	15.8
	138	16.6	18.1	19.9	21.0	21.7	22.9	23.7	132	14.3	14.8	15.5
12	144	16.0	16.8	18.5	20.3	21.4	22.1	23.3	24.2	138	14.6	15.0
	150	15.8	16.3	17.1	18.8	20.7	21.8	22.5	23.7	24.6	144	14.8
13	156	15.3	16.0	16.6	17.4	19.1	21.0	22.1	22.9	24.1	25.0	150
	162	15.1	15.6	16.3	16.9	17.7	19.4	21.3	22.4	23.2	24.5	25.3
14	168	156	15.4	15.9	16.6	17.2	18.0	19.7	21.6	22.8	23.5	24.8
	174	25.6	162	15.7	16.1	16.9	17.5	18.3	20.0	21.9	23.0	23.8
15	180	25.0	25.8	168	15.9	16.4	17.2	17.8	18.6	20.3	22.2	23.3
	186	24.0	25.2	26.0	174	16.2	16.7	17.5	18.0	18.9	20.5	22.4
16	192	23.4	24.2	25.3	26.1	180	16.4	16.9	17.7	18.3	19.1	20.8
	198	22.6	23.6	24.3	25.4	26.2	186	16.6	17.1	17.9	18.4	19.3
17	204	20.9	22.7	23.7	24.4	25.5	26.2	192	16.8	17.3	18.1	18.6
	210	19.4	21.0	22.8	23.8	24.5	25.5	26.3	198	16.9	17.4	18.1
18	216	18.7	19.5	21.1	22.8	23.8	24.5	25.5	26.3	204	17.0	17.5
	222	18.2	18.7	19.5	21.1	22.8	23.8	24.5	25.5	26.2	210	17.1

참고문헌

교육부 · 보건복지부 · 질병관리본부. 제15차(2019년) 청소년건강행태조사 통계, 2019

구재옥, 김정희, 변기원, 손정민, 이정원, 이종현, 최영선. 생애주기영양학. 파워북, 2019

국민건강보험공단. 건강보험 빅데이터 분석 '임신성 당뇨병' 최근 9년간 5.8배 증가, 2014

국민건강보험공단. 안전한 출산정보가이드, 2005

국민건강보험공단. 임신성 당뇨병 관리의 현주소 및 개선 방안 세미나, 2015

김미경, 왕수경, 신동순, 권오란, 박윤정. 생활 속의 영양학(3판). 라이프사이언스, 2016

김은경, 박영심, 남혜원, 명춘옥, 이기완. 생애주기영양학(5판). 신광출판사, 2016

김현숙, 박태선, 백일영, 성미경, 신정희, 이명숙, 조성숙, 진명수, 차연수. 21세기 스포츠 영양.
    교문사, 2001

나우보건연구소. 이유식영양. 나우커뮤니케이션, 2009

노만 크레츠머, 마이클 짐머만. 발달의 관점에서 본 생애주기영양학. 교문사, 2000

농촌진흥청 국립농업과학원. 국가표준식품성분 DB 9.1 농촌진흥청, 2019

대한골대사학회 지침서 편찬위원회. 골다공증 진료지침 2018. 대한골대사학회, 2018

대한당뇨병학회. 2023 당뇨병 진료지침(제8판). 대한당뇨병학회, 2023

대한비만학회. 비만 진료지침 2018. 대한비만학회, 2018

대한소아내분비학회. 소아청소년 이상지질혈증 진료지침 2017. 대한소아내분비학회, 2017

대한소아알레르기 호흡기학회 소아아토피피부염 연구회. 소아 · 청소년 아토피피부염 진료가
    이드라인. 대한소아알레르기 호흡기학회, 2005

대한영양사협회. 임상영양관리지침서(3판). 대한영양사협회, 2008

맹원재, 홍희옥, 송병준. 현대인의 식생활과 건강. 건국대학교출판부, 2000

모자영양연구회. 임신 수유 및 영유아기 영양. 교문사, 2000

박상철. 노화혁명. 하서, 2010

보건복지부. 영양플러스사업운영(www.mohw.go.kr), 2019

보건복지부. 임신 · 수유부를 위한 식생활지침, 2009

보건복지부 · 중앙치매센터. 2016년 전국 치매역학 조사, 2017

보건복지부 · 질병관리본부. 2009 국민건강통계, 2010

보건복지부 · 질병관리본부. 2010 국민건강통계, 2011

보건복지부 · 질병관리본부. 2012 국민건강통계, 2013

보건복지부 · 질병관리본부. 2015 국민건강통계, 2016

보건복지부 · 질병관리본부. 2018 국민건강통계, 2019

보건복지부 · 질병관리본부. 2021 국민건강통계, 2022

보건복지부 · 질병관리본부. 성인을 위한 식생활지침, 2009

보건복지부 · 질병관리본부. 어르신을 위한 식생활지침, 2010

보건복지부 · 질병관리본부. 어린이를 위한 식생활지침, 2009

보건복지부 · 질병관리본부. 청소년을 위한 식생활지침, 2009

보건복지부 · 한국건강증진개발원. 모유수유 성공비결, 2016

보건복지부 · 한국건강증진개발원. 영양만점 단계별 이유식, 2016

보건복지부 · 한국영양학회. 2015 한국인 영양소 섭취기준, 2015

보건복지부 · 한국영양학회. 2020 한국인 영양소 섭취기준, 2020

송병춘, 맹원재. 현대인의 식생활과 건강. 건국대학교 출판부, 2000

식품의약품안전처. 알아두면 힘이 되는 식품 알레르기 표시 바로알기, 2016

식품의약품안전처. 임산부를 위한 영양 · 식생활 관리, 이렇게 하세요! 2017

식품의약품안전처. 임신 · 수유 여성과 어린이 대상으로 생선 안전섭취 가이드, 2017

이명천, 김미혜. 엘리트 운동 선수의 식생활 비교 연구. 한국영양학회, 한국식품영양과학회, 한
        국식생활문화학회, 한국운동영양학회 춘계연합학술대회, 2001

이미숙. 순창군 장수인의 식습관 및 식생활 특성. 대한지역사회영양학회지 13(6):855-66, 2008

이상엽, 박혜순, 김선미, 권혁상, 김대영, 김대중, 조금주, 한지혜, 김성래, 박철영, 오승준, 이창
        범, 김경수, 오상우, 김용성, 최웅환, 유형준. 한국인의 복부비만 기준을 위한 허리둘레 분
        별점. 대한비만학회지 15(1):1-9, 2006

이상일 외 26인. 영유아영양. 교문사, 2002

이연숙, 구재옥, 임현숙, 강영희, 권종숙. 이해하기 쉬운 인체생리학(개정판). 파워북, 2017

이연숙, 임현숙, 장남수, 안홍석, 김창임, 김기남, 신동미. 생애주기영양학(4판). 교문사, 2017

장윤실. 미숙아의 영양관리. Hanyang Medical Reviews 31(4):246-253, 2011

정소정. 성장기 질환의 진단과 치료 Ⅰ. 성장장애의 원인과 치료적 접근. 국민영양 5월호 21-
        23, 2014

제일병원 모유수유 교육팀. 초보 엄마 아빠를 위한 모유수유 육아백과, 2013

조성숙. 스포츠 영양학. 효일, 2006

질병관리본부 · 대한소아과학회. 2017 소아청소년 성장도표 해설집. 질병관리본부, 2017

채범석 외. 영양학사전. 아카데미서적, 1998

최대혁, 소위영 편. 파워 운동생리학(10판). 라이프사이언스, 2018

최명애, 김주현, 최스미, 이경숙, 안경주, 김은희. 생리학(6판). 현문사, 2020

최진호, 허봉렬, 조수영. 생활주기영양학(개정판). 교문사, 2008

통계청. 2019년 사망원인통계, 2020

통계청. 2019년 생명표, 2020

통계청. 2019년 출생 통계, 2020

통계청. 2020 고령자 통계, 2020

한국소비자원. 테이크아웃 원두커피, 카페인 함량 정보제공 필요, 2018

한국영양학회. 모성영양과 영유아영양. 한국영양학회 춘계심포지엄, 2006

한정순, 김갑순, 김영현, 김현주, 박선민, 안창순, 이미경, 한성희. New 생애주기영양학(3판).
        지구문화사, 2016

Boyle MA. Personal Nutrition, 9th ed. Cengage, 2016

Brown JE. Nutrition Through the Life Cycle(7th ed.). Cengage, 2020

Brown JE. Preconceptional nutrition and reproductive outcomes. Ann N Y Acad Sci
        678:286-92, 1993

Brown JE. Weight gain during pregnancy: what is "optimal"? Clinical Nutrition 7:181-90,
        1988

Byrd-Bredbenner C, Moe G, Berning J, Kelley D. Wardlaw's Perspectives in nutrition(11th ed.). McGraw-Hill, 2019

Christian J, Greger JL. Nutrition for Living. Benjamin-Cummings Pub Co., 1993

Cosman F, de Beur SJ, LeBoff MS, Lewiecki EM, Tanner B, Randall S, Lindsay R. Clinician's guide to prevention and treatment of osteoporosis. Osteoporos Int 25(10): 2359-81, 2014

DeBruyne LK, Pinna K. Nutrition for health and healthcare(6th ed.). Cengage Learning, 2016

Earnest CP, Snell PG, Rodriguez R, Almada AL, Mitchell TL. The effect of creatine monohydrate ingestion on anaerobic power indices, muscular strength and body composition. Acta Physiol Scand 153(2):207-9, 1995

Epstein LH, Myers MD, Raynor HA, Saelens BE. Treatment of pediatric obesity. Pediatrics 101(3 Pt 2):554-70, 1998

FAO/WHO(Food and Agriculture Organization of the United Nations/World Health Organization): Requirements of Vitamin A, Iron, Folate and Vitamin B12. FAO Food and Nutrition Series No. 23. Rome: FAO. 1988. p.33-50.

Fobes GB. Nutritional requirements in adolescence. In Suskind RM (Eds.), Textbook of pediatric nutrition. Raven Press, 1981

Fryer JH. Biological aspects of aging. Columbia University Press, 1962

Harris JA, Jackson CM, Paterson DG, Scammon RE. The measurement of man. University Minnesota Press, 1930

Ho E, Collantes A, Kapur BM, Moretti M, Koren G. Alcohol and breast feeding: calculation of time to zero level in milk. Biol Neonate 80(3):219-22, 2001

Institute of Medicine. Nutrition During Pregnancy: Part I: Weight Gain, Part II: Nutrient Supplements. Washington, DC: The National Academies Press, 1990

Jaffe AC. Failure to thrive: Current clinical concepts. Pediatr Rev 32(3):100-7, 2011

Jeong MS, Yoon SH, Lee YK, Ko SY, Shin SM. A 12-year retrospective study of survival rates and outcomes of very low birth weight infants in a single center. Neonatal Med 23(1):1-7, 2016

Katch FI, McArdle WD. Nutrition, weight control, and exercise(3rd ed.). Lea & Febiger, 1988

Koletzko B, Goulet O, Hunt J, Krohn K, Shamir R, Parenteral Nutrition Guidelines Working Group; European Society for Clinical Nutrition and Metabolism; European Society of Paediatric Gastroenterology, Hepatology and Nutrition (ESPGHAN); European Society of Paediatric Research (ESPR). Guidelines on Paediatric Parenteral Nutrition of the European Society of Paediatric Gastroenterology, Hepatology and Nutrition (ESPGHAN) and the European Society for Clinical Nutrition and Metabolism (ESPEN), Supported by the European Society of Paediatric Research (ESPR). J Pediatr Gastroenterol Nutr 41(Suppl 2):S1-87, 2005

Kretchmer N, Zimmermann M. Developmental nutrition. Allyn & Bacon, 1997

Lawrence RA, Lawrence RM. Breastfeeding: A guide for the medical profession(8th ed.).

Elsevier Philadelphia, 2016

Lebenthal E, Lee PC, Heitlinger LA. Impact of development of the gastrointestinal tract on infant feeding. J Pediatr 102(1):1-9, 1983

Lee RD, Nieman Dc. Nutritimal Assessment(4th ed.). McGraw Hill Higher Education, 2006

Mahan LK, Rees JM. Nutrition in adolescence. Mosby, 1984

Marshall WA. Growth and sexual maturation in normal puberty. Clin Endocrinol Metab 4(1):3-25, 1975

Meyer J, Spier E, Neuwelt F. Basal secretion of digestive enzymes in old age. Arch Intern Med (Chic). 65(1):171-7, 1940

Michaelsen KF, Weaver L, Branca F, Robertson A. Feeding and nutrition of infants and young children. WHO Regional Publications, European Series, No. 87, 2003

Morgan JB, Dickerson JWT. Nutrition in early life. John Wiley & Sons, 2003

Phelps RL, Metzger BE, Freinkel N. Carbohydrate metabolism in pregnancy. XVII. Diurnal profiles of plasma glucose, insulin, free fatty acids, triglycerides, cholesterol, and individual amino acids in late normal pregnancy. Am J Obstet Gynecol 140(7):730-6, 1981

Raymond JL, Morrow K. Krause and Mahan's Food & the Nutrition Care Process(15th ed.). Saunders, 2020

Rolfes SR, Pinna K, Whitney E. Understanding normal and clinical nutrition(11th ed.). Cengage Learning, 2017

Ross AC. Modern nutrition in health and disease(11th ed.). Jones & Bartlett Learning, 2013

Rosso P. Nutrition and metabolism in pregnancy: Mother and fetus. Oxford University Press, 1990

Shock NW. Nutrition in old age. Symposia Swedish Nutrition Foundation, Sweden, 1972

Shock NW, Watkin DM, Yiengst MJ, Norris AH, Gaffney GW, Gregerman RI, Falzone JA. Age differences in the water content of the body as related to basal oxygen consumption in males. J Gerontol 18:1-8, 1963

Suskind RM, Lewinter-Suskind L. Textbook of pediatric nutrition. Raven Precess, 1993

Williams M, Rawson E, Branch D. Nutrition for health, fitness and sport(11th ed.). McGraw-Hill, 2016

Winick M. Malnutrition and brain development. The Journal of Pediatrics 74(5):667-679, 1969

Winick M. Nutrition and cell growth. Nutr Rev 26(7):195-7, 1968

World Health Organization. Prevention and management of osteoporosis. World Health Organ Tech Rep Ser 921:1-164, 2003

Worthington-Roberts B, Williams S. Nutrition throughout the life cycle. McGraw-Hill, 1999

Worthington-Roberts BS, Williams SR. Nutrition in pregnancy and lactation. McGraw-Hill, 1997

찾아보기

저자 소개

이현옥
연성대학교 식품영양학과 교수

오세인
서일대학교 식품영양학과 교수

최미경
국립공주대학교 식품영양학과 교수

김미현
국립공주대학교 식품영양학과 교수

연지영
서원대학교 식품영양학과 교수

배윤정
국립한국교통대학교 식품영양학전공 교수

NUTRITION THROUGH THE LIFE CYCLE

생애주기 영양학

초판 발행 2011년 8월 27일
2판 발행 2016년 8월 31일
3판 2쇄 발행 2023년 8월 3일

지은이 이현옥 · 오세인 · 최미경 · 김미현 · 연지영 · 배윤정
펴낸이 류원식
펴낸곳 교문사

편집팀장 성혜진 | **디자인** 신나리

주소 (10881)경기도 파주시 문발로 116
전화 031) 955-6111 | **팩스** 031) 955-0955
등록번호 1968. 10. 28 제 406-2006-000035호
홈페이지 www.gyomoon.com | **이메일** genie@gyomoon.com
ISBN 978-89-363-2143-7 (93590)
정가 23,000원